神经计算建模实战
基于 BrainPy

王超名　陈啸宇　张天秋　吴　思　著

电子工业出版社
Publishing House of Electronics Industry
北京·BEIJING

内 容 简 介

计算神经科学作为脑科学与人工智能之间的桥梁，是一门高速发展的新兴交叉学科。本书采用理论与实践结合的方式为读者讲述计算神经科学的基础知识。它从基础的数学和物理原理出发，详细介绍了各类神经元模型、突触模型，以及具有不同结构和功能的网络模型，如兴奋—抑制平衡网络、决策网络、连续吸引子网络、库网络等。本书不仅讲解了理论知识，还基于 BrainPy（专门针对计算神经科学设计的编程框架）提供了实践代码，使读者能够动手模拟和分析神经系统的行为和性质。本书既可以作为计算神经科学的教材，也可以作为对该领域感兴趣的读者的参考书。

图书在版编目（CIP）数据

神经计算建模实战：基于 BrainPy / 王超名等著. —北京：电子工业出版社，2023.6
ISBN 978-7-121-38923-8

I. ①神…　II. ①王…　III. ①人工神经元网络-计算-系统建模-研究　IV. ①TP183

中国国家版本馆 CIP 数据核字(2023)第 089201 号

责任编辑：冯琦
印　　刷：三河市鑫金马印装有限公司
装　　订：三河市鑫金马印装有限公司
出版发行：电子工业出版社
　　　　　北京市海淀区万寿路 173 信箱　　邮编：100036
开　　本：720×1000　1/16　　印张：16.5　　字数：317 千字
版　　次：2023 年 6 月第 1 版
印　　次：2023 年 6 月第 1 次印刷
定　　价：95.00 元

凡所购买电子工业出版社图书有缺损问题，请向购买书店调换。若书店售缺，请与本社发行部联系，联系及邮购电话：（010）88254888，88258888。
质量投诉请发邮件至 zlts@phei.com.cn，盗版侵权举报请发邮件至 dbqq@phei.com.cn。
本书咨询联系方式：（010）88254434，fengq@phei.com.cn。

推荐序 1

"好雨知时节,当春乃发生。随风潜入夜,润物细无声。"读着《神经计算建模实战:基于 BrainPy》一书,我不由想起了杜甫所作的《春夜喜雨》中的诗句。是的,这是一本在脑—智科学领域中关于神经计算入门的好书,它正能量地回应了广大读者的期望,也适应了脑—智科学探索的需要。本书的出版是在正确的时间做出的正确选择。这本简单易懂的、理论与实践紧密结合的入门级计算神经科学中文教材,就像"知时节"的春雨滋润着广袤大地一样,将陪伴广大读者迈入计算神经科学的殿堂。

计算神经科学是脑—智科学的战略制高点,它将理论、实验、计算三者交叉、汇聚、融合,用计算模型诠释脑科学实验数据,并着力挖掘神经机制背后的计算原理。"宇宙学告诉我们,在直径长达十万光年,拥有上千亿颗恒星的银河系中,我们地球人很可能是唯一的智慧生物"(引自《环球科学》)。人类大脑无疑是已知宇宙中最为复杂的智能系统,集智慧之大成,集大成之智慧。人类大脑好比一个无比庞大的交响乐团演奏的恢宏心智乐章,每个神经脉冲都像一个跳动的音符。我们对智力—智能—智慧的认知不能停留在现象学(Phenomenology)水平的描述上。毛泽东同志在《实践论》中指出:"感觉到了的东西,我们不能立刻理解它,只有理解了的东西才能更深刻地感觉它。感觉只解决现象问题,理论才解决本质问题"。"境自远尘皆入咏,物含妙理总堪寻"(引自北京颐和园牌楼),我们不仅要求索事物之间的相关关系,还要聚焦事物之间的因果关系。鸟可以飞,翅膀的拍打是现象,空气动力学才是本质;苹果落地,是因为万有引力。大自然比我们聪明,聪明在简约的自然原理上。正如大哲学家叔本华(1788—1860 年)所说:"简约性永远是真理和天才的共同特征"。计算神经科学的先驱者马尔曾提出了一个有影响力的视觉计算理论,即神经系统应该在 3 个分析层次上进行研究:计算任务(Computational Task)、算法(Algorithm)和实现(Implementation)。

目前,人工智能的发展到了瓶颈期,底层算法和概念框架的创新表现出明显的不足。至今还没有一个完整的计算模型能够从神经元和突触层次出发,跨越微观—介观—宏观尺度,来清楚地描述一个脑高级功能的实现机制。"真正认识人类大脑是开发智能机器的必由之路"(杰夫·霍金斯,2006 年)。计算神经科学可以帮助我们跨越人类智能和人工智能之间的鸿沟，用自然智慧启发并优化人工智能系统，实现能进行自主学习和思考的通用智能。大脑工作原理的"逆向工程"在某些认知智能方面有可能超越人脑。计算神经科学可以解析自然智能跨层级的衍生和涌现，克服碎片化研究范式，创新理论框架，推动我们共建智能本质的宏伟大厦。

有一次，一位著名的量子计算科学家问我："是否可以用最好的数学方法重构一个更加完备的大脑？"这个问题当然不是计算神经科学能够孤立回答的问题，因为人类大脑不是由什么超自然力设计的，而是大自然通过演化加选择的"达尔文过程"（Process of Darwinian Evolution）完成的鸿篇巨制。这个答案将仰仗全人类的科学与技术进步。当代科学与技术正处在大发展、大交叉、大融合的时代，正向微观、介观、宏观、宇观进军，向深海、深空、量子、超算、大数据、通用智能、脑海深处进军；物质科学、信息科学、智能科学正在相互照亮，这是科学技术发展的必然逻辑——大自然是不分学科的。德国著名诗人歌德说过："大自然不是核，也不是壳，它同时是一切"。过去人们常说，科学有四大奥秘：宇宙起源、物质本质、生命起源、思维本质，这是从学科的角度来说的。实际上，这是一个在历史长河中不断演化的连续链条。科学求索的是从"无中生有"到"三生万物"之路，从宇宙创生到智慧衍生之路。智慧可能就是"从 0 到 1"的创造性思维过程，是"打破旧的完形（Gestalt）而形成新的完形"（马克斯·韦特海默）的过程，即新概念（Concept）的形成过程，这个过程也会具有"诗意"和"哲学的品质"（著名物理学家杨振宁认为，20 世纪物理学的主旋律具有诗意和哲学的品质）。人类完全可以期待更加智慧的明天，期待脑—智科学给我们带来更大的惊喜——拉开人类历史上智能革命的大幕。

郭爱克

中国科学院院士

推荐序 2

人们常说爱情是文学的永恒主题，笔者认为，也可以说人脑是科学的永恒主题，原因在于，人之所以为人，是因为有了人脑，而对人脑的认识永远不会穷尽。有人说通过竞争性合作，人脑的皇冠——意识之谜可以在 50 年内被揭示；马斯克声称已将自己的脑上传云端并与自己的虚拟版本交谈。在笔者看来，其实这些都只是公关噱头，只要想想人类被不知是否能被称得上有生命的病毒搞得束手束脚就可以明白。正如江渊声教授（Nelson Y. S. Kiang）在给笔者的信中所写的："每代人都以为自己可以将神经机制与高层行为联系起来，但事实上，我们紧抓不放的仍然只是一些秸秆，却以为这些秸秆将构成摩天大楼的基础。科学家必须要耐心一些才行。"脑，特别是其高级功能的机制依然是自然科学研究的最大挑战。

当前，世界各国都耗巨资资助庞大的脑计划，由此产生了海量数据。但是，正如法国神经学家伊夫·弗雷格纳克（Yves Frégnac）所指出的："大数据并非就是知识。"对于如何处理海量数据这个关键问题，安妮·丘奇兰（Anne Churchland）和拉里·阿博特（Larry Abbott）指出："要想由此有深入的认识，除了巧妙和富有创造性地应用实验技术，还需要在数据分析技术及深刻应用理论概念和模型方面取得实质性进展。"事实上，建模是组织大量数据，特别是跨层次数据的有效手段。建模有助于发现隐藏在海量数据背后的规律，进行在现实中难以实现的"数学实验"，并预测新的实验事实，帮助设计新的实验，以验证理论或假说是否合理。问题的关键正如奥拉夫·斯波恩斯（Olaf Sporns）所指出的："在很大程度上，神经科学依然缺乏把关于脑的数据转换成基本知识或认识的组织原则或理论框架。"虽然问题非常棘手，但是科学家从来不会在空前的挑战面前畏缩不前。虽然我们还不能指望在可预见的未来会出现一个有关人脑机制的统一理论框架，但是从 20 世纪 50 年代起就不断有科学家对脑的局部或底层基本现象进行研究，并在一些问题上取得了辉煌成就。霍奇金和赫胥黎提出有关神经脉冲产生和传播机制的 Hodgkin-Huxley 模型就是一个里程碑事件，该事件推动了计算神经科学的诞生和发展。

20 世纪 90 年代以来，计算神经科学受到了空前的重视。令人高兴的是，在中国经过几代人的努力，特别是近十年在吴思教授的努力下（举办了一系列计算神经科学的暑期和冬季讲习班），计算神经科学开始广为人知，一批新秀正登上舞台。在这种情况下，显然需要有一本能引导新来者迅速进入角色的入门读物。

笔者非常高兴能够读到吴思教授及其团队的应时之作《神经计算建模实战：基于 BrainPy》，这是一本中国学者在融入自己的研究成果的基础上形成的计算神经科学入门读物，这在国内即使不是绝无仅有的，也是非常少的。国内现有的有关计算神经科学的著作往往只介绍国外的工作。吴思教授长期从事计算神经科学的研究和教学工作，因此对如何进行计算神经科学研究有切身感悟。在本书中，吴思教授及其团队把自己的经验倾囊相授，对于想从事计算神经科学研究的新来者来说，这是一本极好的入门书。即使是从事计算神经科学研究多年的学者，也会觉得受益匪浅，读时也会掩卷沉思自己有哪些不足，从书中可以吸取什么营养，以丰富自己的研究。

更为难得的是本书的实战性。与只给出有关神经系统的模型和由此得出的结论的国内外大多数计算神经科学相关著作不同，本书从一开始就手把手地教读者使用编程框架 BrainPy，并利用这个工具让读者在阅读的同时进行编程实战。读者不仅可以学到知识，还可以学到比知识更重要的计算神经科学研究方法。诺贝尔生理学或医学奖获得者冯·贝凯希（Georg von Békésy）说过："我曾经很喜欢阅读百科全书和里面所讲的事实。百科全书帮助我认识到，如果让我们的头脑只填满事实，我们仍然做不了任何事情。所以，我终于得出了一个结论：读百科全书并不是学习科学的方法，因为即使其中最好的文章也只能给出一个概要；但是知道概要和实际应用这个概要还有很大的距离。由于事实并不十分重要，我感悟到，教师真正应该做的只不过是指出某些方向。我们可以由此开动自己的大脑。所以老师教不了我们太多东西。他真正应该教给我们的是对工作的热爱，并引导我们对某些领域始终保持兴趣。我总是以这种方式来看待我的老师，我并不想向他们学习事实，只是想找出他们工作的方法。要是一位教师（特别是大学教师）不能教给学生研究方法，那么他就给不了学生什么有用的思想，这是因为，学生将来在工作中要用到的事实一般说来总和他在课堂上所讲的事实有所不同。但是，真正重要并对人的一生都有用的是工作方法。这就是我只对方法感兴趣的原因。"读者会发现，本书并不是一本有关计算神经科学的百科全书，或者类似百科全书的教科书。对于这样的书，美国著名的神经学家约翰·道林（John Dowlin）指出："在我看来，神经科学教科书（生物学的绝大多数分支也是如此）越来越像百科全书，而对初学者或只是对该领域的要领感兴趣的其他人来说，它们的用处变得越来越小。"当然，笔者在这里无意全盘否定百科全书，百科全书是一种工具书，读者可以从中查到自己感兴趣的某个方面的概况，以及术语的意思，但是不适合作为入门书或教科书从头到尾地阅读。

　　无论是在课堂上，还是在本书中，吴思教授都符合冯·贝凯希心中的教师形象。吴思教授也没有将本书写成"百科全书"，而是选择了最能说明如何进行计算神经科学研究的角度，也讲述了他自己最有深刻体会的一些重要问题：神经元、突触和神经网络。让读者从对这些重要问题的剖析中学会方法。当然，要真正体会到这一点，最好的办法，就是按本书的思路，边读书边实践！

顾凡及

复旦大学生命科学院教授

推荐序 3

　　壬寅仲夏,酷暑难耐。天有骄阳似火,气温连日接近或突破 40℃,在这样的夏天,就着网购的正广和读自家藏书,似为最合适的消暑方式。也碰巧,就在这样的夏天,北京大学的吴思教授送来了一部新作《神经计算建模实战:基于 BrainPy》。

　　大概始于 10 年前,吴思教授连续多年参与组织了面向国内研究生和青年研究人员的计算神经科学冬令营。我曾有幸受邀在这个冬令营中做专题讲座,介绍神经信息编码的基本概念和相应的神经生物学基础理论。吴思教授和另外几位同道则在讲授计算神经科学理论的基础上,指导学员们上机体验神经系统模型的构建与计算。这些教与学的实践,也许提供了本书的雏形。

　　神经科学以大脑结构与功能为研究对象。而对大脑功能全方位的了解,离不开对大脑局部区域、神经元功能性回路、神经元集群、单神经元、突触和离子通道等不同层次的研究。在过去的一个多世纪,借助动物行为学、神经解剖学、神经电生理、神经药理学,以及后来发展起来的分子生物学和神经影像学等,人们逐渐对大脑功能的组织与实现有了系统认识。

　　曾有人将科学喻为一棵大树。在这棵大树上,物理学被表征为粗壮的树干,科学的各领域则被形容为源于树干且越分越多、越分越细的树枝。数学构成了这棵大树的树根,滋养着枝繁叶茂的科学。当人们对大脑功能的考察从原始的简单观察进入量化分析时,神经科学就离不开数学方法的使用了。然而,将更为精巧的数学工具应用于神经科学的研究中,则催生了神经科学的一个新的分支——计算神经科学。

　　长期以来,计算神经科学以其特有的魅力,不断吸引着具有各种学科背景的学者和学生加入。但是,以任意一种学科背景进入交叉学科研究,都有一些特定的困难。对于计算神经科学而言,研究者需要有两大类知识:神经生物学和数理科学。这两大类知识的积累和应用方式各有特点。以数理或工程的训练背景进入神经生物学的学习自然有一定的困难,而以生物学知识背景学习数学和计算也会遇到一些困难。也许得益于多年主办相关领域的暑期和冬季讲习班,吴思教授深知开展这两种不同类型的跨领域学习和工作的难点,也深知新入门的探索者需要一张怎样的"导览图"。

　　作为一部"实训教材",本书将 BrainPy 作为编程工具,这是吴思教授团队基于 Python 编程语言开发的实用软件。全书以对 BrainPy 的介绍开篇，让读者看到一条获取实用工具的清晰路径，并感受到一种特别的亲和力。对于神经系统的研究对象，本书选择了神经元和突触这两个最基本的元素，将其作为入门教学的起点。

自 Cajal 以来，神经元被认为是神经系统的基本结构和功能单位。作为神经元建模的基础，本书的第 2 篇对神经元的结构和功能特性进行了较为详细的介绍，语言深入浅出，配以适当的图解，使非生物学背景的读者能对相关生物学概念形成比较清晰的认识。随后介绍的模型包括严格遵从生物学基本过程所建立的具有明确生物学意义的经典模型（HH 模型），以及若干简化神经元模型。循序渐进的介绍，加上相应的动力学特性分析，本书不仅对每种常用模型的来龙去脉给出了清晰的说明，而且为相应参数的作用和意义提供了具体的解释。

大脑的功能意义在于信息处理，而大脑储存和传输信息的关键部位是神经元之间形成的突触。了解突触传递及其效率调节机制，不仅对神经生物学本身具有非常重要的意义，也是人工智能、机器学习等领域关注的重点。本书的第 3 篇以突触结构和突触传递的生物学过程为基础，介绍了与突触模型相关的基本概念。对于信息传输而言，突触传递效率在特定机制下发生的调节过程具有非常重要的意义。长期以来，突触可塑性被认为是学习与记忆的基础，感觉的适应或敏化也被证明与突触可塑性有关。因此，类脑系统的开发也离不开这些概念。本书专门介绍了突触可塑性的概念及算法实现，以满足读者对这方面知识的需求。

有了神经元模型和突触模型，对神经元网络的活动或大脑特定区域的功能进行模拟成为可能。本书的第 4 篇对神经网络的几个经典模型进行了介绍。这些模型虽然都是为了描述实验中观察到的生物学现象，但是其各有风格，有的更关注生物学过程本身，有的则更深入地表达其数学思想。如何将两者很好地结合，对于今天的研究者来说，依然是一项具有挑战性的工作。

神经生物学的本质是实验，而计算神经科学的本质是基于实验现象的计算。本书的独到之处在于，对于所介绍的每种模型，书中都提供了源代码，使读者可以快速上手，并通过自己的计算实践，对模型思想及参数意义形成深刻的理解。学习没有捷径，但本书所提供的学习方式可以是一条"高速路"。

梁培基

上海交通大学生物医学工程学院教授

前　言

　　计算神经科学是一门新的高速发展的交叉学科。顾名思义，计算神经科学的目标是用计算建模的方法阐明大脑的工作原理。这一点不同于其他脑科学分支，如心理学、实验神经科学、认知神经科学等，后者更多从定性的角度揭示大脑的奥秘。我们要完整地认识大脑，实验与计算这两个方面的知识缺一不可，它们之间的关系可以简单类比为实验物理与理论物理之间的关系：我们不仅要知道大脑的结构（实验神经科学）与认知功能（认知神经科学、心理学），还要阐明这些神经结构是如何实现大脑的认知功能的（计算神经科学）。所谓"阐明"，其标准是能用数学模型详细描述从结构到功能的计算过程，这样才是在真正意义上理解了大脑的工作机制，正如牛顿的万有引力定律统一刻画了貌似纷繁复杂的众多天体的运行轨迹。有了脑认知功能的计算模型，一个自然的副产品是，这些模型可以应用于人工智能或启发人工智能的发展，即实现所谓的类脑智能。因此，计算神经科学的作用还包括成为脑科学与人工智能之间的桥梁。

　　计算神经科学的重要性从某种意义上来看是不言自明的，谁不对破译大脑的奥秘（如意识、情感、智力本质等）感兴趣呢？但作为一门在 20 世纪 80 年代中期被提出的新学科，截至目前，计算神经科学领域内的大的科学进展还非常少，甚至我们还没有建立一个能够从神经元和突触层次出发，清楚地描述一个脑高级功能具体实现机制的完整的计算模型。挑战主要来自两个方面：一是我们对大脑的细致结构还知道得太少，这使得我们在计算和建模时常常难为无米之炊；二是大脑作为目前已知的宇宙中最复杂的信息加工"机器"，其网络结构极其复杂和庞大，在数学上如何描述如此大的网络系统，在计算机上如何仿真如此大的网络动力学模型，我们没有经验可借鉴，一切都要靠摸索。可喜的是，近年来脑科学在世界范围内越来越受重视，多个国家已经启动了雄心勃勃的大型脑科学计划，关于大脑结构和神经活动的海量实验数据不断涌现，这些都为神经计算建模提供了前所未有的机遇。同时，高性能计算机的普及为大规模脑仿真提供了技术支撑，类脑智能的发展需求也为神经计算建模提供了巨大的驱动力，因为只有完成了神经计算建模，脑科学才真正可以为类脑计算提供可借鉴的模型。因此，计算神经科学正受到来自各研究领域学者越来越多的关注。

笔者在计算神经科学领域开展科研和教学工作 20 余年，也为推动中国计算神经科学的发展贡献了微薄之力，包括参与组织了多个短期培训课程，如已有 10 余年历史的冷泉港—亚洲暑期课程、上海交通大学冬季课程等。在日常科研中，时常有学生或来自其他领域的学者来信表示对计算神经科学有强烈兴趣，希望我能推荐一本好的入门教材。这实在不是一件容易的事，原因包括：① 大脑非常复杂，不同模式的动物大脑或相同模式动物大脑的不同脑区都可能存在不同的结构，都可能采取不同的计算策略来加工信息，因此通常需要采用不同的建模方式，目前没有、未来也不会有一本教材能覆盖所有建模知识；② 计算神经科学本身还在高速发展中，现有模型不断被修正，新的模型不断涌现，目前的教材很难提供已经标准化的建模知识；③ 计算神经科学是一门需要与实践（编程实现）紧密结合的学科，目前领域内的教材普遍专注于理论介绍，缺乏相应的模型编程练习，使得初学者或非专业领域的学者理解起来有一定的难度；④ 最重要的是，我们还缺乏一本计算神经科学的中文教材。由于其鲜明的交叉学科特性，来自数理或计算机背景的初学者通常缺乏神经生物学知识，而来自生物背景的初学者又往往缺乏必要的数理训练，因此一本简单易懂的中文教材对引领大家快速入门非常有益。基于以上原因，我们决定写一本简单易懂的、理论与实践紧密结合的、入门级计算神经科学中文教材。

与领域内的其他教材相比，本书有三大特点：第一，本书的内容不追求大而全，而是着重介绍计算神经科学领域最基础的计算模型，包括神经元、突触及网络层次的基础模型，这些模型一方面能使读者快速入门神经计算建模，另一方面可以普遍使用，能为读者以后的深入研究奠定基础；第二，本书强调将理论与实践紧密结合，为每个计算模型配上相应的编程实现，使读者能通过实操加深对模型的理解；第三，本书中的模型都采用 BrainPy（灵机）编程，这是一个简单易学、灵活高效、功能齐全的脑动力学建模通用编程软件，读者在学习这本书的同时也会掌握一项神经动力学的编程技能，为后续开展科研工作奠定基础。

计算神经科学研究的鲜明特点是涉及大量数学计算，尤其是计算机仿真。对于复杂的神经元模型、突触模型或大尺度神经网络模型，理论解析其动力学性质在大多数情况下是不可能的，计算机仿真不可或缺。因此，好的仿真软件对计算神经科学的发展至关重要。这一点我们可以从人工智能的发展经验中得出。这一轮人工智能的快速发展除了得益于大数据和超算，深度学习编程框架（如 TensorFlow 和 PyTorch）的普及也起了关键作用。这些简单易学的编程框架为用户提供了通用的编程接口，支持研究人员在各应用任务上灵活高效地定义人工智能模型，快速形成了良好的生态系统，从而革命性地推动了整个领域的飞速发展。计算神经科学领域也需要类似 TensorFlow 和 PyTorch 的通用编程软件，以支持用户自主灵活地定义、训练和分析脑动力学模型。领域内经典的脑动力学模拟软件，要么学习门槛高，要么不够灵活、可扩展性差，要么功能不够齐全，不能成为通用的编程平台。为此，我们课题组在最近的工作中研发了 BrainPy。

总的来说，BrainPy 是集脑动力学模型定义、模拟、训练和分析于一体的通用编程软件，致力于为神经计算建模提供新生态。BrainPy 的核心是引入了一种基于即时编译技术的脑动力学编程新范式，在保证编程方便灵活、简单易学的同时，也提供了出色的运行速度。具体而言，BrainPy 是基于 Google JAX 框架和 XLA 编译器构建脑动力学编程的完备编程系统。用户可以基于一整套 Python 语法进行编程，自主掌控模型实现逻辑，完成任意动力学模型的自定义（**模型定义**）；在运行阶段，可以基于 BrainPy 定义好的模型，使用 JAX 和 XLA 的即时编译技术将 Python 代码自动转换为 CPU、GPU、TPU 上的高性能机器码，从而获得媲美 C 或 CUDA 的运行速度（**模型模拟**）；同时，BrainPy 能与最新的机器学习模型和方法无缝整合，它支持反向传播等算法，可以从数据或任务中训练动力学模型（**模型训练**）；此外，在 BrainPy 内定义的模型，不仅可以用于模拟和训练，还可以自动进行动力学分析，包括对低维动力学系统的相图分析、分岔分析和对高维动力学系统的不动点分析（**模型分析**）。更多关于 BrainPy 的介绍请见第 1 章。

本书内容具体安排如下：第 1 篇介绍 BrainPy 的基础知识，包括数据操作、控制流、动力学模型运行，以及如何安装、查阅文档等；第 2 篇介绍神经元模型，包括基本的电导模型（HH 模型），以及领域内常见的简化神经元模型；第 3 篇介绍突触及突触可塑性模型，包括化学突触和电突触模型，以及化学突触的长、短时程可塑性模型；第 4 篇介绍神经网络模型，包括领域内流行的 4 种模型，兴奋—抑制平衡网络、决策网络、连续吸引子网络、库网络。

本书主要由 4 位作者共同完成。其中，王超名负责 BrainPy 的开发，以及书中大部分模型的编程实现，参与第 1 篇和第 2 篇的写作；陈啸宇负责第 2、3、4 篇的写作；张天秋负责第 1 篇的写作；笔者负责全书的统一规划。所有作者都参与了全书的修改。本书的初期准备得到了刘欣宇、江颖芊、林小涵、董行思等课题组成员的帮助。本书部分内容曾经在北京大学、北京人工智能研究院、合肥人工智能研究院等地试讲，得到了学员的有益反馈。此外，我们还特别感谢中国计算神经科学的早期拓荒者、对中国计算神经科学发展做出了重要贡献的 3 位老师——郭爱克院士、顾凡及教授和梁培基教授为本书作序。

另外，本书中的代码统一放在 https://github.com/c-xy17/NeuralModeling，有需要的读者可以查阅和下载。

吴　思

2023 年夏于北京大学燕园

目 录

第 1 篇 基础知识

第 2 篇 神经元模型

第 3 篇　突触及突触可塑性模型

第 1 篇

基础知识

第 1 章　编程基础知识

BrainPy 是用于脑动力学模型定义、模拟、训练和分析的通用编程软件，致力于为神经计算建模提供新生态。与以往不够灵活或学习门槛高的脑动力学模拟软件不同，BrainPy 引入了基于即时编译技术的脑动力学编程新范式 [1]，能有效兼顾编程的方便性、灵活性和运行的高效性。

在使用当前脑动力学主流的基于描述性语言的软件方案时，用户需要基于 Python 描述模型，再由软件生成实际运行代码的接口，其具有不透明、可扩展性较差等缺点。BrainPy 使用户能够真正使用 Python 语言进行灵活编程和模型自定义，彻底释放了编程的灵活性和透明性。在此基础上，用户可以自主掌控模型的具体实现逻辑——BrainPy 提供了 `DynamicalSystem` 类，可以帮助用户定义任意层级上的动力学模型，并提供了模块化的组合编程方法，允许用户以搭积木的方式任意组合离子通道、神经元、网络、环路等不同层级的模型，轻松构建和模拟大规模脑动力学模型。这种模块化和组合编程的范式也契合了大脑层级模块化的基本结构特征。BrainPy 便捷、直观的编程方式打破了学习壁垒，使得非计算机和数学背景的研究者也能快速上手并实现脑动力学编程。

BrainPy 的整体框架如图 1-1 所示。基于 Google JAX 框架和 XLA 编译器，BrainPy 为它的模块化编程范式提供了即时编译（Just-in-Time Compilation，JIT Compilation）支持，用户基于 Python 编写的程序能够在运行时编译为 CPU、GPU、TPU 上的高性能机器码，从而获得媲美 C 或 CUDA 的运行速度。同时，BrainPy 为具有"稀疏连接 + 事件驱动"特征的脑计算提供了专用算子，能有效降低模型的计算复杂度，并显著提高脑动力学模型和类脑模型的运行速度。BrainPy 的独特之处在于，一个模型可以在多种设备上运行，不需要对模型代码进行修改，能做到"一次编程、多端运行"，目前支持的设备有 CPU、GPU、TPU 等。

BrainPy 能与最新的机器学习模型和方法无缝整合，支持从数据和任务中学习动力学模型。目前支持的训练算法包括反向传播算法、在线学习算法（如 FORCE Learning）、离线学习算法（如 Ridge Regression），以及 Surrogate Gradients 和 Eligibility Propagation 等脑启发训练算法。除了动力学模拟和训练，BrainPy 还可以实现自动的模型动力学分析。目前，BrainPy 支持低维动力学系统的相图分析、分叉分析，以及高维动力学系统的稳定点分析、线性化分析等。

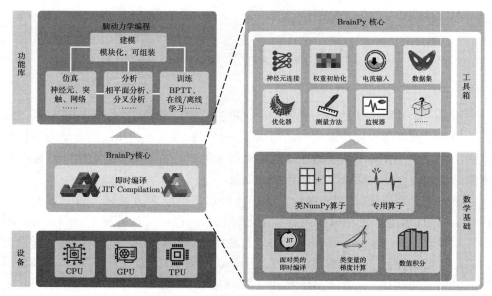

图 1-1　BrainPy 的整体框架

　　本章主要介绍 BrainPy 工具的安装教程和编程基础，主要涉及在即时编译环境下编程，以及使用 BrainPy 提供的工具和思想来定义一个神经计算模型。1.4 节向读者展示如何在官方文档中查找所需信息（BrainPy 的官方文档提供了除本书内容之外的丰富教程和大量示例）。

　　本书的代码均由 Python 实现，如果读者没有使用过 Python 语言，请事先在互联网上阅读一些关于 Python 的教程。

1.1　安装教程

　　配置 Python 环境是安装的第 1 步，我们推荐使用 conda 来管理下载的包。conda 是目前较为流行的 Python 包管理软件，用户可以在Miniconda官网中找到适配各类系统的安装链接，并根据步骤进行操作，以成功安装 conda。Miniconda 是轻量型的 Anaconda，其中包含了 Python 环境及 conda、pip 等包管理工具。用户在安装好 Miniconda 后，可以进入终端，创建新的虚拟环境。这里以 Python 3.9 为例进行介绍，代码如下。

```
1  conda create --name bdp python=3.9 -y
```

我们建立了一个名为 bdp（brain dynamics programming）的虚拟环境，下面激活该环境。

```
1  conda activate bdp
```

在配置好的 Python 环境中安装 BrainPy 及其他各类相关库，包括NumPy和 JAX。NumPy 支持高维数组与矩阵运算，是 BrainPy 的基础函数依赖库；JAX 集成了 Autograd 和 XLA，提供了高效的数值计算和即时编译功能。除此之外，我们还提供了 brainpylib 库，其中包含许多基于稀疏连接和事件驱动的高效算子。

接下来我们根据不同的设备类型介绍安装流程。**注意：本书中的所有代码均运行在版本号大于等于 2.2.0 的 BrainPy 上。**

1.1.1　Linux 与 macOS 系统

用户可以通过 Pypi 安装 BrainPy：

```
1  pip install brainpy
```

用户可以通过 Pypi 或 conda 安装 NumPy：

```
1  pip install numpy  # 或者使用：conda install numpy
```

目前，BrainPy 支持 Linux 系统的 CPU 和 GPU 版本，用户在安装 JAX 时可以根据设备是否携带 Nvidia 系列的 GPU 来选择版本。安装 CPU 版本的 JAX 可以运行以下命令。

```
1  pip install "jax[cpu]" -f https://storage.googleapis.com/jax-releases/
2      jax_releases.html
```

如果用户设备中包含 Nvidia 系列的 GPU 并已安装 CUDA 和 cuDNN，那么可以通过运行以下命令来安装 GPU 版本的 JAX。

```
1  pip install "jax[cuda]" -f https://storage.googleapis.com/jax-releases/
2      jax_cuda_releases.html
```

通过 Pypi 安装 brainpylib：

```
1  pip install brainpylib
```

本书中的所有代码均可使用 CPU 运行，能够保证运行的高效性，没有 GPU 的用户也无须担心出现程序运行时间过长的问题。

1.1.2 Windows 系统

Windows 系统目前只有 CPU 版本，用户可以通过 Pypi 安装：

```
1  pip install brainpy
```

用户可以使用相同的方式安装 NumPy：

```
1  pip install numpy  # 或者使用: conda install numpy
```

目前，JAX 和 jaxlib 没有发布官方支持的稳定的 Windows 版本，但一些社区构建了支持 Windows 版本的 JAX，我们可以使用这些社区提供的资源来安装：

```
1  pip install jax -f https://whls.blob.core.windows.net/unstable/index.html
```

这样 Windows 系统就成功安装了 JAX。brainpylib 的安装操作与前面类似：

```
1  pip install brainpylib
```

1.1.3 更新版本和环境

BrainPy 一直在改进，会不断有新版本发布，用户只要运行简单的命令，就能更新 BrainPy 及 brainpylib 的版本：

```
1  pip install --upgrade brainpy brainpylib
```

新版本的 BrainPy 不一定与原环境中的依赖库兼容，这是由于依赖库也在不断更新迭代。如果用户在更新版本后出现问题，可能是因为原环境的版本过低，解决办法是将 NumPy、JAX 等依赖库升级，升级操作也与 BrainPy 类似。这里提醒 Windows 用户在升级 jaxlib 时要注意是否与 JAX 版本匹配，如果不匹配，则需要从上述资源中找到合适的版本并下载。

BrainPy 的官方代码仓库是：https://github.com/brainpy/BrainPy。我们欢迎用户在遇到任何问题时在仓库中提问。

1.2 JIT 编译环境下的编程基础

BrainPy 的核心思想之一是**即时编译**。在计算机领域,JIT 编译是一种运行计算机代码的方式,它使程序在运行时而不是在运行前完成编译。JIT 编译继承了解释器的灵活性和编译器的高效性,仅需要很小的开销就可以完成编译工作。JIT 编译是动态编译的一种形式,允许自适应优化,如动态重新编译和针对微架构的加速。因此,我们有必要了解如何在 JIT 编译环境下编程。

下面引入运行本章代码所需要的相关环境。

```
1  import brainpy as bp
2  import brainpy.math as bm
3  import numpy as np
4  import jax.numpy as jnp
5  import matplotlib.pyplot as plt
6
7  bm.set_platform('cpu')  # 使用cpu
```

BrainPy 提供了 `brainpy.math.set_platform()` 函数,可以通过该函数确定所创建的数据存储在哪种设备上,如果设置为 `cpu`,则新数据存储在内存中,并使用 CPU 进行计算。同理,用户也可以在拥有相关资源的基础上使用 GPU 或 TPU 进行计算。

1.2.1 JIT 编译加速

用户可以直观地将 JIT 编译理解为一种加速机制,那么如何使用呢?用户只需要将目标**函数**或类用 `brainpy.math.jit()` 包装,以指示 BrainPy 将 Python 代码转化为机器码。我们从函数入手,假设我们实现了一个高斯误差线性单元(GELU)函数:

```
1  def gelu(x):
2      sqrt = bm.sqrt(2 / bm.pi)
3      cdf = 0.5 * (1.0 + bm.tanh(sqrt * (x + 0.044715 * (x ** 3))))
4      y = x * cdf
5      return y
```

不使用 JIT 编译,测试执行时间:

```
1  >>> x = bm.random.random(100000)      # 定义一个有100000个元素的随机输入数组
2  >>> %timeit gelu(x)                    # 测试执行时间
3  295 μs± 3.09 μs per loop (mean ± std. dev. of 7 runs, 1000 loops each)
```

使用 JIT 编译,将函数传入 `bm.jit()`,执行时间将大大缩短:

```
1   >>> gelu_jit = bm.jit(gelu)        # 使用 JIT
2   >>> %timeit gelu_jit(x)            # 测试执行时间
3   66 μs ± 105 ns per loop (mean ± std. dev. of 7 runs, 10000 loops each)
```

上面的例子展示了如何对函数进行 JIT 编译。然而，对于脑动力学编程而言，只对函数进行 JIT 编译是不够的。在一个动力学系统中，众多动态变量和微分方程使计算变得非常复杂。因此，BrainPy 允许对类对象进行 JIT 编译，只要用户遵守以下规则。

（1）该类对象必须是 brainpy.BrainPyObject 的子类。brainpy.BrainPyObject 是 BrainPy 的基类，其中的所有方法都可以被 JIT 编译，因此所有继承基类的子类都可以使用 JIT 编译。如果读者对基类感兴趣，可以阅读 BrainPy 官方文档中的相关教程。

（2）动态变量必须被定义为 brainpy.math.Variable。

下面以逻辑回归（Logistic Regression）分类器为例进行介绍，由于权重 w 需要在训练过程中修改，所以将其定义为 brainpy.math.Variable，其余参数在编译过程中被视为静态变量，其值不会被修改。

```
1   # 类继承 brainpy.BrainPyObject
2   class LogisticRegression(brainpy.BrainPyObject):
3       def __init__(self, dimension):
4           super(LogisticRegression, self).__init__()
5
6           # 参数定义
7           self.dimension = dimension
8
9           # 动态变量定义
10          self.w = bm.Variable(2.0 * bm.ones(dimension) - 1.3)
11
12      def __call__(self, X, Y):
13          u = bm.dot(((1.0 / (1.0 + bm.exp(-Y * bm.dot(X, self.w))) - 1.0) * Y),
14              X)
15          self.w.value = self.w - u    # 就地更新动态变量
```

为了测试执行时间，我们编写一个计算执行时间的函数并定义数据集和标签：

```
1   import time
2
3   def benckmark(model, points, labels, num_iter=30, name=''):
4       t0 = time.time()
```

```
5        for i in range(num_iter):
6            model(points, labels)
7
8        print(f'{name} used time {time.time() - t0} s')
9
10   # 定义数据集和标签
11   num_dim, num_points = 10, 20000000
12   points = bm.random.random((num_points, num_dim))
13   labels = bm.random.random(num_points)
```

测试不使用 JIT 编译时的执行时间：

```
1   >>> lr1 = LogisticRegression(num_dim)
2   >>> benckmark(lr1, points, labels, name='Logistic Regression (without jit)')
3   Logistic Regression (without jit) used time 10.024710893630981 s
```

测试使用 JIT 编译时的执行时间，其使用方式与函数类似，只需要将类实例传入 brainpy.math.jit() 中：

```
1   >>> lr2 = LogisticRegression(num_dim)
2   >>> lr2 = bm.jit(lr2)
3   >>> benckmark(lr2, points, labels, name='Logistic Regression (with jit)')
4   Logistic Regression (with jit) used time 5.015154838562012 s
```

从上面的例子中可以看出，JIT 编译具有一定的加速作用（使用 JIT 编译时，运行时间约节省了一半）。事实上，对于一个规模较大的模型来说，JIT 编译带来的加速效果通常更明显，甚至能达到上千倍。

在实际的脑动力学编程中，一个大规模动力学系统往往包含大量神经元和突触模型，如果显式地将每个对象都包装到 brainpy.math.jit() 中，会显得有些烦琐。为了简化编程逻辑，BrainPy 实现了自动 JIT 编译。

BrainPy 提供了一个 brainpy.Runner 类，该类也是模拟、训练、积分等运行器的基类。在初始化时，运行器会收到名为 jit 的参数，默认设置为 True。这表明 Runner 会自动编译目标工程（只要该目标工程被传入 Runner）。为便于理解，我们举一个动力学仿真的例子。我们调用 BrainPy 库并生成一个 HH 模型（本书的 2.6 节会详细介绍该模型），然后将模型作为参数传入运行器，此时该模型会被自动编译并执行。

```
1   >>> model = bp.neurons.HH(1000) # 共1000个神经元
2   # jit默认设置为True
3   >>> runner = bp.DSRunner(target=model, inputs=('input', 10.))
```

```
4  >>> runner(duration=1000, eval_time=True)  # 模拟 1000 ms
5  0.6139698028564453
```

在上面的例子中，没有涉及 `brainpy.math.jit()` 操作，BrainPy 将所有显式 JIT 操作都封装在 `BrainPyObject` 这个基类中，所以用户在实际编程时不必关注 JIT 操作本身（前提是所有模型都继承基类 `BrainPyObject`）。

JIT 编译可以有效缩短模型的运行时间，但也带来一个问题：用户无法使用原方法进行**调试**。调试是在程序运行出错的情况下所能采用的一种有效且快速的检查手段，用户通过单步执行、断点执行等操作检查语句的执行顺序、各类变量的数值变化等。进行 JIT 编译后，程序本身会进行自适应优化，其执行顺序将发生变化，且程序中的所有变量都会被追踪，用户无法通过上述方法进行调试。为了解决这个问题，最有效的办法是关闭 JIT 编译，这样用户就可以正常调试并找出错误了，改正后可以重新开启 JIT 编译。关闭 JIT 编译只需要将 `brainpy.Runner` 类中的 `jit` 设置为 `False`。

```
1  >>> model = bp.neurons.HH(1000)
2  # 将 jit 设置为 False
3  >>> runner = bp.DSRunner(target=model, inputs=('input', 10.), jit=False)
4  >>> runner(duration=1000, eval_time=True)
5  258.76088523864746
```

通过对比可以发现，关闭 JIT 编译后程序的性能会下降很多。

本节主要想让用户体会 JIT 编译带来的加速效果，强调了几种使用 JIT 编译的方式。使用 JIT 编译时，Python 编程会有一定的变化，用户需要学会在 JIT 编译环境下进行脑动力学编程，这不仅包括 JIT 编译的包装和开关，还涉及一系列相关操作。与学习编程语言相似，我们需要先了解在神经计算建模中，数据是如何被定义和使用的。

1.2.2 数据操作

了解数据的第 1 步是了解数据的基本类型。除了 Python 中包含的所有数据类型，BrainPy 中还包含两个特殊的数据类型：**数组**（Array）和**动态变量**（Variable）。如果用户熟悉 NumPy，可以将数组理解为 NumPy 中的多维数组（ndarray）。动态变量是 BrainPy 框架中应用于 JIT 编译的一种新型数据结构，为了能在 JIT 编译环境下对数组的值进行就地更新（In-Place Updating）操作，我们可以用动态变量替代数组。这两个数据类型可以在多种设备（CPU、GPU、TPU）上进行计算，并支持自动求梯度等功能。

1. 数组（Array）

数组是一种数据结构，它将代数对象组织在一个多维矢量空间中。简单来说，在 BrainPy 中，该数据结构是一个包含相同数据类型的多维数组，最常见的是数值或布尔类型。

BrainPy 中的 `brainpy.math` 模块包含所有支持数组的操作。我们使用 `brainpy.math.array()` 创建一个一维数组（又称向量），并与使用 NumPy 创建数组进行对比：

```
>>> bm_array = bm.array([0, 1, 2, 3, 4, 5]) # 使用BrainPy创建数组
>>> np_array = np.array([0, 1, 2, 3, 4, 5]) # 使用NumPy创建数组
>>> bm_array
JaxArray([0, 1, 2, 3, 4, 5], dtype=int32)
>>> np_array
array([0, 1, 2, 3, 4, 5])
```

上面的例子很好地展示了使用 BrainPy 创建数组的接口与 NumPy 具有一致性，为了不给用户增加额外的学习成本，BrainPy 沿袭了 NumPy 接口的命名方法，用户在使用时将 NumPy 相关操作中的 `np` 替换为 `bm`（`brainpy.math`）即可。

我们也可以使用 `brainpy.math.array()` 创建一个多维数组，并查看该数组的属性。数组有 4 个重要的属性可供用户调用。

（1）`.ndim`：数组的轴数（维数）。

（2）`.shape`：数组的形状。这是一个 int32 型的元组（Tuple），表示每个维度的数组的大小。对于一个有 n 行和 m 列的矩阵，形状是 (n,m)。

（3）`.size`：数组的元素数，等于各元素数的积。

（4）`.dtype`：描述数组中元素类型的对象。我们可以使用标准的 Python 类型创建或指定元素类型。

下面结合具体的例子来理解这 4 个属性的含义。

```
>>> t2 = bm.array([[[0, 1, 2, 3], [1, 2, 3, 4], [4, 5, 6, 7]],
                   [[0, 0, 0, 0], [-1, 1, -1, 1], [2, -2, 2, -2]]])
>>> t2
JaxArray([[[ 0,  1,  2,  3],
           [ 1,  2,  3,  4],
           [ 4,  5,  6,  7]],

          [[ 0,  0,  0,  0],
           [-1,  1, -1,  1],
           [ 2, -2,  2, -2]]], dtype=int32)
>>> print('t2.ndim: {}'.format(t2.ndim))
```

```
12  t2.ndim: 3
13  >>> print('t2.shape: {}'.format(t2.shape))
14  t2.shape: (2, 3, 4)
15  >>> print('t2.size: {}'.format(t2.size))
16  t2.size: 24
17  >>> print('t2.dtype: {}'.format(t2.dtype))
18  t2.dtype: int32
```

brainpy.math 创建的数组被存储在 JaxArray 中，其内部存储了 JAX 中的数据类型 DeviceArray。如果用户想得到 JaxArray 中的 DeviceArray，可以执行.value 操作：

```
1  >>> t1 = bm.arange(10)
2  >>> t1              # 查看数组本身的数据类型
3  JaxArray([0, 1, 2, 3, 4, 5, 6, 7, 8, 9], dtype=int32)
4  >>> t1.value        # 查看数组中存储的内容的数据类型
5  DeviceArray([0, 1, 2, 3, 4, 5, 6, 7, 8, 9], dtype=int32)
```

用户可以理解为 BrainPy 使用 JaxArray 来封装 DeviceArray，但为了与 JAX 框架及其衍生库无缝对接，BrainPy 也支持 JAX 中的数据操作，可以通过执行.value 操作得到 DeviceArray 并将其传入 JAX。

我们现在知道了 NumPy 中数组的数据类型是 ndarray，JAX 中数组的数据类型是 DeviceArray，BrainPy 中数组的数据类型是 JaxArray。下面梳理一下 BrainPy 提供的 JaxArray 如何实现类型转换。

（1）ndarray 和 JaxArray：要从 JaxArray 转换到 ndarray，可以调用 to_numpy()：

```
1  >>> bm_array = bm.array([0, 1, 2])
2  >>> bm_array.to_numpy()
3  array([0, 1, 2], dtype=int32)
4  >>> bm.as_numpy(bm_array)
5  array([0, 1, 2], dtype=int32)
```

从 ndarray 转换到 JaxArray 为：

```
1  >>> np_array = np.array([0, 1, 2])
2  >>> bm.asarray(np_array)
3  JaxArray([0, 1, 2], dtype=int32)
```

（2）DeviceArray 和 JaxArray：要从 JaxArray 转换到 DeviceArray，可以调用 to_jax()：

```
1  >>> bm_array = bm.array([0, 1, 2])
2  >>> bm_array.to_jax()
3  DeviceArray([0, 1, 2], dtype=int32)
4  >>> bm.as_jax(bm_array)
5  DeviceArray([0, 1, 2], dtype=int32)
```

从 DeviceArray 转换到 JaxArray 为：

```
1  >>> jnp_array = jnp.array([0, 1, 2])
2  >>> bm.asarray(jnp_array)
3  JaxArray([0, 1, 2], dtype=int32)
```

如果用户在实际编程中遇到类型不一致的问题，可以先判断是否需要进行类型转换，上面的几种类型转换通常可以解决用户遇到的问题（如 **JaxArray** 数据类型不能用于 JAX 或 NumPy 提供的操作）。

BrainPy 实现了 NumPy 提供的大部分算子，并补充了很多 JAX 没有提供的新算子，这些算子涉及就地更新、随机生成等。算子的用法均沿袭了 NumPy 的风格，用户可以直接仿照 NumPy 使用 BrainPy 提供的数据操作，并可以通过NumPy 手册进行学习。除此之外，如果用户想对 BrainPy 数组有更深的了解，可以阅读BrainPy 官方文档中的相关教程。

2. 动态变量（Variable）

在 JIT 编译环境下，BrainPy 可以发挥最佳性能，而在将数组作为数据类型进行编程时会产生一个问题：一旦数组被交给 JIT 编译器，数组中的值就**不能被修改**了。这将产生严重的限制，因为动力学系统中的一些属性（如膜电位）会随时间动态变化。为了解决这个问题，我们需要能存储这种动态数据的新的数据结构，即 brainpy.math.Variable，其被称为动态变量。

动态变量是一个指向数组的指针，指向内存空间中存储的数组的值（DeviceArray）。在 JIT 编译过程中，动态变量中的数据**可以被修改**。如果一个数组被声明为动态变量，则意味着它是一个随时间动态变化的数组。要将一个数组转换为动态变量，用户只需要将数组包装到 brainpy.math.Variable 中：

```
1  >>> t = bm.arange(4)      # 创建数组
2  >>> v = bm.Variable(t)    # 转换为动态变量
3  >>> v
4  Variable([0, 1, 2, 3], dtype=int32)
```

数据的容器类型从 JaxArray 变成 Variable，这样就可以在 JIT 编译环境下实现数据的动态修改了。用户依然可以使用 .value 属性来获取动态变量中存储的值，其类型也是 DeviceArray：

```
1  >>> v.value
2  DeviceArray([0, 1, 2, 3], dtype=int32)
```

用户需要注意，**没有被标记为动态变量的数组将作为静态数组进行 JIT 编译，对静态数组的修改在 JIT 编译环境中是无效的。**

由于动态变量中存储的是数组，所以对数组的所有操作可以直接作用于动态变量。此外，用户还可以对动态变量进行修改。下面详细介绍如何在 JIT 编译环境下对动态变量进行修改。

先尝试用 Python 中经常使用的方式来修改动态变量，看看会发生什么。例如，使动态变量中的所有元素加 2，结果如下。

```
1  >>> v = v + 2    # 该操作无法实现对动态变量的修改
2  >>> v
3  JaxArray([2, 3, 4, 5], dtype=int32)
```

上面的结果返回了一个数据类型为 JaxArray 的数组，其中的数据结果是正确的。这说明如果我们直接修改一个动态变量，该动态变量所指向的内存空间并没有被修改，而是开辟了一个新的内存空间来存储新的结果，并以数组形式返回。这意味着当我们使用该方式修改动态变量时，程序只会新建一个变量，原动态变量的值不会被修改。因此，为了真正做到更新动态变量，用户需要使用**就地更新**（In-Place Updating）操作，该操作可以修改动态变量内部的值，而不改变指向动态变量的引用。就地更新操作包括以下内容。

（1）索引和切片。用户可以使用索引来修改动态变量中的数据，示例如下。

```
1  >>> v = bm.Variable(bm.arange(4))
2  >>> v[0] = 10
3  >>> v
4  Variable([10,  1,  2,  3], dtype=int32)
```

用户可以使用切片来修改动态变量中的数据，同样不会改变指向动态变量的引用，示例如下：

```
1  >>> v[1:3] = 9
2  >>> v
3  Variable([10,  9,  9,  3], dtype=int32)
```

（2）增量赋值。Python 中所有的增量赋值操作都只会修改动态变量中的数据，所以用户在更新动态变量时可以放心地使用增量赋值操作，示例如下。

```
>>> v += 1
>>> v
Variable([11,  10,  10,   4], dtype=int32)
```

（3）.value 赋值。这是变量就地更新中最常用的操作之一。我们在更新动态变量时经常需要将数组赋值给某动态变量，一种常见的应用场景是在动力学系统迭代更新的过程中重置动态变量的值。这时我们可以使用.value 赋值操作来覆盖动态变量的数据，它可以直接访问存储在 JaxArray 中的数据，示例如下。

```
>>> v.value = bm.arange(4)
>>> v
Variable([0,  1,  2,  3], dtype=int32)
```

请注意，当我们用新的数组覆盖动态变量的数据时，一定要保证数组的形状、元素类型与动态变量完全一致，否则会报错。

```
>>> try:
>>> v.value = bm.array([1., 1., 1., 0.]) #将float32型数组赋值给int32型动态变量
>>> except Exception as e:
>>> print(type(e), e)
<class 'brainpy.errors.MathError'> The dtype of the original data is int32,
     while we got float32.
```

（4）.update 方法。该方法的功能与.value 赋值类似，也是 BrainPy 提供的覆盖动态变量数据的方法，该方法同样要求数组的形状、元素类型与动态变量完全一致，示例如下。

```
>>> v.update(bm.array([3, 4, 5, 6]))
>>> v
Variable([3, 4, 5, 6], dtype=int32)
```

BrainPy 除了可以实现模型的模拟、分析，还可以对模型进行训练。在机器学习领域，训练与测试中的数据会有一个新维度：批处理大小（Batch Size），即每次传给网络的样本数量。批处理大小往往是动态变化的，为了适应动态变化的数组形状，用户在初始化一个动态变量 brainpy.math.Variable 时，需要申明批处理维度，方法如下。

```
1  # batch_axis表示数组中的批处理维度，这里是参数中的"1"
2  >>> dyn_var = bm.Variable(bm.zeros((1, 100)), batch_axis=0)
3  >>> dyn_var.shape  # 该变量的批处理维度是0，批处理大小是1
4  (1, 100)
5  >>> dyn_var = bm.ones((10, 100))  # 批处理大小变为10
```

如果用户想进一步了解动态变量 brainpy.math.Variable 的内部实现及其他相关操作，请阅读BrainPy 官方文档中的相关教程。

用户目前已经了解了数组和动态变量的定义和基本用法，有了神经计算建模的基础。不过，数据在控制流中才能体现出程序的逻辑性。使用过 Python 的用户对条件语句、循环语句一定非常熟悉，这些都属于程序的控制流。然而，即时编译环境下的控制流与常规编程存在一定的区别。下面讲解如何在 JIT 编译环境下写出符合规范的控制流。

1.2.3 控制流

控制流是一个程序的核心，它定义了代码的运行顺序。Python 的控制流由条件语句和循环语句组成。在 JIT 编译环境下，条件语句和循环语句会受一定的限制，原因是在编译的过程中只记录动态变量（brainpy.math.Variable）的形状和类型。因此，在遇到依赖动态变量的条件语句时，会因系统没有追踪动态变量的真实值而无法继续编译。下面介绍 JIT 编译环境下的条件语句和循环语句用法。

1. 条件语句

在 BrainPy 中，条件语句分为两种。第 1 种条件语句不依赖动态变量，在这种情况下，用户可以正常编写控制流。下面以一个封装了条件语句的类为例进行介绍。

```
1  class OddEven(brainpy.BrainPyObject):
2      def __init__(self, type=1):
3          super(OddEven, self).__init__()
4          self.type = type
5          self.a = bm.Variable(bm.zeros(1))
6
7      def __call__(self):
8          if self.type == 1:
9              self.a += 1
10         elif self.type == 2:
11             self.a -= 1
12         else:
13             raise ValueError(f'Unknown type: {self.type}')
14         return self.a
```

在上面的例子中，if 语句的目标对象依赖标量 self.type，这个标量不是 brainpy.math.Variable 的实例。在这种情况下，条件语句可以使用 Python 的 if-else 语句。我们可以使用 JIT 编译来运行上面的代码：

```
>>> model = bm.jit(OddEven(type_=1))
>>> model()
Variable([1.], dtype=float32)
```

第 2 种条件语句依赖动态变量。下面举例说明这种情况带来的问题。

```
class OddEvenCauseError(brainpy.BrainPyObject):
    def __init__(self):
        super(OddEvenCauseError, self).__init__()
        self.rand = bm.Variable(bm.random.random(1))
        self.a = bm.Variable(bm.zeros(1))

    def __call__(self):
        if self.rand < 0.5:  self.a += 1      # 判断self.rand（动态变量）的值
        else:   self.a -= 1
        return self.a
```

```
>>> wrong_model = bm.jit(OddEvenCauseError())
>>> try:
>>>     wrong_model()
>>> except Exception as e:
>>>     print(f"{e.__class__.__name__}: {str(e)}")
ConcretizationTypeError: This problem may be caused by several ways:
1. Your if-else conditional statement relies on instances of brainpy.math.
    Variable.
2. Your if-else conditional statement relies on functional arguments which do
    not set in "static_argnames" when applying JIT compilation. More details
    please see https://jax.readthedocs.io/en/latest/errors.html#jax.errors.
    ConcretizationTypeError
3. The static variables which set in the "static_argnames" are provided as
    arguments, not keyword arguments, like "jit_f(v1, v2)" [<- wrong]. Please
    write it as "jit_f(static_k1=v1, static_k2=v2)" [<- right].
```

可以发现，当条件语句依赖动态变量时，会出现编译错误的问题。在错误提示中会给出解决方法，下面介绍两种可以替代 if-else 语句的条件语句。

（1）brainpy.math.where()：该语句与 NumPy 中的 numpy.where() 对应，where(condition, x, y) 函数根据条件判断真假，如果条件为真，则返回x；如果条件为假，则返回y。我们可以将上面出现编译错误的例子改为：

```
1  class OddEvenWhere(brainpy.BrainPyObject):
2      def __init__(self):
3          super(OddEvenWhere, self).__init__()
4          self.rand = bm.Variable(bm.random.random(1))
5          self.a = bm.Variable(bm.zeros(1))
6
7      def __call__(self):
8          self.a += bm.where(self.rand < 0.5, 1., -1.)    # 基于动态变量的条件判断
9          return self.a
```

```
1  >>> model = bm.jit(OddEvenWhere())
2  >>> model()
3  Variable([-1.], dtype=float32)
```

brainpy.math.where() 可以在 JIT 编译环境下顺利运行，也非常适合实现一些简单的选择逻辑，但它的缺点是不能实现复杂的条件判断逻辑。为了解决这个问题，BrainPy 引入了新的条件语句。

（2）brainpy.math.ifelse()：该语句是 BrainPy 提供的通用条件语句，可以实现多分支。假设用户需要实现一个具有以下逻辑的条件语句。

```
1   def f(a):
2     if a > 10:
3       return 1.
4     elif a > 5:
5       return 2.
6     elif a > 0:
7       return 3.
8     elif a > -5:
9       return 4.
10    else:
11      return 5.
```

我们可以使用 brainpy.math.ifelse() 重新实现该逻辑，代码如下。

```
1   def f(a):
2     return bm.ifelse(conditions=[a > 10, a > 5, a > 0, a > -5],
3                      branches=[1., 2., 3., 4., 5.])
```

brainpy.math.ifelse() 函数的参数如下。

- conditions 代表所有的条件语句。
- branches 代表所有的分支语句，分支语句可以是数字，也可以是函数。

- operands 代表所有分支语句（如果分支语句是函数）需要的参数。

brainpy.math.ifelse() 的实现如下。

```
1  def ifelse(conditions, branches, operands, dyn_vars=None):
2    pred1, pred2, ... = conditions
3    func1, func2, ..., funcN = branches
4    if pred1:
5      return func1(operands)
6    elif pred2:
7      return func2(operands)
8    ...
9    else:
10     return funcN(operands)
```

通过使用 brainpy.math.ifelse() 函数，用户可以编写任意复杂的条件语句，并成功在 JIT 编译环境下运行。需要注意的是，所有分支语句的返回值必须具有相同的形状（shape）和数据类型（dtype）。

2. 循环语句

实际上，BrainPy 可以编写 Python 模式的循环语句。用户只需要在序列数据上进行迭代，并在迭代的对象上进行操作。这样的循环语句可以与 JIT 编译兼容，但会导致编译时间较长。下面举例说明。

```
1  class LoopSimple(brainpy.BrainPyObject):
2    def __init__(self):
3      super(LoopSimple, self).__init__()
4      rng = bm.random.RandomState(123)
5      self.seq = rng.random(1000)
6      self.res = bm.Variable(bm.zeros(1))
7
8    def __call__(self):
9      for s in self.seq:          # 循环语句，会导致编译时间较长
10        self.res += s
11      return self.res.value
12
13 import time
14
15 def measure_time(f):
16   t0 = time.time()
17   r = f()
18   t1 = time.time()
19   print(f'Result: {r}, Time: {t1 - t0}')
```

```
1  >>> model = bm.jit(LoopSimple())
2  >>> # 第1次运行会触发编译，时间较长
3  >>> measure_time(model)
4  Result: [501.74673], Time: 2.7157142162323
5  >>> # 第2次运行不会触发编译
6  >>> measure_time(model)
7  Result: [1003.49347], Time: 0.0
```

上面的结果表明，第 1 次编译的时间较长，如果程序中的语句逻辑复杂，则编译的时间过长，令人无法忍受。因此，BrainPy 提供了适用于 JIT 编译的循环语句，具体包括以下两种。

（1）brainpy.math.for_loop()：该函数可以实现 for 循环语句，用户需要传入的参数如下。

- body_fun：循环语句的主体部分，形式为可调用的函数。该函数接收输入参数，所有返回值都被认为是当前时刻需要保存的值。
- dyn_vars：在函数中用到的所有动态变量。
- operands：body_fun 在所有时刻的输入参数。这些参数将按第 1 个维度循环。

brainpy.math.for_loop() 函数的输出是 body_fun 在所有时刻的返回值。brainpy.math.for_loop() 等价于以下 Python 伪代码。

```
1  def for_loop_function(body_fun, dyn_vars, operands):
2    ys = []
3    for x in operands:
4      # dyn_vars 在 body_fun()函数中更新
5      results = body_fun(x)
6      ys.append(results)
7    return ys
```

有了该函数后，我们可以重新编写上面的循环语句，具体如下。

```
1  class LoopStruct(brainpy.BrainPyObject):
2      def __init__(self):
3          super(LoopStruct, self).__init__()
4          rng = bm.random.RandomState(123)
5          self.seq = rng.random(1000)
6          self.res = bm.Variable(bm.zeros(1))
7
8      def __call__(self):
9          def add(s):
10             self.res += s
```

```
11          # 调用for_loop循环
12          bm.for_loop(add, dyn_vars=[self.res], operands=self.seq)
13          return self.res.value
```

```
1   >>> model = bm.jit(LoopStruct())
2   >>> # 第1次运行会触发编译, 但时间短
3   >>> measure_time(model)
4   Result: [501.74664], Time: 0.013946056365966797
5   >>> # 第2次运行不会触发编译
6   >>> measure_time(model)
7   Result: [1003.4931], Time: 2.002716064453125e-05
```

由上面的结果可知,第 1 次运行的编译时间较短,结构化循环语句能大大缩短编译时间。除了这种支持 for_loop 的方式,我们还提供了支持 while_loop 的方式。

（2）brainpy.math.while_loop()：使用该函数时,需要传入的参数如下。

- body_fun：中间语句,接收输入参数并返回更新后的参数。
- cond_fun：条件语句,返回布尔值（True 或 False）,其接收的参数与 body_fun 一致。
- dyn_vars：所有的动态变量都需要用该参数传入函数。
- operands：cond_fun 与 body_fun 的输入参数。

伪代码如下。

```
1   while cond_fun(operands):  # 条件语句返回判断条件
2       operands = body_fun(operands)    # 中间语句执行具体逻辑
```

在使用 brainpy.math.while_loop() 时,不作为传入参数的迭代变量都应该被标记为 Variable。所有在 cond_fun 和 body_fun 中使用的 Variable 都应该在 dyn_vars 变量中声明。下面通过具体的例子来解释该函数的用法。

```
1   a = bm.Variable(bm.zeros(1))
2   b = bm.Variable(bm.ones(1))
3
4   # 条件函数定义
5   def cond(x, y):
6       return x < 6.
7
8   # 主体函数定义
9   def body(x, y):
10      a.value += x
11      b.value *= y
```

```
12        return x + b[0], y + 1.
13
14  # 调用函数并返回结果，动态变量的值已更新
15  res = bm.while_loop(body, cond, dyn_vars=[a, b], operands=(1., 1.))
```

```
1  >>> res
2  (10.0, 4.0)
3  >>> a
4  Variable([7.], dtype=float32)
5  >>> b
6  Variable([6.], dtype=float32)
```

本节讲解了 JIT 编译的概念，并介绍了 JIT 编译环境下的编程在数据操作和控制流方面与传统框架的区别。用户在掌握基本的 Python 编程方法和本节内容后，就可以上手进行脑动力学编程了。最基本且广泛的编程应用就是神经动力学模型的搭建和仿真。因此，下面介绍定义一个神经动力学模型需要实现和使用哪些模块。

1.3 动力学模型的编程基础

1.2 节介绍了 JIT 编译环境下的两个基本编程要素：数据操作和控制流，结合 Python 面向对象的编程思想，用户可以尝试进行 BrainPy 编程。本节介绍如何使用 BrainPy 运行动力学模型。整体思路就像做完形填空和搭积木一样，用户将各模块组合在一起，就可以构建并运行自己的目标模型了。用户需要了解微分方程及其数值积分器的使用方式，以及如何定义一个动力学模型，并使用 BrainPy 提供的各类运行器进行模拟、训练和分析。

1.3.1 积分器

本节介绍积分器的使用方法。求解微分方程是神经动力学模拟的核心，目前 BrainPy 支持常微分方程（ODE）、随机微分方程（SDE）、分数阶微分方程（FDE）和延迟微分方程（DDE）的求解。下面介绍如何定义 ODE 函数和对应的数值积分方法。

（1）定义 ODE 函数，以式 (1-1) 中的常微分方程组为例进行介绍。

$$\begin{cases} \dfrac{\mathrm{d}x}{\mathrm{d}t} = f_1\left(x,t,y,p_1\right) \\ \dfrac{\mathrm{d}y}{\mathrm{d}t} = g_1\left(x,t,y,p_2\right) \end{cases} \tag{1-1}$$

用 Python 函数定义式 (1-1)：

```
def diff(x, y, t, p1, p2):
    dx = f1(x, t, y, p1)
    dy = g1(x, t, y, p2)
    return dx, dy
```

用户可以将参数分为 3 个部分：t 表示当前时刻，在时刻 t 前传递的 x 和 y 表示动态变量，在时刻 t 后传递的 p_1 和 p_2 表示系统需要的参数（不随时间变化）。在函数主体中，f_1 和 g_1 可以根据用户需求定制，dx 和 dy 按照与函数参数中对应变量的顺序返回。用户在实际定义微分方程时需要注意动态变量必须写在参数 t 之前，静态参数必须写在参数 t 之后。

（2）数值积分方法。我们只需要将积分器 `brainpy.odeint` 作为一个 Python 装饰器放在微分函数 `diff` 上，就可以完成对该函数的数值积分方法定义，代码如下。

```
@bp.odeint
def diff(x, y, t, p1, p2):
    dx = f1(x, t, y, p1)
    dy = g1(x, t, y, p2)
    return dx, dy
```

包装后的函数 `diff` 的数据类型是 `ODEIntegrator` 的实例。`brainpy.odeint` 的参数如下。

- `method`：字符串类型，用于指定对 ODE 函数进行积分的数值方法。默认为欧拉（Euler）方法。
- `dt`：浮点数类型，用于设置数值积分步长，默认为 0.1。

以欧拉方法为例，设置数值积分步长为 0.01，代码如下。

```
@bp.odeint(method='euler', dt=0.01)
def diff(x, y, t, p1, p2):
    dx = f1(x, t, y, p1)
    dy = g1(x, t, y, p2)
    return dx, dy
```

上面定义了 ODE 函数和对应的数值积分方法。为了让用户更好地理解整个流程，我们以 FitzHugh-Nagumo 方程为例进行介绍。FitzHugh-Nagumo 方程为

$$\begin{cases} \tau\dot{w} = v + a - bw \\ \dot{v} = v - \dfrac{v^3}{3} - w + I_{\text{ext}} \end{cases} \tag{1-2}$$

式中，v、w 为变量，其余为参数。

FitzHugh-Nagumo 方程在 BrainPy 中定义如下。

```
1  @bp.odeint(method='Euler', dt=0.01)
2  def integral(V, w, t, Iext, a, b, tau):
3      dw = (V + a - b * w) / tau
4      dV = V - V * V * V / 3 - w + Iext
5      return dV, dw
```

需要注意的是，在一个动力学系统中，可能有多个变量随时间动态变化。有时这些变量是相互联系的，更新一个变量时需要输入其他变量。为了达到更高的积分精度，我们建议用户使用 brainpy.JointEq 求解联合微分方程。下面通过一个简单的例子说明 brainpy.JointEq 的用法。

```
1  a, b = 0.02, 0.20
2  dV = lambda V, t, w, Iext: 0.04 * V * V + 5 * V + 140 - w + Iext  # 第1个方程
3  dw = lambda w, t, V: a * (b * V - w)                              # 第2个方程
4  joint_eq = bp.JointEq(dV, dw)                                     # 联合微分方程
5  integral2 = bp.odeint(joint_eq, method='rk2')  # 定义该联合微分方程的数值积分方法
```

在上面的例子中，式 (1-2) 中的两个微分变量分别被定义为函数 dV 和 dw，并使用 brainpy.JointEq 将这两个独立的微分函数联合成一个方程。

任意积分函数都可以使用 IntegratorRunner 来进行运行模拟。例如，我们在上面定义的积分函数 integral，可以使用 IntegratorRunner 对其进行积分（0～100 ms），具体如下。

```
1   # 初始化相关变量和参数
2   a = 0.7;   b = 0.8;   tau = 12.5;   Iext = 1.
3
4   # 声明积分运行器
5   runner = bp.integrators.IntegratorRunner(
6       integral,                            # 包装好的方程组
7       monitors=['V'],                      # 记录方程组中的动态变量V
8       inits=dict(V=0., w=0.),              # 以字典的方式初始化动态变量V和w
9       # 以字典的方式传递所需要的参数a、b、tau、Iext
10      args=dict(a=a, b=b, tau=tau, Iext=Iext),
11      dt=0.01                              # 定义仿真的步长为0.01ms
12  )
13
14  # 使用积分运行器，迭代10000次
15  runner.run(100.)
16
17  plt.plot(runner.mon.ts, runner.mon.V)
18  plt.show()
```

使用 `IntegratorRunner` 得到的 FitzHugh-Nagumo 方程数值积分结果如图 1-2 所示。

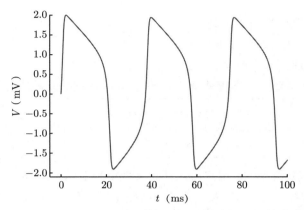

图 1-2 使用 `IntegratorRunner` 得到的 FitzHugh-Nagumo 方程数值积分结果

如果读者想深入了解 BrainPy 中各种微分方程的数值积分,可以参考 BrainPy 官方文档中的相关教程。

1.3.2 更新函数

1.3.1 节通过 `brainpy.odeint` 等积分器定义了模型的连续积分过程,并使用 `IntegratorRunner` 获得了一段时间内的数值积分结果。然而,一个动力学模型往往不仅包含连续的积分部分,还包含不连续的更新步骤。因此,BrainPy 提供了一个通用的 `DynamicalSystem` 类,以定义各种动力学模型。具体来说,所有的 `DynamicalSystem` 都需要定义一个更新函数 `update()`,该函数规定了模型的状态从当前时刻 `t` 更新到下一时刻 `t+dt` 的过程。`update()` 函数非常灵活,适用于多种场景。

一般来说,`update()` 函数接收两类参数:公共参数和私有参数。公共参数指一个网络中所有节点或所有 `DynamicalSystem` 实例都可以获取的参数;私有参数指某个节点或 `DynamicalSystem` 实例独有的参数。常见的公共参数包括当前时刻 `t`、单步积分时长 `dt` 和当前迭代次数 `i`;常见的私有参数包括模型的输入参数等。

下面我们自定义一个 `DynamicalSystem` 类,其中公共参数为 `tdi`。

```
1  class YourDynamicalSystem(bp.DynamicalSystem):
2    def update(self, tdi):
3      pass
```

update() 函数可以不接收私有参数，但公共参数是每个 DynamicalSystem 类都需要有的。公共参数（这里公共参数名为 tdi）往往以字典的方式存储，包括以下元素。

- tdi.t：迭代的当前时刻 t。
- tdi.dt：迭代的单步步长 dt。
- tdi.i：迭代的当前次数 i。

我们也可以定义一个接收外部输入的 DynamicalSystem 类：

```
1  class YourDynamicalSystem2(bp.DynamicalSystem):
2    def update(self, tdi, inputs):
3       pass
```

在 update() 函数中，用户可以任意实现更新逻辑。DynamicalSystem 可以用于定义脉冲神经网络模型、人工神经网络模型、脑启发的网络模型等。以式 (1-2) 中的 FitzHugh-Nagumo 模型为例，我们可以将其定义为 DynamicalSystem 类：

```
1  class FitzHughNagumo(bp.DynamicalSystem):
2    def __init__(self, size, a=0.7, b=0.8, tau=12.5):
3      super(FitzHughNagumo, self).__init__()
4
5      # 参数
6      self.a = a
7      self.b = b
8      self.tau = tau
9
10     # 变量
11     self.V = bm.Variable(bm.ones(size))
12     self.w = bm.Variable(bm.zeros(size))
13     self.input = bm.Variable(bm.zeros(size))
14
15     # 积分函数
16     self.integral = bp.odeint(bp.JointEq(self.dV, self.dw))
17
18   def dV(self, V, t, w, I): # V的微分方程
19     return V - V * V * V / 3 - w + I
20
21   def dw(self, w, t, V): # w的微分方程
22     return (V + a - b * w) / tau
23
24   def update(self, tdi): # 更新函数
25     self.V.value, self.w.value = self.integral(self.V, self.w, tdi.t,
26          self.input, tdi.dt)
27     self.input[:] = 0.
```

1.3.3　突触计算

在实际的网络模型中，突触往往占据大部分内存和计算时间。因此，研究如何高效地存储和计算突触是加快网络运行的必要步骤。本节学习如何根据突触计算的特点来提高计算效率。

突触计算的主要特点是神经元群之间的连接具有**稀疏特性**，且更新策略是**事件驱动**的（如突触前神经元的脉冲发放驱动突触后神经元的更新）。现有的大部分数值计算算子更擅长进行稠密计算，一旦涉及稀疏计算和事件驱动更新，这些计算算子的运行效率将大幅下降。特别是随着网络规模的扩大，模型效率的下降会更明显。为了解决这个棘手的问题，BrainPy 设计了专用算子，以加快突触计算。

1. 突触连接

在稀疏连接的情况下，突触计算通常涉及突触前神经元（用"pre"表示）、突触后神经元（用"post"表示）和突触（用"syn"表示）3 种数据之间的转换，稀疏计算中突触前神经元、突触后神经元和突触的关系如图 1-3 所示。在图 1-3 中，突触前神经元有 2 个，突触后神经元有 4 个，它们相互连接形成了 5 个突触。我们用序号标记每个神经元和突触，一个突触对应一个从突触前神经元到突触后神经元的唯一映射。

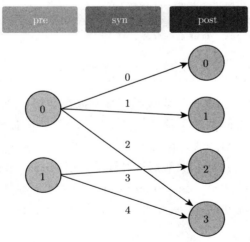

图 1-3　稀疏计算中突触前神经元、突触后神经元和突触之间的关系

图 1-3 中的突触连接可以使用多种方式存储。`brainpy.connect.Connector`提供了一种统一的格式，可以利用其生成任意的突触连接存储方式。一般来说，应

该先实例化一个 Connector，再调用 Connector.require()，以生成所需要的连接结构。例如，一个概率连接的 Connector 类如下。

```
1  # prob表示连接概率，include_self表示是否有自环，seed表示随机数种子
2  >>> conn = bp.conn.FixedProb(prob=0.2, include_self=False, seed=134)
3  >>> conn
4  FixedProb(prob=0.2, pre_ratio=1.0, include_self=False, seed=134)
```

在具有 4 个突触前神经元和 4 个突触后神经元的情况下，我们使用该连接器生成连接矩阵（conn_mat）、突触前神经元连接的索引（pre_ids）、突触后神经元连接的索引（post_ids）、突触前神经元到突触后神经元连接的索引（pre2post）、突触前神经元到突触连接的索引（pre2syn）等连接结构。

```
1  >>> conn(pre_size=4, post_size=4)
2  FixedProb(prob=0.2, pre_ratio=1.0, include_self=False, seed=134)
3  # 事先请求所有需要用到的数据结构
4  >>> res = conn.require('conn_mat', 'pre_ids', 'post_ids', 'pre2post', 'pre2syn')
```

在使用连接矩阵（conn_mat）存储突触连接时，矩阵的行表示突触前神经元，矩阵的列表示突触后神经元，连接矩阵中第 i 行、第 j 列的值代表 i 号突触前神经元是否与 j 号突触后神经元相连。具体来说，上述例子生成的连接矩阵为：

```
1  >>> res[0]        # res[0]中保存的conn_mat
2  JaxArray([[False,  True, False, False],
3            [False, False,  True, False],
4            [False, False, False, False],
5            [False, False,  True, False]], dtype=bool)
```

用矩阵存储连接信息在稀疏连接的情况下显得非常冗余，因为在 16 个元素中只有 3 个元素是 True。对于稀疏连接情况，连接矩阵显然不是最优的突触连接存储方式。为了更好地降低内存占用率，我们可以用 pre_ids 和 post_ids 来存储实际连接突触前神经元和突触后神经元的索引。pre_ids 和 post_ids 具有相同的元素数。每对 pre_ids 和 post_ids 中的元素代表 pre_ids[i] 与 post_ids[i] 相连形成的突触。具体来说，上述例子生成的 pre_ids 和 post_ids 为：

```
1  >>> print('pre_ids: {}'.format(res[1]))       # res[1]中保存的pre_ids
2  pre_ids: [0 1 3]
3  >>> print('post_ids: {}'.format(res[2]))      # res[2]中保存的post_ids
4  post_ids: [1 2 2]
```

pre_ids 和 post_ids 是最常见的稀疏连接结构，但在事件驱动下其计算效率不是最高的。

pre2post 是一种高效的稀疏连接结构。它可以表示一个突触前神经元与哪些突触后神经元相连。具体来说，pre2post 包含两个数组，第 1 个数组存储的是突触后神经元的序号，第 2 个数组存储的是与 i 号突触前神经元相连的突触后神经元在第 1 个数组中的开始和结束位置。我们将突触后神经元数组分段，每段中的突触后神经元都对应同一个突触前神经元，因为突触后神经元的序号已经按照突触前神经元的序号进行了排列，对于一段拥有相同突触前神经元的突触连接，我们只需要记录这个突触前神经元序号的起始位置，并将其作为指针，就可以得到突触前神经元的指针数组。pre2post 结构如图 1-4 所示，图 1-4 展示了 pre2post 包含的数组：突触后神经元数组（Post-Synaptic Neuron）和突触前神经元的指针数组（Pre-Index Vector）。

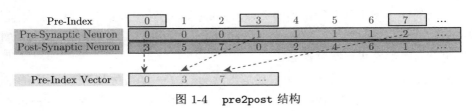

图 1-4　pre2post 结构

基于 pre2post，事件驱动更新会非常高效，因为我们只需要沿着突触前神经元迭代，一旦遇到突触前神经元产生的脉冲发放，就可以取出与该突触前神经元相连的突触后神经元，并对其进行更新。通过这样的数据结构和更新方式，可以真正保证事件驱动更新的特性。具体来说，上述例子生成的 pre2post 为：

```
>>> print('post_ids: {}'.format(res[3][0])) # res[3]中保存的pre2post
post_ids: [1 2 2]
>>> print('pre_ptr: {}'.format(res[3][1]))
pre_ptr: [0 1 2 2 3]
```

我们可以观察程序的输出结果是否正确。在已知的连接模式中，有 4 个突触前神经元，编号为 0、1、2、3；有 4 个突触后神经元，编号为 0、1、2、3。突触连接（0，1）、（1，2）、（3，2）分别表示 0 号突触前神经元与 1 号突触后神经元相连，1 号突触前神经元与 2 号突触后神经元相连，3 号突触前神经元与 2 号突触后神经元相连。pre2post 中的第 1 个数组代表突触后神经元连接的索引（post_ids），第 2 个数组代表相连的突触前神经元在 post_ids 上的索引。与 i 号突触前神经元相连的突触后神经元索引在post_ids 中指示pre ptr[i] 到pre ptr[i+1]。在此例中，post_ids=[1, 2, 2]，pre_ptr=[0, 1, 2, 2, 3]。由于 pre_ptr[0]=0，pre_ptr[1]=1，因此 0 号突触前神经元与索引为 post_ids[0: 1]=[1] 的突触后神经元相连；由于 pre_ptr[2]=2，因此 1 号突触前神经元与索引为 post_ids[1: 2]=[2] 的突触后神经元相连。同理可得，2 号突触前神经元不与任何突触后神经元相连，3 号突触前神经元与索引为 post_ids[2:3]=[2] 的突触后神经元相连。

除了 pre2post，BrainPy 还提供了一种适用于不同场景的数据结构：pre2syn。它的定义与 pre2post 类似，也是由两个数组构成的元组，只是将突触后神经元数组换成了突触数组，我们通过下面的例子对其进行解释。

```
1  >>> print('syn_ids: {}'.format(res[4][0])) # res[3]中保存的pre2syn
2  syn_ids: [0 1 2]
3  >>> print('pre_ptr: {}'.format(res[4][1]))
4  pre_ptr: [0 1 2 2 3]
```

上面的例子展示了我们得到的突触前神经元与突触连接的索引信息。实际上，Connector 还可以生成 post2pre、post2syn、syn2post 等数据结构，用户可以根据更新策略的需求选择数据结构。

需要注意的是，所有的连接模式都是在 require() 函数中创建的，而不是在初始化 Connector 时创建的。对于概率恒为 p 的连接模式，当我们初始化 Connector 后，Connector 会保存构建突触连接的所有参数信息，但不会直接构建对应的数据并保存连接模式，这是因为大规模网络的突触连接非常消耗空间，如果全部保存可能发生内存爆炸的情况。而 require() 函数只创建用户需要用到的数据，能够大大减小内存占用。这意味着当用户调用一次 require() 函数时，会根据概率 p 生成随机连接模式，并返回用户需要的数据；当用户再调用一次 require() 函数时，会重新根据概率 p 生成新的随机连接模式，由于随机性的引入，新的连接模式不同于之前的连接模式，从而导致返回的数据完全不同。在上述例子中，我们一次性请求了所有需要的数据结构，以保证所有数据结构存储的是相同的连接模式。用户在实际编程中需要注意，不要为了生成多种数据结构而多次调用 require() 函数，而应该在一次 require() 函数调用中声明所有需要用到的数据结构。

2. 突触计算

基于上述突触连接，我们可以高效地进行突触计算。假设已知所有突触前神经元的脉冲事件 events，突触连接的权重 weight（是标量，即所有突触连接的权重相同），为了获得这些脉冲事件作用在突触后神经元上的电流，我们可以使用以下计算方法。

（1）brainpy.math.dot()：基于连接矩阵 conn_mat，可以直接通过突触前脉冲与该连接矩阵的积获得作用在突触后神经元上的电流。

```
1  post_val = bm.dot(events, conn_mat) * weight
```

（2）brainpy.math.pre2post_coo_event_sum()：基于突触前和突触后神经元连接的索引，可以使用稀疏算子 brainpy.math.pre2post_coo_event_sum() 获得突触前神经元作用在突触后神经元上的电流。

```
1  post_val = bm.pre2post_coo_event_sum(events, pre_ids, post_ids, post_num,
2      weight)
```

（3）brainpy.math.pre2post_csr_event_sum()：基于突触前神经元到突触后神经元连接的索引，可以使用稀疏算子 brainpy.math.pre2post_csr_event_sum() 获得突触前神经元作用在突触后神经元上的电流。

```
1  post_val = bm.pre2post_csr_event_sum(events, pre2post, post_num, weight)
```

（4）可以先利用算子 brainpy.math.pre2syn() 将突触前神经元的变量转换到突触维度，再利用 brainpy.math.syn2post() 将突触维度的变量转换为突触后维度的电流。

```
1  syn_val = bm.pre2syn(events, pre_ids) * weight
2  post_val = bm.syn2post(syn_val, post_ids, post_num)
```

1.3.4　运行器

上述组件可以帮助读者构建脑动力学模型。这些模型的模拟、训练、分析需要依赖 BrainPy 提供的运行器。BrainPy 提供的 brainpy.DSRunner 可以帮助用户高效地运行和模拟动力学模型，brainpy.train.DSTrainer 可以帮助用户训练动力学模型，brainpy.analysis.DSAnalyzer 可以帮助用户进行动力学模型的自动分析。

BrainPy 运行器的基本声明方式如下。

```
1  # SomeRunner即"某个运行器"，是对runner的统称（临时）
2  runner = SomeRunner(target,
3                      inputs,
4                      monitors,
5                      dyn_vars,
6                      jit)
```

参数的含义如下。

（1）target：指定要模拟的模型，其必须是 brainpy.DynamicalSystem 的实例。

（2）inputs：动力学系统的输入。

（3）monitors：需要监控历史轨迹的动态变量。

（4）dyn_vars：指定目标模型中使用的所有动态变量。

（5）jit：决定在仿真过程中是否使用 JIT 编译。

在定义好运行器后，用户可以调用 .run() 来运行，参数如下。

（1）duration：仿真时间长度。

（2）inputs：输入数据。如果在初始化中提供了模型输入，则不需要传入该参数，该参数主要在训练时使用。

（3）reset_state：是否重置模型的状态。

（4）shared_args：不同层之间的共享参数。典型的共享参数是 fit（该模块是否需要训练）。对于 Dropout 等模块，需要在训练阶段设置 fit=True，在推理阶段设置 fit=False。

（5）progress_bar：是否使用进度条报告模拟的进展。

（6）eval_time：是否对运行时间进行评估。

下面以 brainpy.DSRunner 为例，展示如何使用运行器对网络模型进行模拟仿真。模型的细节将在后续章节中详细介绍，读者只需要关注运行部分。

```python
# 定义一个网络模型
class EINet(bp.Network):
  def __init__(self, scale=1.0, method='exp_auto'):
    super(EINet, self).__init__()

    num_exc = int(3200 * scale)
    num_inh = int(800 * scale)

    pars = dict(V_rest=-60., V_th=-50., V_reset=-60., tau=20., tau_ref=5.)
    self.E = bp.neurons.LIF(num_exc, **pars, method=method)
    self.I = bp.neurons.LIF(num_inh, **pars, method=method)
    self.E.V[:] = bm.random.randn(num_exc) * 2 - 55.
    self.I.V[:] = bm.random.randn(num_inh) * 2 - 55.

    prob = 0.1
    we = 0.6 / scale / (prob / 0.02)**2
    wi = 6.7 / scale / (prob / 0.02)**2
    self.E2E = bp.dyn.ExpCOBA(self.E, self.E, bp.conn.FixedProb(prob),
                              E=0., g_max=we, tau=5., method=method)
```

```
20      self.E2I = bp.dyn.ExpCOBA(self.E, self.I, bp.conn.FixedProb(prob),
21                                E=0., g_max=we, tau=5., method=method)
22      self.I2E = bp.dyn.ExpCOBA(self.I, self.E, bp.conn.FixedProb(prob),
23                                E=-80., g_max=wi, tau=10., method=method)
24      self.I2I = bp.dyn.ExpCOBA(self.I, self.I, bp.conn.FixedProb(prob),
25                                E=-80., g_max=wi, tau=10., method=method)
26
27  # 实例化该网络模型
28  net = EINet(scale=1., method='exp_auto')
29  # 初始化DSRunner
30  runner = bp.DSRunner(
31    net,                                       # 目标模型
32    monitors={'E.spike': net.E.spike},         # 监视动态变量spike
33    inputs=[(net.E.input, 20.), (net.I.input, 20.)]   # 神经元的输入恒为20
34
35  # 运行1000ms
36  runner.run(1000.)
37  # 可视化结果
38  bp.visualize.raster_plot(runner.mon.ts, runner.mon['E.spike'], show=True)
```

在运行结束后会返回仿真的总运行时间，用户可以用可视化方法来观测仿真结果，仿真结果如图 1-5 所示。

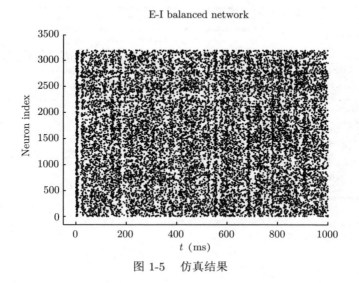

图 1-5　仿真结果

与模拟仿真的运行器不同，训练运行器的调用更接近 PyTorch、scikit-learn 等机器学习包的使用方法：

```
1  trainer = bp.DSTrainer(model) # 声明一个DSTrainer
2  trainer.fit([X, Y])                    # 使用fit进行训练，传入数据集
3  trainer.predict(X)                     # 使用predict进行预测
```

在本书后续内容中，读者可以详细了解训练运行器的应用场景。除此之外，运行器中还包含数值积分器和分析运行器等，用户可以通过阅读 BrainPy 官方文档来了解更多内容。

1.4 查阅文档

读者可以在 BrainPy 网站上查阅官方文档。访问BrainPy 网站（如图 1-6 所示），左侧为目录，用户可以根据函数所在位置寻找对应的文档，也可以通过在左上角搜索关键词来寻找对应文档。

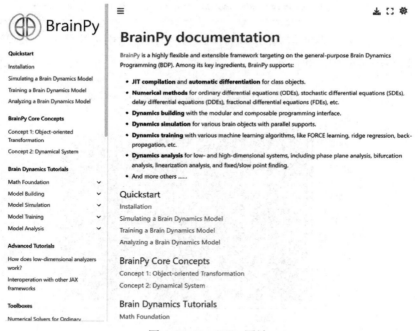

图 1-6 BrainPy 网站

BrainPy 网站内容的组织方式是从入门到高阶、从基础到复杂的。用户如果只想简单了解 BrainPy 的功能或尝试几个例子，可以阅读 Quickstart 部分；我们将 BrainPy 最核心的设计思想放在了简短的 BrainPy Core Concepts 部分，用户

可以通过该部分了解 BrainPy 整体框架的组织结构，以及 BrainPy 是如何整合脑仿真编程和类脑计算编程的；Brain Dynamics Tutorials 部分详细介绍了 BrainPy 的数学与编程基础、架构，以及模拟、训练、分析三大功能的使用方法和扩展方法，是帮助用户深入了解 BrainPy 的核心文档；Advanced Tutorials 部分主要介绍 BrainPy 的高级编程方法，涉及动力学分析的逻辑实现和框架可扩展部分；Toolboxes 部分主要介绍 BrainPy 提供的各种方便有效的工具块，该部分补充了在核心内容介绍中省略的细节；最后是 API 文档，供用户在遇到不熟悉的接口时查阅。

1.5 本章小结

本章主要介绍了脑动力学模型通用编程软件 BrainPy 的安装教程和使用方法。BrainPy 通过 JIT 编译技术大幅提高了模型的运行速度，使得模拟大规模脑动力学模型成为可能。在 JIT 编译框架下，数据操作和控制流与传统框架不同，BrainPy 提供了方便易懂的新接口，可以帮助用户更轻松地编程，填补了 JIT 编译带来的不便。本章还介绍了进行动力学模型编程所需要了解的基本要素，包括积分器、更新函数、突触计算和运行器。这些基本要素将帮助我们搭建和运行各种动力学模型。在后续章节中，我们会对神经元模型、突触及突触可塑性模型、神经网络模型进行介绍。

第2篇
神经元模型

　　神经元是神经系统最基本的结构和功能单元。因此，理解神经元的计算模型是理解神经网络计算功能的基础。本篇以神经元的基本结构和工作原理为基础，介绍神经元的电导模型，即经典的霍奇金—赫胥黎（HH）模型，并介绍一些为了方便计算而发展起来的在相关领域较为流行的简化神经元模型。

第 2 章　神经元的电导模型

本章介绍神经元结构和计算的基础知识，并在此基础上，介绍经典的霍奇金—赫胥黎（Hodgkin-Huxley，HH）模型。

2.1　神经元结构

神经元（Neuron）是在大脑中进行信息处理的基本单位，它们的形态、电学特性、相互连接及在神经系统中的位置决定了其计算功能。

神经元结构如图 2-1 所示。神经元的重要组成部分之一是**细胞体**（Cell Body 或 Soma）。细胞体内存在细胞核及维持细胞新陈代谢所需的细胞器，包括内质网、线粒体、高尔基体等。除此之外，大部分神经元都有明显分化的两种神经突起：一种是又长又细、伸展距离较远的**轴突**（Axon），另一种是粗而密集、伸展距离较近的**树突**（Dendrite）。通常来说，一个神经元的轴突末端与下一个神经元的树突相连，形成一个参与神经元之间信息传输的特化结构，即**突触**（Synapse）。

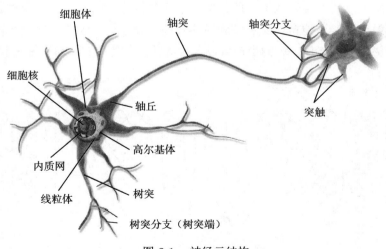

图 2-1　神经元结构

不同的神经元形态迥异，4 种常见的神经元如图 2-2 所示。形态相似的神经元倾向于集中在神经系统的某个特定区域，并具有相似的功能，不同区域的神经元形状千差万别。

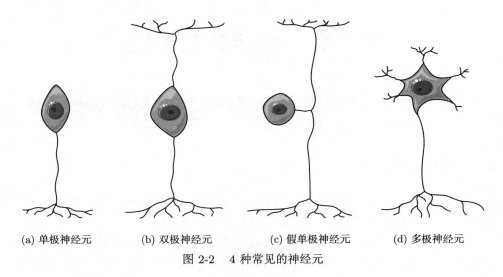

(a) 单极神经元　　(b) 双极神经元　　(c) 假单极神经元　　(d) 多极神经元

图 2-2　4 种常见的神经元

2.2　静息膜电位

神经元的细胞膜（Cell Membrane）具有分隔细胞内外环境的作用，是磷脂双分子层结构，神经元细胞膜上的离子通道和离子泵如图 2-3 所示。在水性环境（如细胞质或胞外环境）中，水溶性的带电分子（包括无机的离子、营养物质、代谢产物和神经递质）不能自由穿过细胞膜的磷脂双分子层，因此需要由运输蛋白将它们从一侧运到另一侧。运输蛋白可以分为 3 类：载体蛋白、通道蛋白和离子泵。

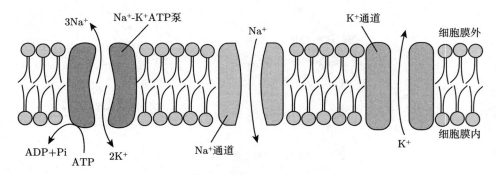

图 2-3　神经元细胞膜上的离子通道和离子泵

离子通道是通道蛋白的一种，它允许钠离子（Na^+）、钾离子（K^+）、氯离子（Cl$^-$）等离子通过。有些离子通道是无闸门的（Non-Gated），它们永远保持对某些离子开放的状态；而有些离子通道是由闸门（Gate）控制的，可以在电、化学或物理刺激下开放或关闭。离子通道允许离子穿过细胞膜的程度被称为**通透性**（Permeability）。细胞膜对某些离子的通透性高于另一些离子，这被称为选择性通透。在静息态下，神经元细胞膜对 K$^+$ 的通透性高于 Na$^+$，原因是膜内无闸门控制的 K$^+$ 通道远多于 Na$^+$ 通道。

神经元细胞内外具有离子浓度差。通常来说，大多数神经元细胞外的 Na$^+$ 和 Cl$^-$ 的浓度比细胞内的浓度高 10～20 倍，而细胞内的 K$^+$ 浓度比细胞外的浓度高 30 倍左右。神经元细胞膜上的离子泵利用能量维持离子浓度差。神经元中最主要的离子泵是 Na$^+$-K$^+$ATP 泵（钠钾泵），它使用 ATP 水解的能量将 Na$^+$ 运到细胞外并将 K$^+$ 运到细胞内。每个 ATP 分子提供的能量能够将 2 个 K$^+$ 运到细胞内且将 3 个 Na$^+$ 运到细胞外。钠钾泵的活动改变了神经元细胞内外的 K$^+$ 和 Na$^+$ 浓度，从而产生了细胞内外的离子浓度梯度。如果遵循渗透的自然规律，这些离子将从高浓度区域流向低浓度区域，但神经元细胞膜的相对不通透性阻止了这些跨膜的离子流动。因此，在静息态下，细胞膜建立了细胞外 Na$^+$ 浓度较高、细胞内 K$^+$ 浓度较高的离子浓度梯度。

细胞内外的离子浓度差产生了一种**化学梯度**（Chemical Gradient），这种梯度使得离子倾向于从高浓度区域流向低浓度区域。下面以 K$^+$ 为例探究这种化学梯度会带来怎样的影响。由于细胞内的 K$^+$ 浓度更高，化学梯度使 K$^+$ 从细胞内流向细胞外。一旦 K$^+$ 流到细胞外，细胞外将带正电，细胞内将带负电，这使得细胞膜两侧产生**电荷梯度**（Electrical Gradient），它倾向于将 K$^+$ 推到细胞内。电荷梯度和化学梯度的效果相反，当化学扩散的动力和电场力相互平衡时，K$^+$ 的净流量为 0，我们将此时的膜电位称为 K$^+$ 的**平衡电位**（Equilibrium Potential），记为 E_K。我们可以将平衡电位理解为平衡离子浓度差引起的离子定向运动所需的等效电位。

对于由可溶性离子（如 K$^+$）不均衡分布造成的渗透膜（如细胞膜）两侧的电位差，19 世纪，德国科学家 Walter Nernst 提出了 Nernst 方程，以进行定量描述。K$^+$ 的 Nernst 方程为

$$E_K = \frac{RT}{zF} \ln \frac{[K^+]_{out}}{[K^+]_{in}} \tag{2-1}$$

式中，$[K^+]_{out}$ 和 $[K^+]_{in}$ 分别表示细胞外和细胞内的 K$^+$ 浓度；T 是绝对温度（单位为开尔文）；z 是离子所带的电荷数（K$^+$ 是 1）；R 是普适气体常数；F 是法拉

第常数。如果神经元细胞内的 K^+ 浓度是 400 mM，细胞外的 K^+ 浓度是 20 mM，在室温（25℃）下，我们计算得到 E_K 约为 -75 mV。

事实上，大部分神经元的静息电位都比 K^+ 的平衡电位高，这是因为细胞膜对 Na^+ 和 Cl^- 具有一定的通透性。Na^+ 或 Cl^- 的平衡电位计算方法与 K^+ 的平衡电位计算方法相同。神经元中几种离子在细胞内外的浓度及计算得到的平衡电位如表 2-1 所示[2]。

表 2-1　神经元中几种离子在细胞内外的浓度及计算得到的平衡电位

	离子	细胞内浓度（mM）	细胞外浓度（mM）	平衡电位（mV）
青蛙肌肉神经细胞（T=23℃）	K^+	124	2.25	$25.18\ln\dfrac{2.25}{124}\approx -101$
	Na^+	10.4	109	$25.18\ln\dfrac{109}{10.4}\approx 59$
	Cl^-	1.5	77.5	$-25.18\ln\dfrac{77.5}{1.5}\approx -99$
	Ca^{2+}	10^{-4}	2.1	$12.59\ln\dfrac{2.1}{10^{-4}}\approx 125$
乌贼神经细胞轴突（T=20℃）	K^+	400	20	$25.18\ln\dfrac{20}{400}\approx -75$
	Na^+	50	440	$25.18\ln\dfrac{440}{50}\approx 55$
	Cl^-	40	560	$-25.18\ln\dfrac{560}{40}\approx -66$
		150	560	$-25.18\ln\dfrac{560}{150}\approx -33$
	Ca^{2+}	10^{-4}	10	$12.59\ln\dfrac{10}{10^{-4}}\approx 145$
哺乳动物神经细胞（T=37℃）	K^+	140	5	$26.92\ln\dfrac{5}{140}\approx -89.7$
	Na^+	5	145	$26.92\ln\dfrac{145}{5}\approx 90$
		15	145	$26.92\ln\dfrac{145}{5}\approx 61$
	Cl^-	4	110	$-26.92\ln\dfrac{110}{4}\approx -89$
	Ca^{2+}	10^{-4}	2.5	$13.46\ln\dfrac{2.5}{10^{-4}}\approx 136$
			5	$13.46\ln\dfrac{5}{10^{-4}}\approx 146$

当细胞膜对多个离子通透时，细胞膜静息时的平衡电位（无净离子流动时的膜电位）可以用戈德曼—霍奇金—卡茨（Goldman-Hodgkin-Katz，GHK）方程

计算，即

$$V_{\mathrm{m}} = \frac{RT}{F} \ln \left(\frac{P_{\mathrm{Na}}[\mathrm{Na^+}]_{\mathrm{out}} + P_{\mathrm{K}}[\mathrm{K^+}]_{\mathrm{out}} + P_{\mathrm{Cl}}[\mathrm{Cl^-}]_{\mathrm{in}}}{P_{\mathrm{Na}}[\mathrm{Na^+}]_{\mathrm{in}} + P_{\mathrm{K}}[\mathrm{K^+}]_{\mathrm{in}} + P_{\mathrm{Cl}}[\mathrm{Cl^-}]_{\mathrm{out}}} \right) \tag{2-2}$$

式中，P_{Na}、P_{K} 和 P_{Cl} 分别指 $\mathrm{Na^+}$、$\mathrm{K^+}$ 和 $\mathrm{Cl^-}$ 的通透性。在静息态下，细胞膜对 $\mathrm{Cl^-}$ 的通透性可以视为 0，对 $\mathrm{K^+}$ 的通透性是 $\mathrm{Na^+}$ 的 20 倍 [3]，则结合表 2-1 计算得到乌贼神经细胞轴突的静息电位为 $-57\mathrm{mV}$，与电生理测得的真实值接近。

2.3 等效电路

由前面的介绍可知，细胞的电学性质由穿过细胞膜的离子决定。GHK 方程给出了细胞膜电位的定量描述，但没有指出表示通透性的参数 P_x 如何得到。事实上，正是因为各类离子通道的通透性会随时间不断变化，神经细胞才表现出了丰富的电学性质。为了进一步探究这个动态过程，可以画出神经元的**等效电路**（Equivalent Circuit），通常包含以下组件。

（1）代表离子浓度梯度的**电源**。

（2）代表细胞膜存储电荷能力的**电容**。

（3）代表离子通道的**电阻**。

神经元的等效电路组件在细胞中的物理对应如图 2-4 所示。

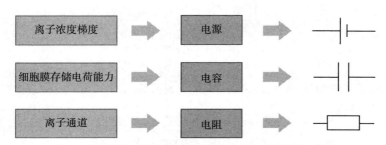

图 2-4　神经元的等效电路组件在细胞中的物理对应

我们考虑一种简化情况，即细胞膜只对 $\mathrm{K^+}$ 通透（这与胶质细胞的情况类似）。此时，只包含磷脂双分子层和钾离子通道的细胞膜及对应的等效电路如图 2-5 所示。用 $\mathrm{C_M}$ 表示细胞膜电容，用电阻 R_{K} 和电源 E_{K} 表示钾离子通道。钾离子通道的电导可以表示为 $g_{\mathrm{K}} = 1/R_{\mathrm{K}}$，其中 R_{K} 为电阻 R_{K} 的阻值。电源代表驱动 $\mathrm{K^+}$ 流动的电化学梯度，其两端电压等于 E_{K}，即 $\mathrm{K^+}$ 的平衡电位。

电容 C_M（容量为 C_M）存储的电荷量 q 与膜电位 V_M 的关系可以表示为

$$q = C_M V_M \tag{2-3}$$

由于电容与细胞膜的面积有关，因此我们引入**单位膜电容**（Specific Membrane Capacitance），即细胞膜单位面积的电容，容量用 c_M 表示。大部分神经元细胞的单位膜电容的容量接近 $1\,\mu F/cm^2$。

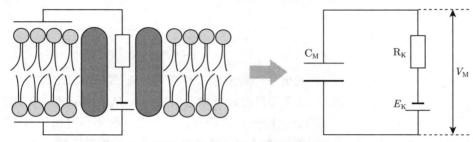

图 2-5　只包含磷脂双分子层和钾离子通道的细胞膜及对应的等效电路

电流是电荷量对时间的导数，式 (2-3) 对时间求导，并除以细胞膜面积，得到流到细胞膜电容上的单位电流（Capacitance Current），即

$$I_{cap} = c_M \frac{dV_M}{dt} \tag{2-4}$$

在图 2-5 中，根据欧姆定律得到流过钾离子通道的电流为

$$I_K = g_K(V_M - E_K) = \frac{V_M - E_K}{R_K} \tag{2-5}$$

由基尔霍夫电流定律（Kirchhoff's Current Law）可知，进入电池的电流之和必须为零，于是有

$$0 = I_{cap} + I_K = c_M \frac{dV_M}{dt} + \frac{V_M - E_K}{R_K} \tag{2-6}$$

即

$$c_M \frac{dV_M}{dt} = -\frac{V_M - E_K}{R_K} = -g_K(V_M - E_K) \tag{2-7}$$

下面我们考虑一种更实际的情况，即细胞膜不仅对 K^+ 通透，还对 Na^+ 和 Cl^- 通透。我们可以增加两条并联支路，分别代表钠离子通道和氯离子通道。此

外，电路存在外部输入电流 $I(t)$。存在钾、钠、氯离子通道及外部输入电流的等效电路如图 2-6 所示。

此时，细胞膜单位面积的离子电流等于

$$i_{\text{ion}} = -g_{\text{Cl}}(V_{\text{M}} - E_{\text{Cl}}) - g_{\text{K}}(V_{\text{M}} - E_{\text{K}}) - g_{\text{Na}}(V_{\text{M}} - E_{\text{Na}}) \tag{2-8}$$

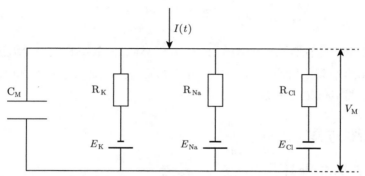

图 2-6 存在钾、钠、氯离子通道及外部输入电流的等效电路

为了表示细胞膜单位面积收到的电流，用 $I(t)$ 除以总面积 A，得到

$$\frac{I(t)}{A} = c_{\text{M}}\frac{\mathrm{d}V_{\text{M}}}{\mathrm{d}t} + i_{\text{ion}} \tag{2-9}$$

根据式 (2-8) 得到

$$\begin{aligned} c_{\text{M}}\frac{\mathrm{d}V_{\text{M}}}{\mathrm{d}t} &= -g_{\text{Cl}}(V_{\text{M}} - E_{\text{Cl}}) - g_{\text{K}}(V_{\text{M}} - E_{\text{K}}) - g_{\text{Na}}(V_{\text{M}} - E_{\text{Na}}) + \frac{I(t)}{A} \\ &= -(g_{\text{Cl}} + g_{\text{K}} + g_{\text{Na}})V_{\text{M}} + g_{\text{Cl}}E_{\text{Cl}} + g_{\text{K}}E_{\text{K}} + g_{\text{Na}}E_{\text{Na}} + \frac{I(t)}{A} \end{aligned} \tag{2-10}$$

式 (2-10) 可以写为

$$c_{\text{M}}\frac{\mathrm{d}V_{\text{M}}}{\mathrm{d}t} = -\frac{V_{\text{M}} - E_{\text{R}}}{r_{\text{M}}} + \frac{I(t)}{A} \tag{2-11}$$

式中

$$\begin{cases} r_{\text{M}} = \dfrac{1}{g_{\text{Cl}} + g_{\text{K}} + g_{\text{Na}}} \\ E_{\text{R}} = (g_{\text{Cl}}E_{\text{Cl}} + g_{\text{K}}E_{\text{K}} + g_{\text{Na}}E_{\text{Na}})r_{\text{M}} \end{cases} \tag{2-12}$$

式中，r_{M} 表示单位膜电阻，E_{R} 表示细胞的静息膜电位。

对于一个电学特性不变化的被动细胞膜来说，当电导和外部输入电流恒定时，细胞膜电位最终将达到稳态，即

$$V_{\text{ss}} = \frac{g_{\text{Cl}}E_{\text{Cl}} + g_{\text{K}}E_{\text{K}} + g_{\text{Na}}E_{\text{Na}} + I/A}{g_{\text{Cl}} + g_{\text{K}} + g_{\text{Na}}} \tag{2-13}$$

在没有外部输入电流的情况下，稳态膜电位为

$$V_{\text{ss,I}=0} = E_{\text{R}} = \frac{g_{\text{Cl}}E_{\text{Cl}} + g_{\text{K}}E_{\text{K}} + g_{\text{Na}}E_{\text{Na}}}{g_{\text{Cl}} + g_{\text{K}} + g_{\text{Na}}} \tag{2-14}$$

稳态膜电位的计算与 2.2 节的 GHK 方程类似。但其更具应用价值，因为 GHK 方程中的渗透率和绝对离子浓度很难通过实验测量，而式 (2-13) 和式 (2-14) 中的电导和平衡电位很容易通过实验获得。

2.4　电缆方程

2.4.1　电缆方程的推导

前面介绍了神经元的等效电路和神经元静息膜电位的计算方法。但真实的神经元具有空间结构（如有较长的轴突），因此我们还需要理解电信号是如何在具有空间结构的神经元中传导的。

我们考虑一个理想的神经纤维，它是一个半径为 a 的圆柱形电缆，电流沿着电缆的方向流动。我们关心电流在神经纤维中的流动情况，其等效于在位置 x 处的电流变化情况。考虑从 x 到 $x + \Delta x$ 段，电流在神经纤维中流动的等效电路如图 2-7 所示。I_{cross} 是沿神经纤维流动的横向电流，I_{cap} 是流到细胞膜电容上的电流，I_{ion} 是通过离子通道流出细胞膜的电流，R_{L} 是细胞质的电阻，R_{e} 是细胞外电阻，C_{M} 是细胞膜电容。假设 R_{e} 的阻值 $R_{\text{e}} = 0$，即细胞外各处是等电位的。

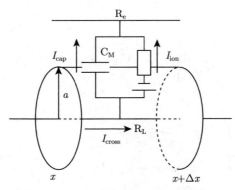

图 2-7　电流在神经纤维中流动的等效电路

流入这段神经纤维的电流为 $I_{\text{cross}}(x,t)$；流出的电流包括沿神经纤维流出的横向电流 $I_{\text{cross}}(x+\Delta x,t)$、从离子通道流出的径向电流 $I_{\text{ion}}(x,t)$ 和流到细胞膜电容上的电流 $I_{\text{cap}}(x,t)$。根据基尔霍夫电流定律得到

$$I_{\text{cross}}(x,t) = I_{\text{cross}}(x+\Delta x,t) + I_{\text{ion}}(x,t) + I_{\text{cap}}(x,t) \tag{2-15}$$

这里将电流的流动方向定义为从左到右。

下面计算式 (2-15) 中的各项。

令细胞质单位电阻率为 ρ_{L}，由于细胞质总电阻的阻值与神经纤维的长度成正比、与神经纤维的横截面积成反比。因此，半径为 a、长度为 Δx 的神经纤维的总电阻的阻值为 $R_{\text{L}} = \rho_{\text{L}}\Delta x/(\pi a^2)$。根据欧姆定律，在 x 处和 $x+\Delta x$ 处的电位差等于流过 x 处的电流乘以电阻，即

$$V(x+\Delta x,t) - V(x,t) = -I_{\text{cross}}(x,t)R_{\text{L}} = -I_{\text{cross}}(x,t)\frac{\Delta x}{\pi a^2}\rho_{\text{L}} \tag{2-16}$$

当 $\Delta x \to 0$ 时，流过 x 处的横向电流为

$$I_{\text{cross}}(x,t) = -\frac{\pi a^2}{\rho_{\text{L}}}\frac{\partial V(x,t)}{\partial x} \tag{2-17}$$

令 i_{ion} 是因离子流入和流出细胞而产生的单位面积电流，则流经半径为 a、长度为 Δx 的神经纤维的总离子电流为

$$I_{\text{ion}}(x,t) = 2\pi a \Delta x i_{\text{ion}} \tag{2-18}$$

令细胞的单位膜电容的容量为 c_{M}，则半径为 a、长度为 Δx 的神经纤维的细胞膜电容的容量为 $C = 2\pi a \Delta x c_{\text{M}}$。由于细胞膜电位的变化率由电容决定，因此以速率 $\partial V/\partial t$ 改变膜电位所需的电流为

$$I_{\text{cap}}(x,t) = 2\pi a \Delta x c_{\text{M}}\frac{\partial V(x,t)}{\partial t} \tag{2-19}$$

将式 (2-17)、式 (2-18) 和式 (2-19) 代入式 (2-15)，可以得到

$$2\pi a \Delta x c_{\text{M}}\frac{\partial V(x,t)}{\partial t} + 2\pi a \Delta x i_{\text{ion}} = \frac{\pi a^2}{\rho_{\text{L}}}\frac{\partial V(x+\Delta x,t)}{\partial x} - \frac{\pi a^2}{\rho_{\text{L}}}\frac{\partial V(x,t)}{\partial x} \tag{2-20}$$

式 (2-20) 两边除以 $2\pi a \Delta x$，令 $\Delta x \to 0$，可以得到

$$c_{\text{M}}\frac{\partial V(x,t)}{\partial t} = \frac{a}{2\rho_{\text{L}}}\frac{\partial^2 V(x,t)}{\partial x^2} - i_{\text{ion}} \tag{2-21}$$

式（2-21）被称为**电缆方程**（Cable Equation）。电缆方程是一个通用的表达式，它适用于电信号沿长直神经纤维传播的情况。式 (2-21) 中单位面积电流 i_{ion} 的计算方式需要根据实际情况确定。例如，图 2-6 中存在多种离子通道（后面我们会讲到，这些离子通道的电阻还会随膜电位的变化而变化），此时，i_{ion} 的计算较为复杂。

2.4.2　电信号在长直纤维中的被动传播

我们先考虑一种简单的情况：假设某段神经纤维的细胞膜没有特异性离子通道，只有泄漏通道，它允许所有离子以很小的速率顺浓度梯度进出细胞。此时的离子通道可以等效为一个常值电阻 R_M，电信号在神经纤维中的被动传播如图 2-8 所示。

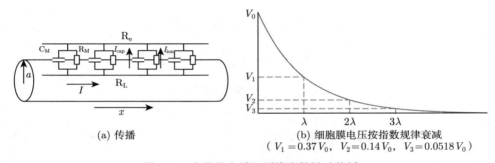

(a) 传播　　　　　　　　　(b) 细胞膜电压按指数规律衰减
（$V_1 = 0.37\,V_0$，$V_2 = 0.14\,V_0$，$V_3 = 0.0518\,V_0$）

图 2-8　电信号在神经纤维中的被动传播

设单位面积的细胞膜电阻的阻值为 r_M，则有

$$i_{ion} = \frac{V(x,t)}{r_M} \tag{2-22}$$

将式 (2-22) 代入式 (2-21)，可以得到

$$c_M \frac{\partial V(x,t)}{\partial t} = \frac{a}{2\rho_L} \frac{\partial^2 V(x,t)}{\partial x^2} - \frac{V(x,t)}{r_M} \tag{2-23}$$

式 (2-23) 两边同时乘以 r_M，得到

$$\tau \frac{\partial V(x,t)}{\partial t} = \lambda^2 \frac{\partial^2 V(x,t)}{\partial x^2} - V(x,t) \tag{2-24}$$

式中，$\lambda = \sqrt{0.5 a r_M / \rho_L}$ 是**长度常数**（Length Constant）或**空间常数**（Space Constant）；$\tau = r_M c_M$ 是**细胞膜时间常数**（Membrane Time Constant）。可以注意到，空间常数取决于神经纤维的几何形状，与神经纤维的半径 a 有关。

有了上述电缆方程，我们可以求解细胞膜各处的稳态电压。考虑一个半无限长的电缆，并在 $x = 0$ 处输入电流 I_0。当 $t \to \infty$ 时，细胞膜各处的电压 $V(x, t)$ 趋于稳态解 $V_{\text{ss}}(x)$，此时 $\partial V(x, t)/\partial t = 0$。代入式 (2-24) 中，可以得到

$$\lambda^2 \frac{\mathrm{d}^2 V_{\text{ss}}(x)}{\mathrm{d}x^2} - V_{\text{ss}}(x) = 0 \tag{2-25}$$

由式 (2-17) 可知，流过 $x = 0$ 处的横向电流满足

$$I_{\text{cross}}(0, t) = -\frac{\pi a^2}{\rho_{\text{L}}} \left. \frac{\partial V(x, t)}{\partial x} \right|_{x=0} \tag{2-26}$$

代入 $I_{\text{cross}}(0, t) = I_0$，得到

$$\left. \frac{\mathrm{d}V_{\text{ss}}(x)}{\mathrm{d}x} \right|_{x=0} = -\frac{\rho_{\text{L}}}{\pi a^2} I_0 \tag{2-27}$$

根据式 (2-27)，得到式 (2-25) 的解为

$$V_{\text{ss}}(x) = \frac{\lambda \rho_{\text{L}}}{\pi a^2} I_0 \mathrm{e}^{-x/\lambda} \tag{2-28}$$

式 (2-28) 刻画了电信号在神经元中**被动传播**的过程，即电流沿神经纤维横向流动，同时在缓慢地向外泄漏。在图 2-8(b) 中，细胞膜电压按指数规律衰减。衰减速率由 λ 决定。假设刺激源（电流输入的地方）的膜电位稳定值为 V_0，则当测量点与刺激源的距离为 1 倍、2 倍和 3 倍长度常数时，细胞膜电位分别为 $0.37V_0$，$0.14V_0$ 和 $0.0518V_0$。也就是说，经过一个长度常数后，膜电位将变化为初始膜电位的 $1/\mathrm{e} \approx 37\%$。而长度常数的平方与神经纤维的半径 a 和单位膜面积的电阻 r_{M} 成正比，与细胞质的电阻率 ρ_{L} 成反比。这意味着长度常数越大（神经纤维半径越大，细胞膜电阻越大，细胞质电阻越小），电信号衰减到特定值时所能传播的距离越长。

迄今为止，我们都将神经纤维看作一根被动电缆。但如果神经元只有被动的特性，电信号不可能在生物体内进行远距离传播。实验测得乌贼神经细胞轴突的直径是 0.5mm，长度为 5cm，单位膜电阻的阻值 $r_{\text{M}} = 700\,\Omega\text{cm}^2$，细胞质电阻率 $\rho_{\text{L}} = 30\,\Omega\text{cm}$[4]。可以计算得到 $\lambda = 5.4\text{mm}$。如果在该轴突的一端维持其电压为 120mV，那么在 5cm 外的另一端，电压将衰减 $\mathrm{e}^{50/5.4} \approx 10501$ 倍，约为 $11.4\,\mu\text{V}$，早已被神经元自身的膜电位噪声所淹没。与这种大幅度衰减相矛盾的是，很多生物（包括人）的运动神经元可以跨越米级的距离无衰减地传播电信号，以精准控制手指、大腿、脚趾等部位的肌肉运动。这种远距离的电信号传播意味着神经纤维需要利用额外的机制来阻止信号衰减。

2.5 动作电位

前面介绍了神经元维持静息膜电位的基本原理，以及电信号在神经纤维上被动传播的过程。可以看出，如果神经元只有被动的电学特性，那么电信号是无法在神经系统中传播的。实际上，神经系统解决这个问题所采用的主要机制是**动作电位**（Action Potential），下面对其进行介绍。

2.5.1 动作电位的定义

动作电位是当神经细胞受到刺激时在静息电位的基础上产生的瞬时膜电位升高与降低的过程，又称锋电位（Spike），其往往由迅速**去极化**（Depolarization）的上升过程和迅速**复极化**（Repolarization）的下降过程组成，在复极化后往往还跟随一段膜电位低于静息电位的**超极化**（Hyperpolarization）过程，动作电位如图2-9 所示。动作电位的幅度为 90～130mV。动作电位超过零电位水平的这段被称为超射。动作电位发放一般历时 0.5～2ms。动作电位具有全或无（All-or-None）的特征。当外部刺激使神经元的膜电位达到阈值（Threshold）时，神经元就会产生动作电位。而且，一旦达到阈值，每个动作电位的大小和形状基本不随外部刺激的变化而变化。动作电位是神经系统进行信息加工及信号传递的基本模式，下面详细介绍动作电位的产生机制。

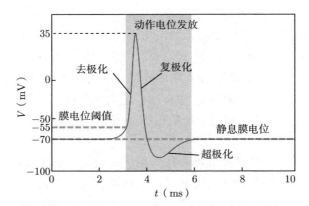

图 2-9　动作电位（灰色背景对应动作电位发放阶段）

2.5.2 动作电位的产生机制

动作电位的产生实质上是神经元的离子通道的电导随电压变化的结果。前面提到，一些离子通道是由闸门控制的，而这些闸门的开合受电压、机械力、化学分子的影响。其中，受电压影响的离子通道被称为**电压门控的离子通道**（Voltage-Gated Channels），通道的开放和关闭状态取决于通道附近的局部膜电位。

神经细胞中同时存在电压门控的钠离子通道和电压门控的钾离子通道,因此,在不同电压下,细胞膜对 Na^+ 和 K^+ 的通透性不同,这就是动作电位产生的基础。具体而言,在去极化过程中,电压门控的钠离子通道通透性升高,Na^+ 内流,导致细胞膜电位不断升高;在复极化过程中,电压门控的钾离子通道通透性升高,同时钠离子通道的通透性降低,K^+ 外流增强,Na^+ 内流减弱,导致细胞膜电位降低;超极化过程也是由钾离子通道开放导致的 K^+ 外流引起的。因为离子通道具有一些生理学性质,神经细胞在经历一次动作电位发放后,会进入**不应期**(Refractory Peroid),此时细胞不响应外部刺激。

2.5.3 动作电位的远距离传播

动作电位在神经元的细胞体中产生后,就可以沿神经元轴突向外传播了,传播过程可以用电缆方程描述。回顾图 2-8(a),动作电位的传播取决于轴突的电缆特性。如果想让一个动作电位传播得更远,我们需要增大轴突的长度常数 λ。

增大长度常数可以通过增大轴突半径 a 来实现。a 越大,轴突的轴向阻力越小,电信号就能传得越远。这就是乌贼进化出一个巨轴突以快速躲避危险的原因。

增大长度常数也可以通过增大单位膜电阻的阻值 r_M 来实现。但是,增大 r_M 的同时也增大了细胞膜时间常数 τ。这使得给细胞膜充电的时间变长,动作电位的传播变慢。因此,为了减小 r_M 增大所产生的副作用,可以减小单位膜电容 c_M。这可以通过轴突**髓鞘化**(Myelination)实现。电信号通过髓鞘和郎飞结实现远距离快速传播,如图 2-10 所示。许多神经元的轴突会被其他类型的细胞包裹,形成**髓鞘**(Myelin)。髓鞘分节覆盖在轴突表面,具有绝缘层的作用。在髓鞘内部,细胞膜电阻大,电信号可以沿轴突进行快速的被动传播。

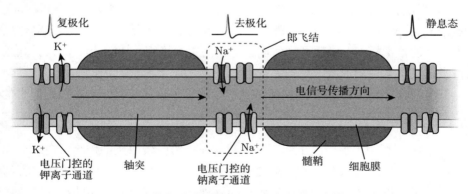

图 2-10　电信号通过髓鞘和郎飞结实现远距离快速传播

虽然膜电阻的阻值增大了,但是小部分电流还是会从髓鞘轴突中漏出,使得电流在远距离传输时会越来越小。为了解决这个问题，神经系统通常以 200μm～2mm 为间隔，规律地出现**郎飞结**（Node of Ranvier）。郎飞结处的细胞膜暴露在细胞外液的离子环境中，此处富集了各类离子通道，电信号传到此处可以引发新的动作电位（机制可以用 HH 模型描述），这使得动作电位在郎飞结处得以"重启"。重启的动作电位能在下一个髓鞘中继续快速传播至下一个郎飞结，由此完成**跳跃式传导**（Saltatory Conduction）。

在有髓鞘的轴突中，动作电位能以高达 120 m/s 的速度传播。相比之下，在无髓鞘的轴突中，动作电位只能以小于 2 m/s 的速度传播。因此，在有髓鞘和郎飞结的情况下形成的信号传导方式既保证了远距离传播，又提高了传播速度，从而实现了高效的信息传输。

前面简单介绍了动作电位的产生机制，下面从一个经典的神经元动力学模型入手，探究动作电位对应的数学描述。

2.6 霍奇金—赫胥黎（HH）模型

艾伦·霍奇金（Allen Hodgkin）和安德鲁·赫胥黎（Andrew Huxley）首次描述了动作电位的产生机制。1939 年，22 岁的 Huxley 接受了 Hodgkin 的邀请，在位于普利茅斯的海洋生物协会进行关于细胞导电性的研究。他们把细的毛细管电极插入枪乌贼的巨轴突细胞中，并第一次从细胞内记录到了动作电位。然而，在 Hodgkin 和 Huxley 仅合作了几个月后，第二次世界大战爆发，他们的工作被迫中止。在第二次世界大战期间，Hodgkin 参与设计了飞行员的氧气面罩和军用雷达，Huxley 参与设计了射击瞄准系统。在第二次世界大战结束后，Hodgkin 和 Huxley 再次合作，于 1950 年左右通过一系列实验提出了**霍奇金—赫胥黎模型**（Hodgkin-Huxley Model，**HH 模型**）[7-9]。这是第一个精准描述神经元动作电位产生过程的数学模型，阐明了动作电位产生的生理机制。1963 年，两人凭此成就获得了诺贝尔生理学或医学奖。

下面详细介绍 HH 模型是如何结合数学理论和生理实验一步步搭建起来的。

2.6.1 离子通道模型

在 HH 模型中，每个离子通道都被视为一个跨膜蛋白质，跨膜蛋白质形成一个孔，离子可以通过该孔沿着其浓度梯度扩散。每个孔由多个闸门控制，各闸门可以打开也可以关闭。每个闸门的状态相互独立，其打开或关闭的概率仅依赖膜电位（电压门控）。我们很难对单闸门打开和关闭的状态进行建模，但可以用一阶转换概率对所有闸门打开和关闭的比例进行建模。具体来说，所有闸门打开和关

闭比例的转换可以表示为

$$C \underset{\alpha(V)}{\overset{\beta(V)}{\rightleftharpoons}} O \tag{2-29}$$

式中，C 和 O 分别是打开和关闭的比例；$\alpha(V)$ 是闸门从关闭到打开的转换速率；$\beta(V)$ 是闸门从打开到关闭的转换速率。

令 m 是闸门打开的比例，$1 - m$ 是闸门关闭的比例，可以得到

$$\begin{aligned}
\frac{\mathrm{d}m}{\mathrm{d}t} &= \alpha(V)(1 - m) - \beta(V)m \\
&= \frac{m_\infty(V) - m}{\tau_{\mathrm{m}}(V)}
\end{aligned} \tag{2-30}$$

式中

$$\begin{cases}
m_\infty(V) = \dfrac{\alpha(V)}{\alpha(V) + \beta(V)} \\
\tau_{\mathrm{m}}(V) = \dfrac{1}{\alpha(V) + \beta(V)}
\end{cases} \tag{2-31}$$

如果神经元电压 V 恒定，m 在起始时刻 $t = 0$ 的状态 m_0 已知，则式 (2-30) 的通解为

$$m(t) = m_\infty(V) + [m_0 - m_\infty(V)]\mathrm{e}^{\frac{-t}{\tau_{\mathrm{m}}(V)}} \tag{2-32}$$

m 以时间常数 $\tau_{\mathrm{m}}(V)$ 趋于稳态 $m_\infty(V)$。

在 HH 模型中，$m_\infty(V)$ 和 $\tau_{\mathrm{m}}(V)$ 容易通过实验数据拟合得到。在获得 $m_\infty(V)$ 和 $\tau_{\mathrm{m}}(V)$ 的表达式后，利用式 (2-31) 可以反解得到 $\alpha(V)$ 和 $\beta(V)$ 的表达式。这就是 HH 模型中关于离子通道建模的基本思路。

2.6.2 利用电压钳技术测量离子电流

因为离子通道 x 的开合直接影响其对应的电导 g_x，计算离子通道模型中的各参数需要知道 g_x 随电压 V 变化的函数。但 g_x 无法直接测得，根据欧姆定律，我们需要测量在不同电压下流过各离子通道的电流 I_x。

对于 Hodgkin 和 Huxley 在实验中使用的乌贼巨轴突，神经纤维上主要有电压门控的钠离子通道和电压门控的钾离子通道，以及泄漏通道。根据式 (2-8) 可以得到

$$\begin{aligned}
i_{\mathrm{ion}} &= I_{\mathrm{Na}} + I_{\mathrm{K}} + I_{\mathrm{L}} \\
&= -g_{\mathrm{Na}}(V - E_{\mathrm{Na}}) - g_{\mathrm{K}}(V - E_{\mathrm{K}}) - g_{\mathrm{L}}(V - E_{\mathrm{L}})
\end{aligned} \tag{2-33}$$

Hodgkin 和 Huxley 先测量了总离子电流 i_{ion}，再设法将不同离子通道的电流分离。在测量总离子电流时，他们使用了**电压钳**（Voltage Clamp）技术。实验者可以利用电压钳将膜电位维持在恒定值 V_c。电压钳通过比较膜电位和研究者设定的电压，得到电压差，根据电压差自动产生一个流回细胞的反馈电流 I_{fb}，从而使膜电位为恒定值。关于电压钳的更多内容可以参考《神经生物学原理》一书 [5]，以及文献 [6]。

电压钳能为离子电流的测量带来什么好处呢？回顾 2.4 节推导的电缆方程，即式 (2-21)。利用电压钳技术将膜电位维持在恒定值可以去除电容性电流，即 $I_{cap} = 0A$。同时，在电压钳纤维中插入具有较强导电性的轴向导线，可以使细胞总电流在空间上均匀分布，即 $\partial^2 V/\partial x^2 = 0$。此时称轴突被**空间钳制**（Space-Clamped）了。因此，在电压钳中，反馈电流的任何变化都必须是由离子电流 i_{ion} 引起的，即

$$I_{fb} = -i_{ion} = g_{Na}(V - E_{Na}) + g_K(V - E_K) + g_L(V - E_L) \tag{2-34}$$

基于此，Hodgkin 和 Huxley 再设法区分动作电位中的离子电流成分。

2.6.3 泄漏电流的测量

下面分析如何利用电压钳技术测量泄漏通道的电导 g_L。我们注意到电压门控的钠离子通道和钾离子通道在超极化状态下几乎都关闭了。因此，如果我们将细胞膜超极化到一个很低的电压值，则 I_{Na} 和 I_K 近似为 0A，可以认为电流变化都是由泄漏通道引起的。根据 $I_{fb} = g_L(V - E_L)$，可以轻松地拟合得到电导 g_L 和反转电位 E_L。在 Hodgkin 和 Huxley 的实验中，$g_L = 0.3\,\text{mS/cm}^2$，$E_L = -54.4\,\text{mV}$。

2.6.4 I_{Na} 和 I_K 的测量

得到 g_L 后，我们可以得到钠离子通道和钾离子通道的电导值。例如，将乌贼巨轴突的电压阶跃地提高 56 mV，可以得到一个初始向内、随后向外（相对于细胞）的电流。电流的分离如图 2-11 所示。可知去极化电压阶跃开启了两个电压门控通道，电流向内是由于 Na^+ 流入，电流向外是由于 K^+ 流出。然而，我们目前还不清楚这两种离子如何独立地影响电流。为了将两个电压门控电流分离，Hodgkin 和 Huxley 使用胆碱（与 Na^+ 类似的带 1 个单位正电荷但不能透过细胞膜的有机离子）消除了 Na^+ 的内向电流。此时电压钳记录到的电流只有 K^+ 的外向电流。得到 I_K 后，就可以得到 I_{Na} 了。当然我们现在也可以使用四乙胺阻塞 K^+ 的外向电流，但其在当时还不能为 Hodgkin 和 Huxley 所使用。

确定了各电流值后，可以用欧姆定律计算出钠离子和钾离子通道的电导

$$\begin{cases} g_{\mathrm{K}}(t) = \dfrac{I_{\mathrm{K}}}{V - E_{\mathrm{K}}} \\[3mm] g_{\mathrm{Na}}(t) = \dfrac{I_{\mathrm{Na}}}{V - E_{\mathrm{Na}}} \end{cases} \tag{2-35}$$

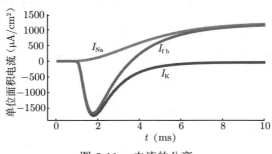

图 2-11 电流的分离

电导随时间的变化如图 2-12 所示。由图 2-12 可知，g_{Na} 比 g_{K} 的变化速度快。而且，在去极化过程中，钠离子通道先开放再逐渐关闭，而钾离子通道一直保持开放状态。这说明钠离子通道可能存在 3 种状态：静息态（Resting State）、激活态（Activated State）和失活态（Inactivated State）。当神经元去极化开始时，钠离子通道从静息态变为激活态；当去极化持续一段时间后，钠离子通道从激活态变为失活态。而钾离子通道只存在两种状态：静息态和激活态。

钠离子通道的 3 种状态（A 为静息态，B 为激活态，C 为失活态）如图 2-13 所示。钠离子通道有两种闸门：一种是状态变化较快的激活闸门（Activation Gate）；另一种是状态变化较慢的失活闸门（Inactivation Gate）。只有在两种闸门同时打开时，该通道才能渗透 Na^+。在静息态下，激活闸门关闭，失活闸门打开；在激活态下，激活闸门打开，允许 Na^+ 进入细胞；在失活态下，失活闸门在去极化电位下逐渐关闭，使得 Na^+ 只能在短时间内流过细胞膜，随后被阻塞。Hodgkin 和 Huxley 基于当时的研究，设钠离子通道的数学形式为

$$g_{\mathrm{Na}} = \bar{g}_{\mathrm{Na}} m^3 h \tag{2-36}$$

式中，$\bar{g}_{\mathrm{Na}}$ 是钠离子通道电导的最大值；钠离子通道的激活门控变量 $m \in [0,1]$ 和失活门控变量 $h \in [0,1]$ 满足离子通道动力学方程，即满足式 (2-30)；$m^3 h$ 表示钠离子通道具有 3 个独立的激活闸门和 1 个独立的失活闸门，只有所有闸门都打开，才允许 Na^+ 通过。

钾离子通道只有激活闸门，没有失活闸门。在静息态下，激活闸门关闭；当神经元去极化时，进入失活态，激活闸门打开，允许 K^+ 流出细胞。闸门又被称

为门控，我们用"门控变量"表示闸门所对应的变量。为了推导钾离子通道的电导的具体形式，Hodgkin 和 Huxley 假设

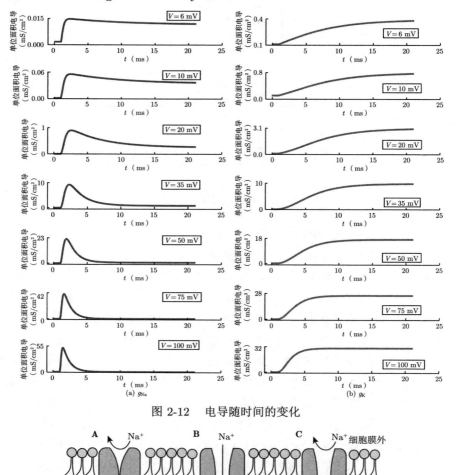

图 2-12　电导随时间的变化

图 2-13　钠离子通道的 3 种状态（A 为静息态，B 为激活态，C 为失活态）

$$g_K = \bar{g}_K n^x \tag{2-37}$$

式中，$\bar{g}_K$ 是钾离子通道电导的最大值；$n \in [0, 1]$ 为钾离子通道的门控变量，满足式 (2-30)；n^x 表示钾离子通道有 x 个独立的部分，只有这些部分都打开，才允许 K^+ 通过。但是基于当时的实验技术，Hodgkin 和 Huxley 无法知道钾离子通道的门控数量，因此只能通过实验数据拟合。

当我们将电导 g_{Na} 和 g_{K} 分解为各门控变量的乘积后,就可以利用式 (2-30) 描述的门控变量来表示电导随时间的变化了。不过,其中的转换速率 $\alpha(V)$ 和 $\beta(V)$ 都是随 V 变化的函数,求出 $\alpha(V)$ 和 $\beta(V)$ 才能求得门控变量的表达式。Hodgkin 和 Huxley 设计了一系列巧妙的实验,分别测量门控变量 n、h、m 的转换速率,并求得式 (2-37) 中的 $x = 4$。这部分内容较多且有一定难度,因此在 2.9 节进行介绍,以供读者拓展阅读。

2.6.5　HH 模型的数学表达

在完成各种生理实验和数学推导后,Hodgkin 和 Huxley 成功建立了 HH 模型。HH 模型是一个四变量模型,每个变量对应一个常微分方程,包括 1 个关于膜电位 V 的方程和 3 个关于离子通道门控变量 m、h 和 n 的方程。HH 模型的表达式为

$$
\begin{cases}
c\dfrac{\mathrm{d}V}{\mathrm{d}t} = -\bar{g}_{\mathrm{Na}}m^3 h\,(V - E_{\mathrm{Na}}) - \bar{g}_{\mathrm{K}}n^4\,(V - E_{\mathrm{K}}) - \bar{g}_{\mathrm{L}}\,(V - E_{\mathrm{L}}) + I_{\mathrm{ext}} \\[2mm]
\dfrac{\mathrm{d}n}{\mathrm{d}t} = \phi\,[\alpha_{\mathrm{n}}(V)(1 - n) - \beta_{\mathrm{n}}(V)n] \\[2mm]
\dfrac{\mathrm{d}m}{\mathrm{d}t} = \phi\,[\alpha_{\mathrm{m}}(V)(1 - m) - \beta_{\mathrm{m}}(V)m] \\[2mm]
\dfrac{\mathrm{d}h}{\mathrm{d}t} = \phi\,[\alpha_{\mathrm{h}}(V)(1 - h) - \beta_{\mathrm{h}}(V)h]
\end{cases}
\tag{2-38}
$$

式中,各门控变量的转换速率为

$$
\begin{cases}
\alpha_{\mathrm{n}}(V) = \dfrac{0.01(V + 55)}{1 - \exp\left(-\dfrac{V + 55}{10}\right)} \\[4mm]
\beta_{\mathrm{n}}(V) = 0.125\exp\left(-\dfrac{V + 65}{80}\right) \\[4mm]
\alpha_{\mathrm{h}}(V) = 0.07\exp\left(-\dfrac{V + 65}{20}\right) \\[4mm]
\beta_{\mathrm{h}}(V) = \dfrac{1}{\exp\left(-\dfrac{V + 35}{10}\right) + 1} \\[4mm]
\alpha_{\mathrm{m}}(V) = \dfrac{0.1\,(V + 40)}{1 - \exp\left(-\dfrac{V + 40}{10}\right)} \\[4mm]
\beta_{\mathrm{m}}(V) = 4\exp\left(-\dfrac{V + 65}{18}\right)
\end{cases}
\tag{2-39}
$$

在式 (2-38) 中，I_{ext} 是外部输入电流；ϕ 是**温度因子**（Temperature Factor）。在实验中，温度非常重要——离子通道的开放和关闭本质上是随机的，它们对温度非常敏感，因此开放和关闭状态的转换速率与温度呈指数关系。温度越高，开放和关闭状态的转换速率越高。温度因子与温度的关系为

$$\phi = Q_{10}^{(T-T_{\text{base}})/10} \tag{2-40}$$

式中，Q_{10} 是温度升高 $10℃$ 的速率比。对于乌贼的巨轴突，$T_{\text{base}} = 6.3℃$ 且 $Q_{10} = 3$。

2.7 HH 模型的编程实现

我们通过 BrainPy 编程实现 HH 模型。

```
import brainpy as bp
import brainpy.math as bm

class HH(bp.NeuGroup):
  def __init__(self, size, ENa=50., gNa=120., EK=-77., gK=36., EL=-54.387,
               gL=0.03, V_th=20., C=1.0, T=6.3):
    # 初始化
    super(HH, self).__init__(size=size)

    # 定义神经元参数
    self.ENa = ENa
    self.EK = EK
    self.EL = EL
    self.gNa = gNa
    self.gK = gK
    self.gL = gL
    self.C = C
    self.V_th = V_th
    self.Q10 = 3.
    self.T_base = 6.3
    self.phi = self.Q10 ** ((T - self.T_base)/10)

    # 定义神经元变量
    self.V = bm.Variable(-70.68 * bm.ones(self.num))  # 膜电位
    self.m = bm.Variable(0.0266 * bm.ones(self.num))  # 离子通道门控变量m
    self.h = bm.Variable(0.772 * bm.ones(self.num))  # 离子通道门控变量h
    self.n = bm.Variable(0.235 * bm.ones(self.num))  # 离子通道门控变量n
    self.input = bm.Variable(bm.zeros(self.num))  # 神经元接收的外部输入电流
    self.spike = bm.Variable(bm.zeros(self.num, dtype=bool))  # 神经元发放状态
```

```
30      # 神经元上次发放的时刻
31      self.t_last_spike = bm.Variable(bm.ones(self.num) * -1e7)
32      # 定义积分函数
33      self.integral = bp.odeint(f=self.derivative, method='exp_auto')
34
35   @property
36   def derivative(self):
37      return bp.JointEq(self.dV, self.dm, self.dh, self.dn)
38
39   def dm(self, m, t, V):
40      alpha = 0.1 * (V + 40) / (1 - bm.exp(-(V + 40) / 10))
41      beta = 4.0 * bm.exp(-(V + 65) / 18)
42      dmdt = alpha * (1 - m) - beta * m
43      return self.phi * dmdt
44
45   def dh(self, h, t, V):
46      alpha = 0.07 * bm.exp(-(V + 65) / 20.)
47      beta = 1 / (1 + bm.exp(-(V + 35) / 10))
48      dhdt = alpha * (1 - h) - beta * h
49      return self.phi * dhdt
50
51   def dn(self, n, t, V):
52      alpha = 0.01 * (V + 55) / (1 - bm.exp(-(V + 55) / 10))
53      beta = 0.125 * bm.exp(-(V + 65) / 80)
54      dndt = alpha * (1 - n) - beta * n
55      return self.phi * dndt
56
57   def dV(self, V, t, m, h, n):
58      I_Na = (self.gNa * m ** 3.0 * h) * (V - self.ENa)
59      I_K = (self.gK * n ** 4.0) * (V - self.EK)
60      I_leak = self.gL * (V - self.EL)
61      dVdt = (- I_Na - I_K - I_leak + self.input) / self.C
62      return dVdt
63
64   # 更新函数：每个时间步长都会运行此函数，以完成变量更新
65   def update(self, tdi):
66      t, dt = tdi.t, tdi.dt
67      # 更新下一时刻的变量值
68      V, m, h, n = self.integral(self.V, self.m, self.h, self.n, t, dt=dt)
69      # 判断神经元是否产生动作电位
70      self.spike.value = bm.logical_and(self.V < self.V_th, V >= self.V_th)
71      # 更新神经元发放的时刻
72      self.t_last_spike.value = bm.where(self.spike, t, self.t_last_spike)
73      self.V.value = V
74      self.m.value = m
75      self.h.value = h
```

```
76  self.n.value = n
77  self.input[:] = 0.  # 重置神经元接收的外部输入电流
```

为了探究 HH 模型对不同大小的外部输入电流的响应，我们使用 `brainpy.inputs.section_input()` 函数设置时长为 2ms 的不同大小的外部输入电流，代码如下。

```
1  currents, length = bp.inputs.section_input(
2      values=[0., bm.asarray([1., 2., 4., 8., 10., 15.]), 0.],
3      durations=[10, 2, 25],
4      return_length=True)
```

共设置 3 个时段。第 1 个时段为 10ms，电流为 0A；第 2 个时段为 2ms，每个神经元接收的电流大小不同；第 3 个时段为 25ms，电流为 0A。

```
1   hh = HH(currents.shape[1])
2   runner = bp.DSRunner(hh,
3                         monitors=['V', 'm', 'h', 'n'],
4                         inputs=['input', currents, 'iter'])
5   runner.run(length)
6
7   import numpy as np
8   import matplotlib.pyplot as plt
9
10  # 可视化
11  bp.visualize.line_plot(runner.mon.ts, runner.mon.V, ylabel='V (mV)',
12                          plot_ids=np.arange(currents.shape[1]), )
13  # 将外部输入电流的变化画在膜电位变化的下方
14  plt.plot(runner.mon.ts, bm.where(currents[:, -1] > 0, 10., 0.).numpy() - 90)
15  plt.tight_layout()
16  plt.show()
```

HH 模型对外部输入电流的响应如图 2-14 所示。运行上面的程序得到图 2-14(a)，我们在 10～12ms 施加外部输入电流，即图 2-14(a) 中的 Current。该电流的大小决定了神经元展现出不同的膜电位活动。当电流过小（$I=1.0$mA，$I=2.0$mA，$I=4.0$mA）时，神经元不足以产生动作电位，在受到外部刺激后，膜电位迅速回到静息态；只有当电流超过一定的阈值（$I=8.0$mA，$I=10.0$mA，$I=15.0$mA）时，神经元才能产生动作电位。也就是说，HH 模型具有"全或无（All-or-None）"的特征。

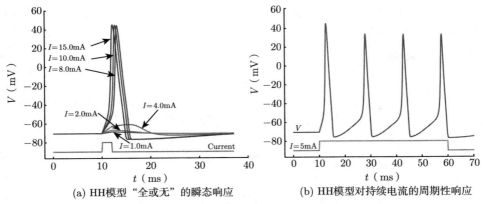

(a) HH模型"全或无"的瞬态响应   (b) HH模型对持续电流的周期性响应

图 2-14   HH 模型对外部输入电流的响应

下面探究 HH 模型对持续电流的周期性响应。

```
1  currents, length = bp.inputs.section_input(values=[0., 10., 0.],
2                                              durations=[10, 50, 10],
3                                              return_length=True)
4  hh = HH(1)
5  runner = bp.DSRunner(hh, monitors=['V', 'm', 'h', 'n'],
6                       inputs=['input', currents, 'iter'])
7  runner.run(length)
8  bp.visualize.line_plot(runner.mon.ts, runner.mon.V, ylabel='V (mV)')
9  # 将外部输入电流的变化画在膜电位变化的下方
10 plt.plot(runner.mon.ts, bm.where(currents > 0, 10., 0.).numpy() - 90)
11 plt.tight_layout()
12 plt.show()
```

当外部输入电流足够大且持续较长时间时，神经元将产生周期性响应。运行上面的程序得到图 2-14(b)，我们给神经元施加一段幅度 I=5mA 的阶跃电流，神经元产生了周期性动作电位。在电流消失后，神经元膜电位迅速回到静息膜电位。

在动作电位发放过程中，神经元膜电位、钠离子通道和钾离子通道的电导及各门控变量随时间变化的曲线如图 2-15 所示。可以发现，在动作电位产生的初始阶段，m 和 n 逐渐增大，h 逐渐减小。并且，m 变化最快，导致钠离子通道的电导先增大，大量 Na^+ 涌入神经元细胞。由 $I_{Na} = g_{Na}(V - E_{Na})$ 可知，在这个阶段，增大的 g_{Na} 会使神经元膜电位被驱动力 $V - E_{Na}$ 拉向钠离子通道的反转电位 $E_{Na} \approx 55$ mV。这个阶段对应神经元动作电位的去极化过程。随后，钾离子通道逐渐打开，电导 g_K 逐渐增大，越来越多的 K^+ 流出细胞。同时，钠离子通道的失活闸门逐渐发挥作用，钠离子通道被阻塞，g_{Na} 减小。g_K 逐渐起主导作用，神经元膜电位被驱动力 $V - E_K$ 拉向 K^+ 的反转电位 $E_K \approx -77\ \text{mV}$。这个阶段对应动作电位的复极化过程。

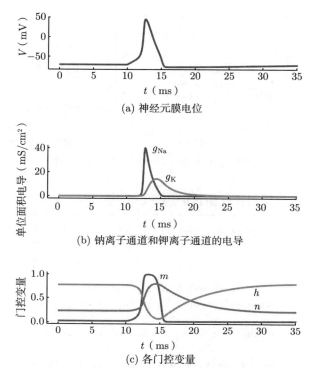

(a) 神经元膜电位

(b) 钠离子通道和钾离子通道的电导

(c) 各门控变量

图 2-15　在动作电位发放过程中，神经元膜电位、钠离子通道和钾离子通道的电导及各门控变量随时间变化的曲线

2.8　本章小结

　　本章主要介绍了神经元的电导模型，从生物学角度对神经元进行建模。第一，简单介绍了神经元结构；第二，通过 Nernst 方程和 GHK 方程引入了离子通道的平衡电位和细胞膜的静息电位的概念；第三，我们尝试得出神经元的等效电路；第四，根据长直神经纤维的等效电路，推导电缆方程，了解到电信号在神经元中被动传播会快速衰减。为了有效传输电信号，生物系统通过电压门控的离子通道产生动作电位，并利用郎飞结保证电信号的远距离传播。为了描述动作电位的产生机制，Hodgkin 和 Huxley 提出了 HH 模型。他们对神经元细胞膜上的钠离子通道、钾离子通道和泄漏通道进行了建模，并通过巧妙的电生理实验测得了各门控变量随膜电位变化的转换速率，最终搭建了一个强大的神经元模型。HH 模型

的建模几乎全部基于生物学事实，每个动力学方程都有对应的生物学机制，因此，该模型具有很强的动力学表征能力，既能精准模拟神经元的动作电位，又能解释其背后的生物学原因，是将生物实验与数学方法融合的经典模型。

在第 3 章，我们将介绍一些简化神经元模型。它们的建模思路与 HH 模型有较大差别，一些动力学方程并没有严格的生物学基础，但仍然能够表征神经元的动力学行为。

2.9 拓展阅读：求解门控变量 n、h、m 的表达式

式 (2-32) 可以描述闸门 x 在恒定电压下的状态变化，其被参数 $x_\infty(V)$ 和 $\tau_x(V)$ 刻画。如果我们知道了 $x_\infty(V)$ 和 $\tau_x(V)$ 随 V 的变化情况，就能掌握该闸门的动力学性质，从而掌握其对应的离子通道的性质。$\alpha_x(V)$ 和 $\beta_x(V)$ 与 $x_\infty(V)$ 和 $\tau_x(V)$ 等价。但在实验中，$x_\infty(V)$ 和 $\tau_x(V)$ 更容易通过数据拟合得到。我们可以先得到 $x_\infty(V)$ 和 $\tau_x(V)$，然后将其转化为 $\alpha_x(V)$ 和 $\beta_x(V)$，并应用在动力学方程中。下面介绍 Hodgkin 和 Huxley 是如何测得离子通道的各门控变量的。

2.9.1 门控变量 n

我们知道，钾离子通道的电导随去极化的增强而增大。因此，当施加的去极化电压足够大时，可以将测得的稳态值 g_K 视为钾离子通道电导的最大值 $\bar{g}_K$。同时，将离子通道的通解即式 (2-32) 代入式 (2-37)，可以得到 g_K 在恒定电压 V 下的通解，即

$$g_K(V,t) = \bar{g}_K \left\{ n_\infty(V) - [n_\infty(V) - n_0]e^{-\frac{t}{\tau_n(V)}} \right\}^x \tag{2-41}$$

令 $g_{K\infty} = \bar{g}_K n_\infty^x$，$g_{K0} = \bar{g}_K n_0^x$，则式 (2-41) 变为

$$g_K(V,t) = \left[g_{K\infty}^{\frac{1}{x}} - \left(g_{K\infty}^{\frac{1}{x}} - g_{K0}^{\frac{1}{x}} \right) e^{-\frac{t}{\tau_n(V)}} \right]^x \tag{2-42}$$

当利用电压钳给神经元施加一个阶跃电压时，我们能轻易得到施加前的电导 g_{K0} 和施加一段时间后的稳态电导 $g_{K\infty}$（见图 2-12）。因此，在式 (2-42) 中，我们通过拟合 g_K 的时间序列可以得到在电压 V 下 g_K 的时间常数 $\tau_n(V)$。通过在不同电压下进行一系列电压钳实验，得到 $\tau_n(V)$ 随电压 V 变化的曲线，如图 2-16(a) 所示。在不同电压下，将测得的稳态电导 $g_{K\infty}$ 除以电导的最大值 $\bar{g}_K$，得到 $n_\infty(V)$ 随电压 V 变化的曲线，如图 2-16(b) 所示。

由式 (2-31) 可知，$\alpha_n(V)$、$\beta_n(V)$、$\tau_n(V)$ 和 $n_\infty(V)$ 满足

$$\begin{cases} \alpha_{\mathrm{n}}(V) = \dfrac{n_\infty(V)}{\tau_{\mathrm{n}}(V)} \\[4mm] \beta_{\mathrm{n}}(V) = \dfrac{1 - n_\infty(V)}{\tau_{\mathrm{n}}(V)} \end{cases} \tag{2-43}$$

可以得到 $\alpha_{\mathrm{n}}(V)$ 随电压 V 变化的曲线如图 2-16(c) 所示，$\beta_{\mathrm{n}}(V)$ 随电压 V 变化的曲线如图 2-16(d) 所示。

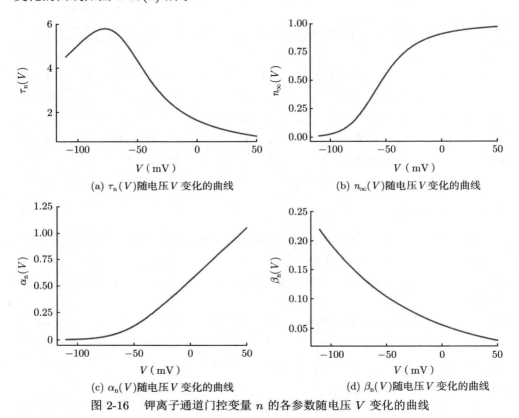

(a) $\tau_{\mathrm{n}}(V)$ 随电压 V 变化的曲线   (b) $n_\infty(V)$ 随电压 V 变化的曲线

(c) $\alpha_{\mathrm{n}}(V)$ 随电压 V 变化的曲线   (d) $\beta_{\mathrm{n}}(V)$ 随电压 V 变化的曲线

图 2-16   钾离子通道门控变量 n 的各参数随电压 V 变化的曲线

通过一系列电压钳实验，Hodgkin 和 Huxley 计算得到 $\bar{g}_{\mathrm{K}} = 36\,\mathrm{mS/cm^2}$，并发现当 $x = 4$ 时可以得到最好的拟合结果。基于此结果，他们计算得到

$$\begin{cases} \alpha_{\mathrm{n}}(V) = \dfrac{0.01(V + 55)}{1 - \exp\left(-\dfrac{V + 55}{10}\right)} \\[6mm] \beta_{\mathrm{n}}(V) = 0.125 \exp\left(-\dfrac{V + 65}{80}\right) \end{cases} \tag{2-44}$$

2.9.2　门控变量 h

门控变量 m 和 h 也满足离子通道的通解，即式 (2-32)，因此有

$$m(t) = m_\infty(V) - [m_\infty(V) - m_0]\mathrm{e}^{\frac{-t}{\tau_\mathrm{m}(V)}} \tag{2-45}$$

$$h(t) = h_\infty(V) - [h_\infty(V) - h_0]\mathrm{e}^{\frac{-t}{\tau_\mathrm{h}(V)}} \tag{2-46}$$

将式 (2-45) 和式 (2-46) 代入式 (2-36)，可以得到钠离子通道的电导 g_Na 的通解为

$$
\begin{aligned}
g_\mathrm{Na}(t) &= \bar{g}_\mathrm{Na} m(t)^3 h(t) \\
&= \bar{g}_\mathrm{Na} \left\{ m_\infty(V) - [m_\infty(V) - m_0]\,\mathrm{e}^{-\frac{t}{\tau_\mathrm{m}(V)}} \right\}^3 \\
&\quad \left\{ h_\infty(V) - [h_\infty(V) - h_0]\,\mathrm{e}^{-\frac{t}{\tau_\mathrm{h}(V)}} \right\}
\end{aligned}
\tag{2-47}
$$

由于激活闸门和失活闸门耦合在一起，我们无法像钾离子通道一样直接拟合得到钠离子通道的电导。为了有效地分析钠离子通道中激活闸门和失活闸门各自带来的影响，Hodgkin 和 Huxley 设计了一种双电流实验（Two-Pulse Experiment）。他们观察到钠离子通道的激活闸门具有较小的时间常数，变化快，几乎瞬间就能达到稳态；而失活闸门具有较大的时间常数，变化慢，需要较长时间才能达到稳态。利用该特性，Hodgkin 和 Huxley 基于双电流实验研究了失活闸门的数学形式 [7][8]。

关于钠离子通道的双电流实验如图 2-17 所示，先利用电压钳在静息膜电位的基础上施加 $\Delta V = 8\mathrm{mV}$ 的条件电压，施加时长 t_1 取 0ms、5ms、10ms、20ms，再施加一个固定时长的 $\Delta V' = 44\mathrm{mV}$（相对静息膜电位）的测试电压。在图 2-17(a) 中，$t_1 = 0\mathrm{ms}$ 表示只有测试电压。然而，随着 t_1 的增大，电流 I_Na 的峰值逐渐减小。当 $t_1 = 20\mathrm{ms}$ 时，电流 I_Na 的峰值约为 $t_1 = 0\mathrm{ms}$ 时的 70%。

由于激活闸门的时间常数较小，失活闸门的时间常数较大，我们可以认为在施加测试电压前 m 已经达到稳态，而 h 还在变化。因此，施加测试电压期间的峰值电流正比于施加条件电压时的终态值 $h^\mathrm{cond}(V_\mathrm{r} + \Delta V, t)$，于是有

$$
\begin{aligned}
\frac{I_\mathrm{Na}(\Delta V, t)}{I_\mathrm{Na}(\Delta V, 0)} &= \frac{h^\mathrm{cond}(V_\mathrm{r} + \Delta V, t)}{h^\mathrm{cond}(V_\mathrm{r} + \Delta V, 0)} \\
&= \frac{h_\infty(V_\mathrm{r} + \Delta V) - [h_\infty(V_\mathrm{r} + \Delta V) - h_0]\,\mathrm{e}^{\frac{-t}{\tau_\mathrm{h}(V_\mathrm{r} + \Delta V)}}}{h_\infty(V_\mathrm{r} + \Delta V) - [h_\infty(V_\mathrm{r} + \Delta V) - h_0]\,\mathrm{e}^{\frac{-0}{\tau_\mathrm{h}(V_\mathrm{r} + \Delta V)}}} \\
&= y - (y-1)\,\mathrm{e}^{\frac{-t}{\tau_\mathrm{h}(V_\mathrm{r} + \Delta V)}}
\end{aligned}
\tag{2-48}
$$

式中，$y = h_\infty(V_r + \Delta V)/h_0$，$V_r$ 是神经元的静息电位。式 (2-48) 的推导结合了式（2-32）。

下面求解 $h_\infty(V)$。双电流实验（t 足够长）如图 2-18 所示。使条件电压的施加时间 t_1 足够长，则式 (2-48) 中的指数项近似为 0，此时有

$$\frac{I_{Na}(\Delta V)}{I_{Na}(0)} = y = \frac{h_\infty(V_r + \Delta V)}{h_0} = \frac{h_\infty(V_r + \Delta V)}{h_\infty(V_r)} \tag{2-49}$$

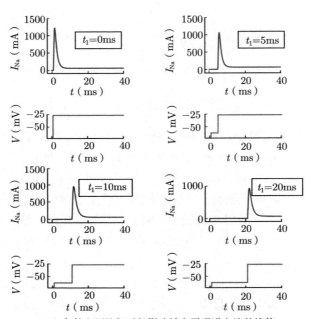

(a) 条件电压施加时长影响钠离子通道电流的峰值

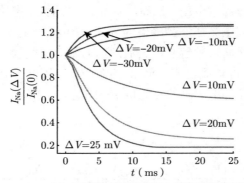

(b) 在不同的稳定电压下，钠离子通道电流峰值关于条件电压施加时长的变化曲线

图 2-17　关于钠离子通道的双电流实验

这样我们就可以通过改变条件电压 ΔV 来求得 $h_\infty(V)$ 随 V 变化的表达式。实验测得的 $h_\infty(V_r + \Delta V)/h_\infty(V_r)$ 关于 ΔV 的变化曲线如图 2-18(b) 所示。由于 $h_\infty(V) \in [0, 1]$，如果去掉 $h_\infty(V_r + \Delta V)/h_\infty(V_r)$ 的分母，则纵轴的数据将被缩放至 $[0, 1]$（见图 2-18(b) 右侧的纵坐标）。由于 $V = V_r + \Delta V$，结合图 2-18 中的数据，我们可以轻松地拟合得到 $h_\infty(V)$，即

$$h_\infty(V) = \frac{1}{1 + \exp\left(\dfrac{7.5 - V}{7}\right)} \tag{2-50}$$

由图 2-18(b) 可知，在静息态（$\Delta V = 0\text{mV}$）下，h 的稳态值 $h_\infty(V_r) \approx 0.78$，这表明在静息态下有 22% 的失活闸门发挥了使钠离子通道失活的作用。

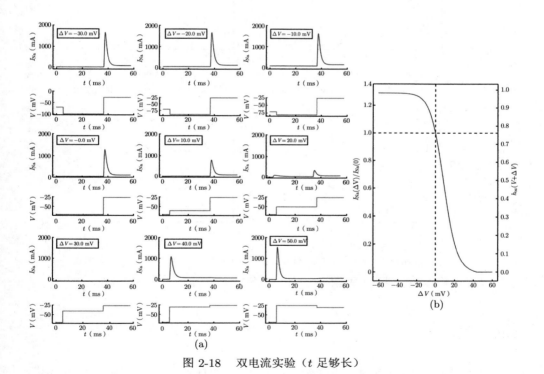

图 2-18　双电流实验（t 足够长）

根据 $\tau_h(V)$ 和 $h_\infty(V)$ 的表达式，Hodgkin 和 Huxley 得到了失活闸门的转换速率 $\alpha_h(V)$ 和 $\beta_h(V)$，即

$$
\begin{cases}
\alpha_{\mathrm{h}}(V) = \dfrac{h_\infty(V)}{\tau_{\mathrm{h}}(V)} = 0.07 \exp\left(-\dfrac{V+65}{20}\right) \\[4mm]
\beta_{\mathrm{h}}(V) = \dfrac{1 - h_\infty(V)}{\tau_{\mathrm{h}}(V)} = \dfrac{1}{\exp\left(-\dfrac{V+35}{10}\right) + 1}
\end{cases}
\tag{2-51}
$$

钠离子通道门控变量 h 的各参数关于电压 V 的变化曲线如图 2-19 所示。利用式 (2-48) 拟合图 2-17(b) 中的实验数据，可以得到图 2-19(a)。

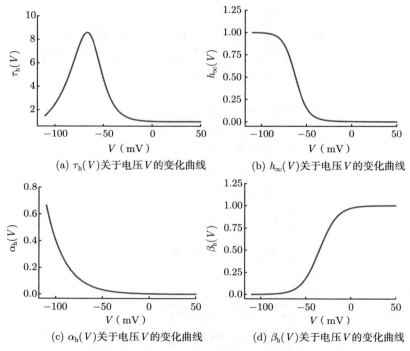

(a) $\tau_{\mathrm{h}}(V)$关于电压V的变化曲线 　　　　(b) $h_\infty(V)$关于电压V的变化曲线

(c) $\alpha_{\mathrm{h}}(V)$关于电压V的变化曲线 　　　　(d) $\beta_{\mathrm{h}}(V)$关于电压V的变化曲线

图 2-19　钠离子通道门控变量 h 的各参数关于电压 V 的变化曲线

2.9.3　门控变量 m

在推导 m 的表达式时，Hodgkin 和 Huxley 根据观察做了一些假设[9]。由图 2-12 可知，与去极化过程相比，静息态下钠离子通道的电导几乎为 0mS/cm²。由于在静息态下 h 为开放状态，$h_0 \neq 0$，所以我们可以认为 $m_0 \approx 0$。由图 2-19(b) 可知，在较大的去极化电压下，$h_\infty(V) \approx 0$。将上述近似值代入式 (2-47)，得到

g_{Na} 在较大的恒定去极化电压下的通解为

$$g_{\text{Na}}(t) = g'_{\text{Na}}(V) \left[1 - \mathrm{e}^{\frac{-t}{\tau_{\text{m}}(V)}} \right]^3 \mathrm{e}^{\frac{-t}{\tau_{\text{h}}(V)}} \tag{2-52}$$

式中，$g'_{\text{Na}}(V) = \bar{g}_{\text{Na}} m_\infty(V)^3 h_0$。

我们可以通过拟合图 2-12 中的一系列曲线得到 $g'_{\text{Na}}(V)$ 和 $\tau_{\text{m}}(V)$ 的表达式。

当神经元膜电位去极化程度较大时，m 几乎全部开放，$m_\infty(V) \approx 1$，所以 $\bar{g}_{\text{Na}} \approx g'_{\text{Na}}/h_0 = 120\,\text{mS/cm}^2$。根据 $\bar{g}_{\text{Na}}$，我们可以得到 $m_\infty(V) = \sqrt[3]{g_{\text{Na}}/(\bar{g}_{\text{Na}} h_0)}$。

由此，Hodgkin 和 Huxley 得到了 m 的转换速率，即

$$\begin{cases} \alpha_{\text{m}}(V) = \dfrac{m_\infty(V)}{\tau_{\text{m}}(V)} = \dfrac{0.1\,(V+40)}{1 - \exp\left(-\dfrac{V+40}{10}\right)} \\[4mm] \beta_{\text{m}}(V) = \dfrac{1 - m_\infty(V)}{\tau_{\text{m}}(V)} = 4 \exp\left(-\dfrac{V+65}{18}\right) \end{cases} \tag{2-53}$$

钠离子通道门控变量 m 的各参数关于电压 V 的变化曲线如图 2-20 所示。

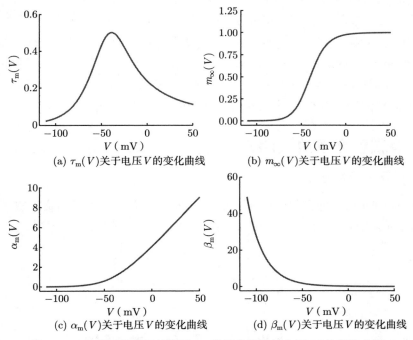

(a) $\tau_{\text{m}}(V)$ 关于电压 V 的变化曲线 　　(b) $m_\infty(V)$ 关于电压 V 的变化曲线

(c) $\alpha_{\text{m}}(V)$ 关于电压 V 的变化曲线 　　(d) $\beta_{\text{m}}(V)$ 关于电压 V 的变化曲线

图 2-20　钠离子通道门控变量 m 的各参数关于电压 V 的变化曲线

第 3 章　简化神经元模型

霍奇金—赫胥黎模型能够精准刻画离子通道的开放与关闭导致的动作电位产生过程。但是，为了模拟动作电位发放的细节，霍奇金—赫胥黎模型往往需要较小的数值积分步长，再加上模型中的变量较多，因此计算代价巨大。另外，对于一个神经网络而言，我们一般更关心一个神经元对其他神经元的影响，即神经元何时发放动作电位，而不太关心动作电位发放过程中神经元膜电位的变化是否与真实情况完全一致。在这种情况下，细致地模拟膜电位的变化过程是非必要的。为了降低计算成本，并保留神经元脉冲发放的主要特征，研究者提出了一系列简化神经元模型。这些简化神经元模型在保留生物真实性和节省计算资源之间做了权衡。

本章介绍领域内流行的一些简化神经元模型，并利用 BrainPy 实现模型的定义、模拟和分析。这些模型包括泄漏整合发放（Leaky Integrate-and-Fire，LIF）模型 [10]、二次整合发放（Quadratic Integrate-and-Fire，QIF）模型 [11][12]、指数整合发放（Exponential Integrate-and-Fire，ExpIF）模型 [13]、适应性指数整合发放（Adaptive Exponential Integrate-and-Fire，AdEx）模型 [14]、Izhikevich 模型 [15]、Hindmarsh-Rose（HR）模型 [16][17] 和泛化整合发放（Generalized Integrate-and-Fire，GIF）模型 [18]。下面对其进行介绍。

3.1　泄漏整合发放（LIF）模型

3.1.1　LIF 模型的定义

最简单的神经元模型是 Lapicque 于 1907 年提出的**泄漏整合发放**（Leaky Integrate-and-Fire，**LIF**）**模型**[10]。LIF 模型由一个线性微分方程和一个条件判断组成，即

$$\tau \frac{\mathrm{d}V}{\mathrm{d}t} = -(V - V_{\mathrm{rest}}) + RI(t) \tag{3-1}$$

$$\text{if } V > V_{\mathrm{th}}, \quad V \leftarrow V_{\mathrm{reset}} \tag{3-2}$$

式中，$\tau = RC$，τ 是 LIF 模型的时间常数（τ 越大，模型的动力学变化越慢）；V_{rest} 表示神经元的静息电位；V_{th} 表示神经元脉冲发放的膜电位阈值，一旦膜电

位超过 V_{th}，则认为神经元发放了脉冲；V_{reset} 表示神经元产生脉冲后的重置膜电位；R 表示细胞膜电阻。具体来说，式 (3-1) 表示神经元膜电位 V 在阈值下接收输入 $I(t)$ 时不断积分的过程；式 (3-2) 表示 V 达到膜电位阈值后神经元将发放动作电位，同时膜电位将被重置为 V_{reset}。

原始的 LIF 模型忽略了神经元的不应期，即神经元在发放动作电位后的一段时间内不会再兴奋。要模拟不应期，必须补充一个条件判断：如果当前时刻与上次发放的时间间隔小于不应期时长 t_{ref}，则神经元处于不应期，膜电位 V 不会随时间变化。此时式 (3-2) 可以改写为

$$\text{if } V > V_{th}, \quad V \leftarrow V_{reset} \text{ last } t_{ref} \tag{3-3}$$

利用 BrainPy 实现包含不应期的 LIF 模型，代码如下。

```
1   import brainpy as bp
2   import brainpy.math as bm
3
4   class LIF(bp.NeuGroup):
5     def __init__(self, size, V_rest=0., V_reset=-5., V_th=20., R=1., tau=10.,
6        t_ref=5., name=None):
7       # 初始化父类
8       super(LIF, self).__init__(size=size, name=name)
9
10      # 初始化参数
11      self.V_rest = V_rest
12      self.V_reset = V_reset
13      self.V_th = V_th
14      self.R = R
15      self.tau = tau
16      self.t_ref = t_ref   # 不应期时长
17
18      # 初始化变量
19      self.V = bm.Variable(bm.random.randn(self.num) + V_reset)
20      self.input = bm.Variable(bm.zeros(self.num))
21      # 上次脉冲发放时间
22      self.t_last_spike = bm.Variable(bm.ones(self.num) * -1e7)
23      # 是否处于不应期
24      self.refractory = bm.Variable(bm.zeros(self.num, dtype=bool))
25      self.spike = bm.Variable(bm.zeros(self.num, dtype=bool))   # 脉冲发放状态
26
27      # 使用指数欧拉方法进行积分
28      self.integral = bp.odeint(f=self.derivative, method='exp_auto')
29
30      # 定义膜电位关于时间变化的微分方程
```

```
31  def derivative(self, V, t, R, Iext):
32      dvdt = (-V + self.V_rest + R * Iext) / self.tau
33      return dvdt
34
35  def update(self, tdi):
36      t, dt = tdi.t, tdi.dt
37      # 以数组的方式对神经元进行更新
38      # 判断神经元是否处于不应期
39      refractory = (t - self.t_last_spike) <= self.t_ref
40      # 根据时间步长更新膜电位
41      V = self.integral(self.V, t, self.R, self.input, dt=dt)
42      # 如果处于不应期，则返回初始膜电位self.V，否则返回更新后的膜电位V
43      V = bm.where(refractory, self.V, V)
44      spike = V > self.V_th  # 将大于阈值的神经元标记为发放了脉冲
45      self.spike.value = spike  # 更新神经元脉冲发放状态
46      # 更新最后一次脉冲发放时间
47      self.t_last_spike.value = bm.where(spike, t, self.t_last_spike)
48      # 将发放了脉冲的神经元膜电位置为V_reset，其余不变
49      self.V.value = bm.where(spike, self.V_reset, V)
50      # 更新神经元状态(是否处于不应期)
51      self.refractory.value = bm.logical_or(refractory, spike)
52      self.input[:] = 0.  # 重置外部输入
```

在定义好 LIF 模型后，我们可以初始化一个 LIF 模型并运行。

```
1   import matplotlib.pyplot as plt
2
3   # 运行LIF模型
4   group = LIF(1)
5   runner = bp.DSRunner(group, monitors=['V'], inputs=('input', 22.))
6   runner(200)   # 运行时长为200ms
7
8   # 结果可视化
9   plt.plot(runner.mon.ts, runner.mon.V)
10  plt.xlabel('t (ms)')
11  plt.ylabel('V (mV)')
12  plt.show()
```

运行上述代码，得到模拟结果。在输入电流恒定的条件下，LIF 模型中的神经元会以固定频率周期性发放动作电位，如图3-1所示。虽然 LIF 模型可以产生动作电位，但是没有模拟真实情况下动作电位的形状。在发放动作电位前，LIF 模型下神经元膜电位的增长速度将逐渐降低，而不是像真实神经元那样先缓慢增长，在达到一定的值后变为迅速增长。

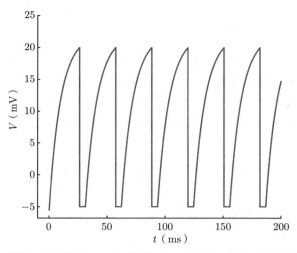

图 3-1　在输入电流恒定的条件下，LIF 模型中的神经元会以固定频率周期性发放动作电位

3.1.2　LIF 模型的动力学性质

　　与 HH 模型相比，LIF 模型将细胞膜简化为单离子通道的电路。我们可以这样理解：在达到膜电位阈值前，神经元的膜电位主要由泄漏通道调控，而泄漏通道的电阻是一个固定值，所以可以被建模为常值电阻；钠、钾通道主要参与脉冲发放时膜电位的非线性变化，这个过程直接被 LIF 模型简化为膜电位的重置，因此不对这两个通道建模。LIF 模型的等效电路如图3-2所示。

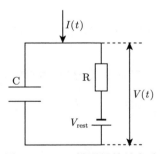

图 3-2　LIF 模型的等效电路

根据基尔霍夫电流定律，可以得到

$$I(t) = C\frac{\mathrm{d}V}{\mathrm{d}t} + \frac{V - V_{\text{rest}}}{R} \tag{3-4}$$

对式 (3-4) 进行移项和化简，可以得到

$$RC\frac{\mathrm{d}V}{\mathrm{d}t} = -(V - V_{\mathrm{rest}}) + RI(t) \tag{3-5}$$

代入 $\tau = RC$ 即可得到式 (3-1)。

LIF 模型形式简单，我们可以通过理论分析对式 (3-1) 的线性微分方程进行求解。假设神经元接收恒定的输入电流，即 $I(t) = I_{\mathrm{c}}$，且初始条件为 $V(t_0) = V_{\mathrm{rest}}$，通过一阶非齐次线性微分方程的常数变易法或分离变量法，可以得到式 (3-1) 的解，即

$$V(t) = V_{\mathrm{reset}} + RI_{\mathrm{c}}\left(1 - \mathrm{e}^{-\frac{t-t_0}{\tau}}\right) \tag{3-6}$$

由此可见，在恒定的输入电流 I_{c} 下，神经元从静息电位 V_{rest} 积分到膜电位阈值 V_{th} 所需要的时间 T 为

$$T = -\tau \ln\left(1 - \frac{V_{\mathrm{th}} - V_{\mathrm{rest}}}{RI_{\mathrm{c}}}\right) \tag{3-7}$$

如果不考虑不应期，神经元的发放频率为

$$f = \frac{1}{T} = \frac{1}{-\tau \ln\left(1 - \dfrac{V_{\mathrm{th}} - V_{\mathrm{rest}}}{RI_{\mathrm{c}}}\right)} \tag{3-8}$$

如果考虑不应期 t_{ref}，神经元的发放频率为

$$f = \frac{1}{T + t_{\mathrm{ref}}} = \frac{1}{t_{\mathrm{ref}} - \tau \ln\left(1 - \dfrac{V_{\mathrm{th}} - V_{\mathrm{rest}}}{RI_{\mathrm{c}}}\right)} \tag{3-9}$$

我们可以通过数值模拟来验证理论分析的结果。当 $I_{\mathrm{c}} \to \infty$ 时，发放时间 $T \to 0$，而发放频率 $f \to \dfrac{1}{t_{\mathrm{ref}}}$。例如，当 $t_{\mathrm{ref}} = 5 \text{ ms}$ 时，发放频率会随 I_{c} 的增大而逐渐趋于 $1/(5 \text{ ms}) = 200 \text{ Hz}$，代码如下。

```
import numpy as np

duration = 1000   # 设置仿真时长
I_cur = np.arange(0, 600, 2)   # 定义电流大小

neu = LIF(len(I_cur), tau=5., t_ref=5.)   # 定义神经元群
# 设置运行器，其中每个神经元接收I_cur的一个恒定电流
runner = bp.DSRunner(neu, monitors=['spike'], inputs=('input', I_cur), dt=0.01)
runner(duration=duration)   # 运行神经元模型
```

```
10  # 计算每个神经元的脉冲发放次数
11  f_list = runner.mon.spike.sum(axis=0) / (duration / 1000)
12  # bp.visualize.line_plot(I_cur, f_list, xlabel='Input current (mA)',
13      ylabel='spiking frequency (Hz)', show=True)  # 绘制曲线
14  plt.plot(I_cur, f_list)
15  plt.xlabel('Input current (mA)')
16  plt.ylabel('spiking frequency (Hz)')
17  plt.show()
```

运行上述代码，得到发放频率的模拟结果如图 3-3 所示。在输入电流恒定的条件下，LIF 模型中的神经元发放频率会随输入电流的增大而增大，最终趋于一个恒定值。

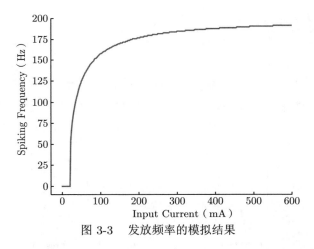

图 3-3　发放频率的模拟结果

另外，要产生神经元的动作电位，外部输入电流 I_c 需要高于阈值 I_θ，这个阈值被称为**最小电流**（Minimal Current）或**基强度电流**（Rheobase Current）[19]。根据式 (3-6)，我们可以容易地得到，当 $t \to \infty$ 时，$V(t) \to V_{\text{reset}} + RI_c$。因此，使神经元膜电位达到膜电位阈值 V_{th} 的基强度电流为

$$I_\theta = \frac{V_{\text{th}} - V_{\text{reset}}}{R} \tag{3-10}$$

只有当 $I > I_\theta$ 时，V 才能越过 V_{th} 产生动作电位。在本例中，$V_{\text{th}} = 20\text{mV}$，$V_{\text{reset}} = 0\text{mV}$，$R = 1\Omega$，计算得到 $I_\theta = 20\text{mA}$，即当外部输入电流大于 I_θ 时，神经元才能产生动作电位，如图 3-4 所示。

```
1  duration = 200
2
3  neu1 = LIF(1, t_ref=5.)
```

```
4   neu1.V[:] = bm.array([-5.])   # 设置V的初始值
5   # 给neu1施加一个大小为20mA的恒定电流
6   runner = bp.DSRunner(neu1, monitors=['V'], inputs=('input', 20))
7   runner(duration)
8   plt.plot(runner.mon.ts, runner.mon.V, label=r'$I = 20$')
9
10  neu2 = LIF(1, t_ref=5.)
11  neu2.V[:] = bm.array([-5.])   # 设置V的初始值
12  # 给neu2施加一个大小为21mA的恒定电流
13  runner = bp.DSRunner(neu2, monitors=['V'], inputs=('input', 21))
14  runner(duration)
15  plt.plot(runner.mon.ts, runner.mon.V, label=r'$I = 21$')
16
17  plt.xlabel('t (ms)')
18  plt.ylabel('V (mV)')
19  plt.legend()
20  plt.show()
```

在图3-4中，$I = 20\text{mA}$ 时不能产生动作电位，因为此时神经元的膜电位随时间无限逼近但不能达到 V_{th}；而 $I = 21\text{mA}$ 时可以产生动作电位。

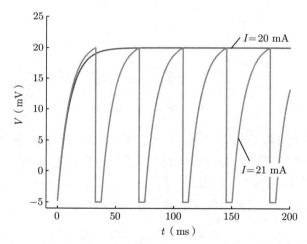

图 3-4　当外部输入电流大于 I_0 时，神经元才能产生动作电位

3.1.3　LIF 模型的优点和缺点

LIF 模型是高度简化的神经元模型，具有不可忽视的优点。具体包括以下 3 点。

（1）模型简洁、直观，式 (3-1) 和式 (3-2) 中的每个参数都有明确的意义，便于理解。

（2）仅用一个线性微分方程表示，在数值模拟时具有很高的计算效率。

（3）在模拟域，膜电位的变化仍然具有较好的精确性[19]。也就是说，如果神经元不发放脉冲，它的膜电位变化是可以用线性微分方程捕捉的。

由于具有上述优点，当前 LIF 模型在很多研究中仍然被广泛使用。不过我们也应该意识到 LIF 模型存在的缺点，具体如下。

（1）过度简化的微分方程使它不能模拟真实的发放过程。在大多数情况下，接收外部刺激的神经元的膜电位会先缓慢上升，在超过阈值后变为快速上升，再快速下降，由此形成了动作电位。LIF 模型只建模了膜电位缓慢上升的过程，而把膜电位快速上升和快速下降的脉冲发放过程简化为膜电位的重置，这使模型缺少了对非线性过程的表征。

（2）不保有对之前脉冲活动的任何记忆。换言之，在每次重置后，LIF 模型中神经元的状态都是相同的，它受到的调控有且仅有外部输入电流，因此 LIF 模型更像是定义了一个从外部输入电流到膜电位的映射，其膜电位变化与之前的历史活动没有任何关联。

（3）不能模拟更复杂的神经元活动。LIF 模型中神经元的膜电位变化只与外部输入电流有关，这个特点决定了 LIF 模型能够模拟的神经元发放模式非常单一，一些复杂的发放模式，如适应性发放和簇发放（3.4节会详细讨论）等，都不能通过 LIF 模型重现。

为弥补 LIF 模型的不足，计算神经科学领域的研究者在 LIF 模型的基础上陆续提出了新的简化模型，试图从不同的角度增强模型的动力学表征能力。

3.2 二次整合发放（QIF）模型

3.2.1 QIF 模型的定义

为弥补 LIF 模型在动作电位表征上的不足，Latham 等于 2000 年提出了**二次整合发放**（Quadratic Integrate-and-Fire，**QIF**）模型[11][12]。在 QIF 模型中，微分方程右侧的二阶项使神经元能产生与真实神经元更"像"的动作电位。QIF 模型表示为

$$\tau \frac{dV}{dt} = a_0(V - V_{\text{rest}})(V - V_c) + RI(t) \tag{3-11}$$

$$\text{if } V > \theta, \quad V \leftarrow V_{\text{reset}} \quad \text{last } t_{\text{ref}} \tag{3-12}$$

在式 (3-11) 中，$a_0 > 0$，$V_c > V_{\text{rest}}$。与 LIF 模型的式 (3-1) 相比，式 (3-11) 中的等号右侧是一个关于 V 的二次方程，这使得膜电位的上升有一个从慢到快的

过程，与真实的膜电位变化更接近。其中，V_c 决定了神经元的兴奋阈值，a_0 控制了神经元的发放频率和发放前膜电位的增长速度。当膜电位达到峰值 θ 时，神经元发放动作电位，膜电位会被重置为 V_{reset}。

QIF 模型的定义与 LIF 模型相似，读者只需要在初始化函数 `__init__()` 中初始化相应的参数，并修改微分方程的表达，代码如下。

```python
import brainpy as bp
import brainpy.math as bm

class QIF(bp.NeuGroup):
  def __init__(self, size, V_rest=-65., V_reset=-68., V_th=-30., V_c=-50.0,
      a_0=.07, R=1., tau=10., t_ref=5., name=None):
    super(QIF, self).__init__(size=size, name=name)  # 初始化父类

    # 初始化参数
    self.V_rest = V_rest
    self.V_reset = V_reset
    self.V_th = V_th
    self.V_c = V_c
    self.a_0 = a_0
    self.R = R
    self.tau = tau
    self.t_ref = t_ref  # 不应期时长

    # 初始化变量
    self.V = bm.Variable(bm.random.randn(self.num) + V_reset)
    self.input = bm.Variable(bm.zeros(self.num))
    # 上次脉冲发放时间
    self.t_last_spike = bm.Variable(bm.ones(self.num) * -1e7)
    # 是否处于不应期
    self.refractory = bm.Variable(bm.zeros(self.num, dtype=bool))
    self.spike = bm.Variable(bm.zeros(self.num, dtype=bool))  # 脉冲发放状态

    # 使用指数欧拉方法进行积分
    self.integral = bp.odeint(f=self.derivative, method='exp_auto')

  # 定义膜电位关于时间变化的微分方程
  def derivative(self, V, t, Iext):
    dvdt = (self.a_0 * (V - self.V_rest) * (V - self.V_c) + self.R * Iext) / \
        self.tau
    return dvdt

  def update(self, tdi):
    t, dt = tdi.t, tdi.dt
    # 以数组的方式对神经元进行更新
```

```
40    # 判断神经元是否处于不应期
41    refractory = (t - self.t_last_spike) <= self.t_ref
42    # 根据时间步长更新膜电位
43    V = self.integral(self.V, t, self.input, dt=dt)
44    # 如果处于不应期, 则返回初始膜电位self.V, 否则返回更新后的膜电位V
45    V = bm.where(refractory, self.V, V)
46    spike = V > self.V_th   # 将大于阈值的神经元标记为发放了脉冲
47    self.spike.value = spike   # 更新神经元脉冲发放状态
48    # 更新最后一次脉冲发放时间
49    self.t_last_spike.value = bm.where(spike, t, self.t_last_spike)
50    # 将发放了脉冲的神经元膜电位置为V_reset, 其余不变
51    self.V.value = bm.where(spike, self.V_reset, V)
52    # 更新神经元状态(是否处于不应期)
53    self.refractory.value = bm.logical_or(refractory, spike)
54    self.input[:] = 0.   # 重置外部输入
```

```
1    import matplotlib.pyplot as plt
2
3    # 运行QIF模型
4    group = QIF(1)
5    runner = bp.DSRunner(group, monitors=['V'], inputs=('input', 6.))
6    runner(500)   # 运行时长为500ms
7
8    # 结果可视化
9    plt.plot(runner.mon.ts, runner.mon.V)
10   plt.xlabel('t (ms)')
11   plt.ylabel('V (mV)')
12   plt.show()
```

　　运行上述代码, 得到在输入电流恒定的条件下, QIF 模型的膜电位关于时间的变化曲线, 如图 3-5 所示。

　　由图3-5可知, 与 LIF 模型相比, QIF 模型的膜电位关于时间的变化曲线与真实情况更符合。虽然都是对 V 重置的判断, 但是式 (3-12) 中的 θ 和 LIF 模型中 V_{th} 的含义不完全相同: 在 LIF 模型中, V 达到 V_{th} 后开始发放脉冲 (只不过整个动作电位的发放过程被简化为重置); 而在 QIF 模型中, θ 刻画的是脉冲发放过程中膜电位的峰值, 动作电位在更早的时候就已经开始产生了。

3.2.2　QIF 模型的动力学性质

　　如果不考虑不应期且 $\theta \to \infty, V_{reset} \to -\infty$, 在外部输入电流 $I(t)$ 不随时间变化的情况下, 式 (3-11) 的通解为

$$V = \frac{V_{\text{rest}} + V_{\text{c}}}{2} +$$

$$\sqrt{\frac{RI - \frac{a_0}{4}(V_{\text{rest}} - V_{\text{c}})^2}{a_0}} \tan\left\{ \frac{t}{\tau} \sqrt{\left[RI - \frac{a_0}{4}(V_{\text{rest}} - V_{\text{c}})^2\right] a_0} \right\}$$

(3-13)

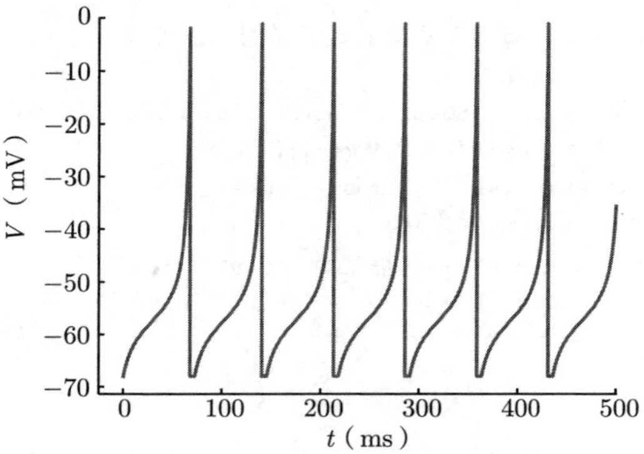

图 3-5   在输入电流恒定的条件下，QIF 模型的膜电位关于时间的变化曲线

式 (3-13) 表明，V 关于时间 t 的变化为正切函数，即

$$V = m\tan(kt) + n \tag{3-14}$$

式中

$$\begin{cases} m = \sqrt{\dfrac{RI - \dfrac{a_0}{4}(V_{\text{rest}} - V_{\text{c}})^2}{a_0}} \\[3em] k = \dfrac{\sqrt{\left[RI - \dfrac{a_0}{4}(V_{\text{rest}} - V_{\text{c}})^2\right] a_0}}{\tau} \\[3em] n = \dfrac{V_{\text{rest}} + V_{\text{c}}}{2} \end{cases} \tag{3-15}$$

根据正切函数的周期性得到 QIF 模型的发放周期为

$$T = \pi/k \tag{3-16}$$

同时，为保证式 (3-14) 中的根式有意义且不为 0（否则 V 不会产生周期性变化），应要求

$$RI - \frac{a_0}{4}(V_{\text{rest}} - V_{\text{c}})^2 > 0$$

$$\Rightarrow I > \frac{a_0}{4R}(V_{\text{rest}} - V_{\text{c}})^2 \tag{3-17}$$

代入上述代码中的各参数,可以求得基强度电流 $I_\theta = 3.94\text{mA}$。当 $I \leqslant 3.94\text{mA}$ 时，模型不产生动作电位。在不同的外部输入电流（恒定）下，膜电位关于时间的变化曲线如图 3-6 所示。与 LIF 模型相似，在 QIF 模型中，当电流小于基强度电流时，神经元不产生动作电位，且膜电位的稳定值随电流的增大而增大；只有当电流大于基强度电流时，神经元才能发放动作电位，且发放频率随电流的增大而增大。如果 $I = I_\theta$，则式 (3-14) 中等号右侧的第 2 项为 0，膜电位将稳定在 $V = (V_{\text{rest}} + V_{\text{c}})/2$。

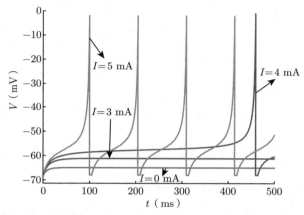

图 3-6　在不同的外部输入电流（恒定）下，膜电位关于时间的变化曲线

下面探讨 a_0 与发放频率的关系。由式 (3-15) 和式 (3-16) 可知，QIF 模型的发放频率为

$$f = \frac{k}{\pi} = \frac{\sqrt{-\dfrac{(V_{\text{rest}} - V_{\text{c}})^2}{4}a_0^2 + RIa_0}}{\pi\tau} \tag{3-18}$$

由式 (3-18) 及 $a_0 > 0$ 可以求得 a_0 的取值范围为 $a_0 \in \left(0, \dfrac{4RI}{(V_{\text{rest}} - V_{\text{c}})^2}\right)$。由于式 (3-18) 中存在关于 a_0 的二次函数，由二次函数的性质可知，f 在 $\left(0, \dfrac{2RI}{(V_{\text{rest}} - V_{\text{c}})^2}\right)$ 随 a_0 单调递增，在 $\left(\dfrac{2RI}{(V_{\text{rest}} - V_{\text{c}})^2}, \dfrac{4RI}{(V_{\text{rest}} - V_{\text{c}})^2}\right)$ 随 a_0 单调递减。

在之前定义的 QIF 模型中，令 $I = 5$，则 $a_0 \in (0, 0.089)$。当 a_0 取不同的值时，神经元膜电位关于时间的变化曲线如图 3-7 所示。当 a_0 增大时，神经元发放频率先升高再降低。此外，随着 a_0 的增大，膜电位变化曲线从平滑上升变为先缓慢上升再迅速上升。因此，a_0 不仅影响了 QIF 模型的发放频率，还刻画了膜电位变化曲线[①]。

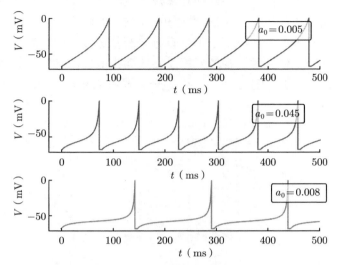

图 3-7   当 a_0 取不同的值时，神经元膜电位关于时间的变化曲线

为什么只有在恒定的外部输入电流 I 超过基强度电流时，QIF 模型才能产生动作电位呢？我们可以利用 BrainPy 中的一维相平面分析工具画出在不同的恒定外部输入电流下，膜电位变化率 $\mathrm{d}V/\mathrm{d}t$ 与膜电位 V 的关系曲线，如图 3-8 所示 [20]。

```python
# 为保证分析精度，采用64位浮点数进行运算
bp.math.enable_x64()

def phase_plane_analysis(i, model, I_ext, res=0.005):
    fig.sca(axes[i])
    pp = bp.analysis.PhasePlane1D(
        model=model,
        target_vars={'V': [-80, -30]},
        pars_update={'Iext': I_ext},
        resolutions=res
    )
    pp.plot_vector_field()
    pp.plot_fixed_point()
    plt.title('Input = {}'.format(I_ext))
```

---

① 在理论分析中，当 $a_0 = 0.045$ 时，发放频率最高，但由于阈值电位和重置电位的存在，图3-7中的膜电位变化没有经历一个完整的正切周期，因此当发放频率达到最大值时，a_0 不等于 $\dfrac{2RI}{(V_{\mathrm{rest}} - V_{\mathrm{c}})^2}$，而是低于此值。

```
16  # 设置子图并共享y轴
17  fig, axes = plt.subplots(1, 3, figsize=(12, 4), sharey='all')
18  inputs = [0., 3., 10]   # 设置不同大小的外部输入电流
19  qif = QIF(1)  # 实例化一个QIF模型
20  for i in range(len(inputs)): # 绘制相图
21    phase_plane_analysis(i, qif, inputs[i])
22  plt.tight_layout()
23  plt.show()
```

由图3-8可知，当 $I = 0$ mA 时，$\mathrm{d}V/\mathrm{d}t$ 有两个零点，见图 3-8(a)，即 $V_{\text{stable}} = V_{\text{rest}}$ 和 $V_{\text{unstable}} = V_{\text{c}}$，其中 V_{stable} 为稳定点（Stable Point），V_{unstable} 为不稳定点（Unstable Point）。此时，该模型表现出初始点依赖性。当初始膜电位 $V(0) < V_{\text{c}}$ 时，膜电位会逐渐被稳定点吸引（吸引和排斥表示为图 3-8中的箭头），直至稳定为 V_{rest}；当初始膜电位 $V(0) > V_{\text{c}}$ 时，由于受不稳定点的排斥，膜电位会不断升高，直至发放动作电位。

当施加一定的电流时，模型的相图会发生变化。由图 3-8(b) 和 图 3-8(c) 可知，曲线随 I 的增大而上移。在上移过程中，两个零点逐渐靠近，直至合并为一个鞍点（Saddle Point），最终消失，见图 3-8(c)。在动力学系统理论中，我们一般将此过程称为**鞍结分岔**（Saddle-Node Bifurcation）。

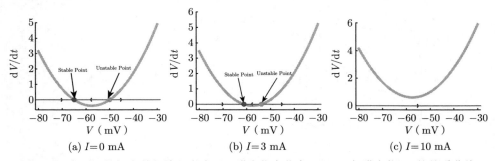

图 3-8　在不同的恒定外部输入电流下，膜电位变化率 $\mathrm{d}V/\mathrm{d}t$ 与膜电位 V 的关系曲线

如果神经元接收一个 $I < I_{\theta}$ 的恒定外部输入电流，则模型有两个不动点。令式 (3-11) 中的等号左侧为 0，可以求得这两个不动点为

$$V_{\text{stable}} = \frac{V_{\text{rest}} + V_{\text{c}}}{2} - \frac{1}{2}\sqrt{(V_{\text{rest}} + V_{\text{c}})^2 - \frac{4RI}{a_0}} \tag{3-19}$$

$$V_{\text{unstable}} = \frac{V_{\text{rest}} + V_{\text{c}}}{2} + \frac{1}{2}\sqrt{(V_{\text{rest}} + V_{\text{c}})^2 - \frac{4RI}{a_0}} \tag{3-20}$$

当 $I > I_{\theta}$ 时，外部输入电流将 $\mathrm{d}V/\mathrm{d}t$ 全部提高到 0 以上，膜电位随 I 的增

大而不断上升，直到产生动作电位。

经过上面的讨论，我们可以发现，QIF 模型中的 V_{unstable} 与 LIF 模型中的 V_{th} 含义相似，膜电位在超过该值后就开始产生脉冲，其变化也变得不可逆。但与 LIF 模型不同的是，使 QIF 神经元兴奋的膜电位阈值不是一个恒定值。当膜电位越过不稳定点时，膜电位将持续上升，直至达到阈值，而不稳定点会随外部输入电流的变化而变化。当外部输入电流增大时，不稳定点左移，见图3-8(a) 和图3-8(b)。

3.2.3　θ 神经元模型

QIF 模型的微分方程可以通过数学推导转化为更简洁的形式。

通过变形，我们将式（3-11）转化为

$$
\begin{aligned}
\frac{\mathrm{d}V}{\mathrm{d}t} = {} & \frac{a_0}{\tau}\left(V - \frac{V_{\text{rest}} + V_{\text{c}}}{2}\right)^2 + \\
& \frac{a_0}{\tau}\left[V_{\text{rest}}V_{\text{c}} - \left(V - \frac{V_{\text{rest}} + V_{\text{c}}}{2}\right)^2\right] + \frac{RI(t)}{\tau}
\end{aligned}
\tag{3-21}
$$

令 $x = \dfrac{a_0}{\tau}\left(V - \dfrac{V_{\text{rest}} + V_{\text{c}}}{2}\right)$，则有

$$
\begin{aligned}
& \frac{\tau}{a_0}\frac{\mathrm{d}x}{\mathrm{d}t} = \frac{\tau}{a_0}x^2 + \frac{a_0}{\tau}\left[V_{\text{rest}}V_{\text{c}} - \left(\frac{V_{\text{rest}} + V_{\text{c}}}{2}\right)^2\right] + \frac{RI(t)}{\tau} \\
\Rightarrow {} & \frac{\mathrm{d}x}{\mathrm{d}t} = x^2 + \frac{a_0}{\tau}\left\{\frac{a_0}{\tau}\left[V_{\text{rest}}V_{\text{c}} - \left(\frac{V_{\text{rest}} + V_{\text{c}}}{2}\right)^2\right] + \frac{RI(t)}{\tau}\right\} \\
\Rightarrow {} & \frac{\mathrm{d}x}{\mathrm{d}t} = x^2 + bI(t) + c
\end{aligned}
\tag{3-22}
$$

式中，$b = \dfrac{a_0 R}{\tau^2}$，$c = \dfrac{a_0{}^2}{\tau^2}\left[V_{\text{rest}}V_{\text{c}} - \left(\dfrac{V_{\text{rest}} + V_{\text{c}}}{2}\right)^2\right]$。令 $x = \dfrac{1}{2}\tan\theta$，代入式 (3-22)，可以得到

$$
\begin{aligned}
& \frac{1}{2\cos^2\frac{\theta}{2}}\frac{\mathrm{d}\theta}{\mathrm{d}t} = \tan^2\frac{\theta}{2} + bI(t) + c \\
\Rightarrow {} & \frac{\mathrm{d}\theta}{\mathrm{d}t} = 2\sin^2\frac{\theta}{2} + 2\cos^2\frac{\theta}{2}\left[bI(t) + c\right] \\
\Rightarrow {} & \frac{\mathrm{d}\theta}{\mathrm{d}t} = -\cos\theta + (1 + \cos\theta)\left[2c + 1/2 + 2bI(t)\right]
\end{aligned}
\tag{3-23}
$$

式 (3-23) 是 θ 神经元模型（θ-Neuron Model）[21] 的一种数学表示，其与 $t_{\text{ref}} = 0$，$\theta \to \infty$，$V_{\text{reset}} \to -\infty$ 时的 QIF 模型等价。θ 神经元模型的一种经典表示为

$$\frac{\mathrm{d}\theta}{\mathrm{d}t} = 1 - \cos\theta + (1 + \cos\theta)\left[\beta + I(t)\right] \tag{3-24}$$

下面使用 BrainPy 根据式 (3-24) 构建一个 θ 神经元模型。

```python
class Theta(bp.NeuGroup):
    def __init__(self, size, b=0., c=0., name=None):
        # 初始化父类
        super(Theta, self).__init__(size=size, name=name)

        # 初始化参数
        self.b = b
        self.c = c

        # 初始化变量
        self.theta = bm.Variable(bm.random.randn(self.num) * bm.pi / 18)
        self.input = bm.Variable(bm.zeros(self.num))
        # 脉冲发放状态
        self.spike = bm.Variable(bm.zeros(self.num, dtype=bool))

        # 使用指数欧拉方法进行积分
        self.integral = bp.odeint(f=self.derivative, method='exp_auto')

    # 定义膜电位关于时间变化的微分方程
    def derivative(self, theta, t, I_ext):
        dthetadt = -bm.cos(theta) + \
                    (1.+bm.cos(theta))*(2*self.c+1/2+2*self.b * I_ext)
        return dthetadt

    def update(self, tdi):
        t, dt = tdi.t, tdi.dt
        # 以数组的方式对神经元进行更新
        # 根据时间步长更新theta
        theta = self.integral(self.theta, t, self.input, dt) % (2 * bm.pi)
        # 将theta从2*pi跳跃到0的神经元标记为发放了脉冲
        spike = (theta < bm.pi) & (self.theta > bm.pi)
        self.spike.value = spike  # 更新神经元脉冲发放状态
        self.theta.value = theta
        self.input[:] = 0.  # 重置外部输入
```

我们可以根据 QIF 模型的参数计算 θ 神经元模型的参数，以此创建模型并运行。

```
1   V_rest, R, tau, t_ref = -65., 1., 10., 5.
2   a_0, V_c = .07, -50.0
3   b = a_0 * R / tau ** 2
4   c = a_0 ** 2 / tau ** 2 * (V_rest * V_c - ((V_rest + V_c) / 2) ** 2)
5
6   # 运行theta神经元模型
7   neu = Theta(1, b=b, c=c, t_ref=t_ref)
8   runner = bp.DSRunner(neu, monitors=['theta'], inputs=('input', 6.))
9   runner(500)
10
11  # 可视化
12  fig, [ax1, ax2] = plt.subplots(1, 2, figsize=(8, 4))
13
14  ax1.plot(runner.mon.ts, runner.mon.theta)
15  ax1.set_xlabel('t (ms)')
16  ax1.set_ylabel('$\Theta$')
17
18  ax2.plot(bm.cos(runner.mon.theta), bm.sin(runner.mon.theta))
19  ax2.set_xlabel('$\cos(\Theta)$')
20  ax2.set_ylabel('$\sin(\Theta)$')
21
22  plt.tight_layout()
23  plt.show()
```

θ 神经元在收到强度为 6 的输入时的变化如图 3-9 所示。

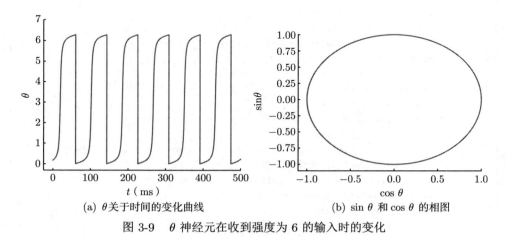

(a) θ关于时间的变化曲线　　　　(b) $\sin\theta$ 和 $\cos\theta$ 的相图

图 3-9　θ 神经元在收到强度为 6 的输入时的变化

与 QIF 模型相比，经过推导和简化的 θ 神经元模型不需要显式地重置发放脉冲的神经元，而是通过将 θ 限制在区间 $(0, 2\pi)$ 来隐式地完成这个操作，见

图 3-9(a)。观察仿真过程中 $(\sin\theta, \cos\theta)$ 的值，可以将 θ 在 $(0, 2\pi)$ 的变化视为圆周运动，每当 θ 达到 2π 时，就会被重置为 0，见图 3-9(b)，从而使 θ 的连续性不被破坏。

3.3　指数整合发放（ExpIF）模型

3.3.1　ExpIF 模型的定义

与 QIF 模型相似，**指数整合发放**（Exponential Integrate-and-Fire，**ExpIF**）模型[13] 也在 LIF 模型的基础上进行了修改，通过指数积分的形式提高了模型生成的动作电位的真实度。ExpIF 模型表示为

$$\tau\frac{\mathrm{d}V}{\mathrm{d}t} = -(V - V_{\text{rest}}) + \Delta_{\text{T}}\mathrm{e}^{\frac{V-V_{\text{T}}}{\Delta_{\text{T}}}} + RI(t) \tag{3-25}$$

$$\text{if } V > \theta, \quad V \leftarrow V_{\text{reset}} \text{ last } t_{\text{ref}} \tag{3-26}$$

式 (3-25) 中等号右侧的第 1 项与 LIF 模型中的相同，是膜电位衰减项；第 2 项是指数项，Δ_{T} 刻画了电位升高的陡峭程度，V_{T} 决定了神经元的兴奋阈值。θ 的取值几乎不会影响膜电位达到 θ 的时间，因为指数项增长极快，在极少的时间步长内即可积分达到无穷大。

```python
import brainpy as bp
import brainpy.math as bm

class ExpIF(bp.NeuGroup):
    def __init__(self, size, V_rest=-65., V_reset=-68., V_th=20., V_T=-59.9,
                 delta_T=3.48, R=1., tau=10., tau_ref=2., name=None):
        # 初始化父类
        super(ExpIF, self).__init__(size=size, name=name)

        # 初始化参数
        self.V_rest = V_rest
        self.V_reset = V_reset
        self.V_th = V_th
        self.V_T = V_T
        self.delta_T = delta_T
        self.R = R
        self.tau = tau
        self.tau_ref = tau_ref

        # 初始化变量
        self.V = bm.Variable(bm.random.randn(self.num) + V_reset)
```

```
22        self.input = bm.Variable(bm.zeros(self.num))
23        # 上次脉冲发放时间
24        self.t_last_spike = bm.Variable(bm.ones(self.num) * -1e7)
25        # 是否处于不应期
26        self.refractory = bm.Variable(bm.zeros(self.num, dtype=bool))
27        # 脉冲发放状态
28        self.spike = bm.Variable(bm.zeros(self.num, dtype=bool))
29
30        # 使用指数欧拉方法进行积分
31        self.integral=bp.odeint(f=self.derivative, method='exponential_euler')
32
33    # 定义膜电位关于时间变化的微分方程
34    def derivative(self, V, t, Iext):
35        exp_v = self.delta_T * bm.exp((V - self.V_T) / self.delta_T)
36        dvdt = (- (V - self.V_rest) + exp_v + self.R * Iext) / self.tau
37        return dvdt
38
39    def update(self, tdi):
40        t, dt = tdi.t, tdi.dt
41        # 以数组的方式对神经元进行更新
42        # 判断神经元是否处于不应期
43        refractory = (t - self.t_last_spike) <= self.tau_ref
44        # 根据时间步长更新膜电位
45        V = self.integral(self.V, t, self.input, dt=dt)
46        # 如果处于不应期，则返回初始膜电位self.V，否则返回更新后的膜电位V
47        V = bm.where(refractory, self.V, V)
48        spike = V > self.V_th  # 将大于阈值的神经元标记为发放了脉冲
49        self.spike.value = spike  # 更新神经元脉冲发放状态
50        # 更新最后一次脉冲发放时间
51        self.t_last_spike.value = bm.where(spike, t, self.t_last_spike)
52        # 将发放了脉冲的神经元膜电位置为V_reset，其余不变
53        self.V.value = bm.where(spike, self.V_reset, V)
54        # 更新神经元状态（是否处于不应期）
55        self.refractory.value = bm.logical_or(refractory, spike)
56        self.input[:] = 0.  # 重置外部输入
```

```
1  import matplotlib.pyplot as plt
2
3  # 运行ExpIF模型
4  group = ExpIF(1)
5  runner = bp.DSRunner(group, monitors=['V'], inputs=('input', 5.), dt=0.01)
6  runner(500)
7
8  # 结果可视化
9  plt.plot(runner.mon.ts, runner.mon.V)
```

```
10  plt.xlabel('t (ms)')
11  plt.ylabel('V')
12  plt.show()
```

运行上述代码，得到在输入电流恒定的条件下，ExpIF 模型的膜电位关于时间的变化曲线，如图 3-10 所示。

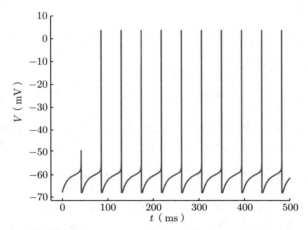

图 3-10　在输入电流恒定的条件下，ExpIF 模型的膜电位关于时间的变化曲线

由图3-10可知，ExpIF 模型的膜电位在动作电位发放过程中的极短时间内迅速上升，膜电位变化曲线异常陡峭。与 QIF 模型相比，ExpIF 模型的动作电位发放过程与真实神经元更接近。

3.3.2　ExpIF 模型的动力学性质

ExpIF 模型无法像 QIF 模型一样求得解析解，但根据 QIF 模型的分析思路，我们可以分析各参数对 ExpIF 模型的影响。在式 (3-25) 中，等号右侧包含线性项 $-(V - V_{\text{rest}})$ 和指数项 $\Delta_{\text{T}}\mathrm{e}^{(V - V_{\text{T}})/\Delta_{\text{T}}}$，ExpIF 模型中的两个独特的参数 Δ_{T} 和 V_{T} 都在指数项中，因此它们只对指数项产生影响。$I = 0$ 时膜电位变化率 $\mathrm{d}V/\mathrm{d}t$ 与膜电位 V 的关系曲线如图 3-11 所示。图 3-11 展示了 Δ_{T} 和 V_{T} 的值对膜电位变化率 $\mathrm{d}V/\mathrm{d}t$ 的影响。由图 3-11(b) 可知，当 V 低于发放阈值 V_{T} 时，可以忽略指数项，所有曲线都逼近同一条渐近线，式 (3-25) 去掉指数项得到

$$\frac{\mathrm{d}V}{\mathrm{d}t} = -\frac{1}{\tau}\left[V - V_{\text{rest}} - RI(t)\right] \tag{3-27}$$

式 (3-27) 与式 (3-1) 等价，此时 ExpIF 模型的膜电位变化与 LIF 模型相同（后面会继续探讨 ExpIF 模型和 LIF 模型的关系）。

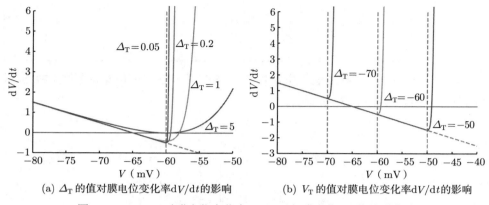

(a) Δ_T 的值对膜电位变化率dV/dt的影响 (b) V_T 的值对膜电位变化率dV/dt的影响

图 3-11 $I=0$ 时膜电位变化率 dV/dt 与膜电位 V 的关系曲线

下面探究 Δ_T 和 V_T 的动力学意义。当 Δ_T 取不同的值时，ExpIF 模型中膜电位关于时间的变化曲线如图 3-12 所示。图3-11(a) 展示了 Δ_T 的值对膜电位变化率 dV/dt 的影响，Δ_T 越大，$\exp\left(\dfrac{V-V_T}{\Delta_T}\right)$ 变化越慢，膜电位关于时间的变化曲线越平，见图 3-12。当 Δ_T 较小时，指数项在指数大于 0 时迅速增大，在图3-11(a) 中表现为当 $V>V_T$ 时 dV/dt 迅速增大，因此膜电位在越过 V_T 后的极短时间内就能产生动作电位（见图3-12中 $\Delta_T=0.02$ 时的膜电位变化）。当 $\Delta_T\to 0$ 时，dV/dt 的变化曲线在 $V<V_T$ 时趋于直线，即式 (3-27)；在 $V>V_T$ 时趋于直线 $V=V_T$。此时，阈下电位的变化曲线退化为 LIF 模型的变化曲线，一旦越过 V_T 就立即产生动作电位，模型与 $V_{th}=V_T$ 的 LIF 模型等价。

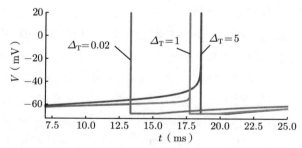

图 3-12 当 Δ_T 取不同的值时，ExpIF 模型中膜电位关于时间的变化曲线

在上述分析中我们可以发现，参数 V_T 是指数项从缓慢上升到快速上升的转折点，标志膜电位从线性变化变为非线性变化。可以认为膜电位越过 V_T 后开始产生动作电位，因此 V_T 的含义与 LIF 模型中 V_{th} 的含义相似。图3-11(b) 展示了 V_T 的值对膜电位变化率 dV/dt 的影响（$\Delta_T=0.2$）。当 V_T 变化时，曲线沿

着式 (3-27) 中刻画的直线平移到对应位置。

在不同的恒定输入电流下，膜电位变化率 $\mathrm{d}V/\mathrm{d}t$ 与膜电位 V 的关系曲线如图 3-13 所示。为方便与 QIF 模型比较，参数 $\Delta_\mathrm{T} = 2$，$V_\mathrm{T} = -54.03$。与 QIF 模型相似，在静息态下，曲线有两个零点，见图3-13(a)。当 $V_\mathrm{T} \gg V_\mathrm{rest} + \Delta_\mathrm{T}$ 时，在 V_rest 附近的指数项很小，可以忽略，故稳定点的解 $V_\mathrm{stable} \approx V_\mathrm{rest}$，即静息膜电位为 V_rest。如果用一个恒定输入电流来激发动作电位，那么该电流必须把整个曲线提高到 x 轴以上，使得膜电位的变化率恒为正数，膜电位不断上升，直至发放动作电位，见图3-13(b)。

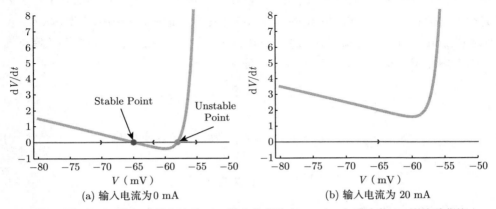

(a) 输入电流为 0 mA (b) 输入电流为 20 mA

图 3-13 在不同的恒定输入电流下，膜电位变化率 $\mathrm{d}V/\mathrm{d}t$ 与膜电位 V 的关系曲线

ExpIF 模型与 QIF 模型的最大区别是 ExpIF 模型中的膜电位在越过阈值后，$\mathrm{d}V/\mathrm{d}t$ 会急速上升，这与真实神经元中的过程更相似。事实上，研究发现一些神经元的生理数据可以很好地被 ExpIF 模型拟合 [22]，表明 ExpIF 模型是一种很好的简化模型。

3.4 适应性指数整合发放（AdEx）模型

3.4.1 AdEx 模型的定义

QIF 模型和 ExpIF 模型通过引入非线性项使神经元的膜电位变化与真实情况更相似，但它们仍然存在与 LIF 模型相同的限制：神经元对膜电位变化的历史没有记忆。因此，这些模型不能模拟丰富多样的神经元动力学行为。

让我们稍稍离题，请读者做以下想象：夜晚，你独自一人来到海边。海风拂面，你闻到一股海水的咸腥味，忍不住深吸一口气（或者捂住鼻子）。但一段时间后，你发现这种海腥味在慢慢减弱，最后甚至闻不到了。在这个例子中，"闻不到"海腥味并不是因为产生这种味道的气体分子在逐渐消失，而是因为人的嗅觉感知系统渐渐适应了这个味道。单神经元尺度上也存在类似的表现：某些神经元面对恒定的外部刺激时，一开始高频发放，随后发放频率逐渐降低，最终稳定在一个较小值，这就是神经元的**适应**（Adaptation）行为。适应行为是有好处的，它使得神经元对新的刺激敏感，对持续重复的刺激脱敏，降低了信息编码的能量消耗，提高了编码效率。

如何复现这种适应行为呢？在之前的模型中，我们仅用一个变量（膜电位 V）和一个微分方程来刻画神经元的动力学性质，这使得它们无法存储除膜电位之外的动力学信息。Brette 和 Gerstner 于 2005 年提出了**适应性指数整合发放**（Adaptive Exponential Integrate-and-Fire, **AdEx**）模型 [14]，在已有的整合发放模型的基础上增加了变量 w，以描述神经元的适应性，即

$$\tau_{\mathrm{m}} \frac{\mathrm{d}V}{\mathrm{d}t} = -\left(V - V_{\mathrm{rest}}\right) + \Delta_{\mathrm{T}} \mathrm{e}^{\frac{V - V_{\mathrm{T}}}{\Delta_{\mathrm{T}}}} - Rw + RI(t) \tag{3-28}$$

$$\tau_{\mathrm{w}} \frac{\mathrm{d}w}{\mathrm{d}t} = a\left(V - V_{\mathrm{rest}}\right) - w + b\tau_{\mathrm{w}} \sum_{t^{(f)}} \delta\left(t - t^{(f)}\right) \tag{3-29}$$

$$\text{if } V > \theta, \quad V \leftarrow V_{\mathrm{reset}} \quad \text{last} \quad t_{\mathrm{ref}} \tag{3-30}$$

式中，w 被称为适应变量（Adaptation Variable）。式 (3-28) 与式 (3-25) 相似，但式 (3-28) 中的等号右侧增加了一项 $-Rw$，以表示膜电位受适应变量 w 的调节。w 越大，神经元的适应性越强，膜电位变化率 $\mathrm{d}V/\mathrm{d}t$ 越小。式 (3-29) 刻画了 w 的变化，其主要由 3 部分组成：第 1 项 $a(V - V_{\mathrm{rest}})$ 表示膜电位 V 对 w 起正向调控作用，即膜电位越高，神经元适应性增强得越快；第 2 项 $-w$ 为衰减项；第 3 项描述了动作电位对 w 的影响，其中 $t^{(f)}$ 表示神经元动作电位发放的时刻，当 $t = t^{(f)}$ 时，δ 函数积分为 1，因此 w 会瞬时增加 b（此项中的 τ_{w} 与等号左侧的 τ_{w} 相抵消）。第 3 项表明，每当神经元产生一个动作电位，神经元的适应性都会增强一个固定值。AdEx 模型需要通过式 (3-30) 来显式地重置发放动作电位后的膜电位。

下面搭建一个 AdEx 模型，并观察它在恒定刺激下会产生怎样的行为。

```python
import brainpy as bp
import brainpy.math as bm
import numpy as np

class AdEx(bp.NeuGroup):
```

```
 6    def __init__(self, size, V_rest=-65., V_reset=-68., V_th=20., V_T=-60.,
 7        delta_T=1.,a=1.,b=2.5, R=1.,tau=10.,tau_w=30., tau_ref=0.,name=None):
 8      # 初始化父类
 9      super(AdEx, self).__init__(size=size, name=name)
10
11      # 初始化参数
12      self.V_rest = V_rest
13      self.V_reset = V_reset
14      self.V_th = V_th
15      self.V_T = V_T
16      self.delta_T = delta_T
17      self.a = a
18      self.b = b
19      self.tau = tau
20      self.tau_w = tau_w
21      self.R = R
22      self.tau_ref = tau_ref
23
24      # 初始化变量
25      self.V = bm.Variable(bm.random.randn(self.num) + V_reset)
26      self.w = bm.Variable(bm.zeros(self.num))
27      self.input = bm.Variable(bm.zeros(self.num))
28      self.spike = bm.Variable(bm.zeros(self.num, dtype=bool))  # 脉冲发放状态
29      # 上次脉冲发放时间
30      self.t_last_spike = bm.Variable(bm.ones(self.num) * -1e7)
31      # 是否处于不应期
32      self.refractory = bm.Variable(bm.zeros(self.num, dtype=bool))
33
34      # 定义积分器
35      self.integral = bp.odeint(f=self.derivative, method='exp_auto')
36
37    def dV(self, V, t, w, Iext):
38      _tmp = self.delta_T * bm.exp((V - self.V_T) / self.delta_T)
39      dVdt = (- V + self.V_rest + _tmp - self.R * w + self.R * Iext) / self.tau
40      return dVdt
41
42    def dw(self, w, t, V):
43      dwdt = (self.a * (V - self.V_rest) - w) / self.tau_w
44      return dwdt
45
46    # 将2个微分方程联合为1个，以便同时积分
47    @property
48    def derivative(self):
49      return bp.JointEq(self.dV, self.dw)
50
51    def update(self, tdi):
```

```
52    _t, _dt = tdi.t, tdi.dt
53    # 以数组的方式对神经元进行更新
54    V, w = self.integral(self.V, self.w, _t, self.input, dt=_dt)  # 更新V和w
55    # 判断神经元是否处于不应期
56    refractory = (_t - self.t_last_spike) <= self.tau_ref
57    # 如果处于不应期，则返回初始膜电位self.V，否则返回更新后的膜电位V
58    V = bm.where(refractory, self.V, V)
59    spike = V > self.V_th  # 将大于阈值的神经元标记为发放了脉冲
60    self.spike.value = spike  # 更新神经元脉冲发放状态
61    # 更新最后一次脉冲发放时间
62    self.t_last_spike.value = bm.where(spike, _t, self.t_last_spike)
63    # 将发放了脉冲的神经元膜电位置为V_reset，其余不变
64    self.V.value = bm.where(spike, self.V_reset, V)
65    # 发放了脉冲的神经元的 w = w + b
66    self.w.value = bm.where(spike, w + self.b, w)
67    # 更新神经元状态（是否处于不应期）
68    self.refractory.value = bm.logical_or(refractory, spike)
69    self.input[:] = 0.  # 重置外部输入
```

```
1   import matplotlib.pyplot as plt
2
3   # 运行AdEx模型
4   neu = AdEx(1)
5   runner = bp.DSRunner(neu, monitors=['V', 'w', 'spike'],
6       inputs=('input', 9.), dt=0.01)
7   runner(500)
8
9   # 可视化V和w的变化
10  runner.mon.V = np.where(runner.mon.spike, 20., runner.mon.V)
11  plt.plot(runner.mon.ts, runner.mon.V, label='V')
12  plt.plot(runner.mon.ts, runner.mon.w, label='w')
13  plt.xlabel('t (ms)')
14  plt.ylabel('V (mV)')
15
16  plt.show()
```

运行上述代码，得到 AdEx 模型在多次模拟中表现出的不同行为，如图 3-14 所示。

令人意外的是，给定相同的参数，膜电位初始值的微小变动（在代码第 25 行，膜电位的初始值受随机函数 randn() 的影响）使 AdEx 模型出现了不同的模拟结果。其实，AdEx 模型不仅能模拟神经元的适应行为，还能模拟多种发放模式。下面探讨 AdEx 模型的发放模式及产生不同发放模式的动力学机制。

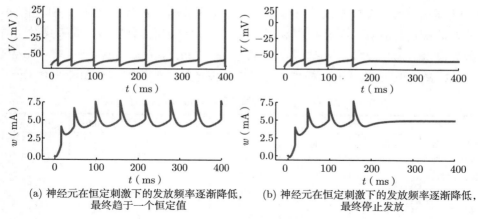

(a) 神经元在恒定刺激下的发放频率逐渐降低，　　(b) 神经元在恒定刺激下的发放频率逐渐降低，
　　最终趋于一个恒定值　　　　　　　　　　　　　最终停止发放

图 3-14　AdEx 模型在多次模拟中表现出的不同行为

3.4.2　AdEx 模型的发放模式

位于不同脑区、不同类型的神经元具有不同的发放模式。根据神经元在恒定刺激下产生动作电位的时间间隔，可以将神经元的发放模式分为 4 种。

（1）激发锋发放（Tonic Spiking）：又称规律发放（Regular Spiking），产生动作电位的时间间隔相同。

（2）适应（Adapting）性发放：产生动作电位的时间间隔逐渐变大，最终趋于一个恒定值。

（3）簇发放（Bursting）：神经元在短时间内连续产生多个脉冲，然后在较长时间内不再产生，如此周期性重复。

（4）不规律发放（Irregular Spiking）：产生动作电位的时间间隔不具有明显规律。

上述分类是基于神经元稳定发放的状态确定的。有的神经元在刚接收刺激时具有独特的发放模式，这是因为神经元的起始状态和接收刺激后的稳定状态差别较大，从起始状态变为稳定状态需要一定的时间。可以将神经元起始阶段的发放模式分为以下 3 类。

（1）典型发放（Classic Spiking）：起始阶段和稳定阶段的发放没有差别。

（2）起始簇发放（Initial Bursting）：起始阶段出现短时间的连续发放，发放频率远高于稳定阶段。

（3）延迟发放（Delayed Spiking）：神经元在经历较长时间的阈下变化后才开始发放。

理论上，神经元起始阶段的分类和稳定阶段的分类可以两两组合，形成 12

种发放模式。所有发放模式的组合都能在电生理实验中被观察到 [23]。有趣的是，这些发放模式都能被 AdEx 模型重现。AdEx 模型中几种典型的发放模式对应的参数如表 3-1 所示 [19]，其余参数为：$V_{rest} = -70\text{mV}$，$\theta = 0\text{mV}$，$V_T = -50\text{mV}$，$\Delta_T = 2$，$R = 0.5\text{m}\Omega$。AdEx 模型中几种典型发放模式的模拟结果如图 3-15 所示。

表 3-1　AdEx 模型中几种典型的发放模式对应的参数

发放模式	$\tau(\text{ms})$	$\tau_w(\text{ms})$	a	b	$V_{reset}(\text{mV})$	$I(\text{mA})$
激发锋发放	20	30	0	60	−55	65
适应性发放	20	100	0	5	−55	65
起始簇发放	5	100	0.5	7	−51	65
簇发放	5	100	−0.5	7	−47	65
瞬时锋发放	10	100	1	10	−60	55
延迟发放	5	100	−1	5	−60	25

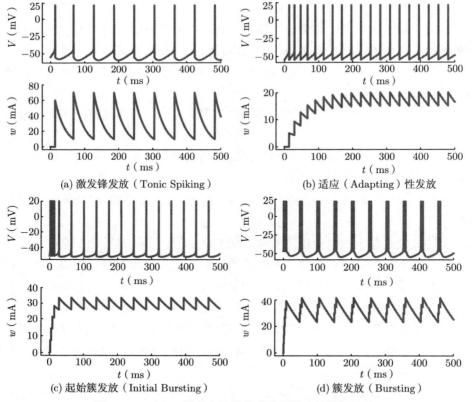

(a) 激发锋发放（Tonic Spiking）　　(b) 适应（Adapting）性发放

(c) 起始簇发放（Initial Bursting）　　(d) 簇发放（Bursting）

图 3-15　AdEx 模型中几种典型发放模式的模拟结果

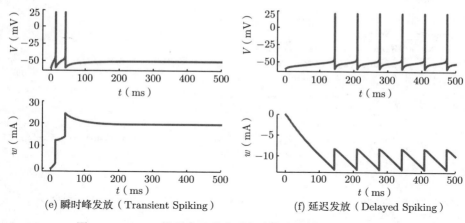

(e) 瞬时峰发放（Transient Spiking）　　　(f) 延迟发放（Delayed Spiking）

图 3-15　AdEx 模型中几种典型发放模式的模拟结果（续）

3.4.3　利用相平面分析法研究 AdEx 模型产生不同发放模式的动力学机制

为什么 AdEx 模型能够模拟如此多样的发放模式？我们可以利用相平面分析法来考察不同参数对 $\mathrm{d}V/\mathrm{d}t$ 和 $\mathrm{d}w/\mathrm{d}t$ 的影响。

```python
import numpy as np

bp.math.enable_x64()

def ppa2d(group, title, v_range=None, w_range=None, Iext=65., duration=400):
    v_range = [-70., -40.] if not v_range else v_range
    w_range = [-10., 50.] if not w_range else w_range

    # 使用BrainPy中的相平面分析工具
    phase_plane_analyzer = bp.analysis.PhasePlane2D(
        model=group,
        target_vars={'V': v_range, 'w': w_range},  # 待分析变量
        pars_update={'Iext': Iext},  # 需要更新的变量
        resolutions=0.05
    )

    # 画出V和w的零增长曲线
    res = phase_plane_analyzer.plot_nullcline(with_return=True,
        tol_nullcline=1e-3)
    # 画出固定点
    phase_plane_analyzer.plot_fixed_point()
    # 画出向量场
    phase_plane_analyzer.plot_vector_field(plot_style=dict(color='lightgrey',
    density=1.))
    runner = bp.DSRunner(group, monitors=['V', 'w', 'spike'],
```

```
26                          inputs=('input', Iext))
27    runner(duration)
28    spike = runner.mon.spike.squeeze()
29    s_idx = np.where(spike)[0]  # 找到所有发放的动作电位对应的index
30    # 加上起始点和终止点的index
31    s_idx = np.concatenate(([0], s_idx, [len(spike) - 1]))
32    # 分段画出V和w的变化轨迹
33    for i in range(len(s_idx) - 1):
34        plt.plot(runner.mon.V[s_idx[i]: s_idx[i + 1]], runner.mon.w[s_idx[i]:
35            s_idx[i + 1]], color='darkslateblue')
36
37    # 画出虚线 x = V_reset
38    plt.plot([group.V_reset, group.V_reset], w_range, '--', color='grey',
39            zorder=-1)
40
41    plt.xlim(v_range)
42    plt.ylim(w_range)
43    plt.title(title)
44    plt.show()
```

定义好分析方法后，依次代入各发放模式对应的参数，得到相平面分析结果。

```
1   ppa2d(AdEx(1, tau=20., a=0., tau_w=30., b=60., V_reset=-55.),
2        title='Tonic Spiking', w_range=[-5, 75.])
3
4   ppa2d(AdEx(1, tau=20., a=0., tau_w=100., b=5., V_reset=-55.),
5        title='Adapting', w_range=[-5, 45.])
6
7   ppa2d(AdEx(1, tau=5., a=0.5, tau_w=100., b=7., V_reset=-51.),
8        title='Initial Bursting', w_range=[-5, 50.])
9
10  ppa2d(AdEx(1, tau=5., a=-0.5, tau_w=100., b=7., V_reset=-47.),
11        title='Bursting', w_range=[-5, 60.])
12
13  ppa2d(AdEx(1, tau=10., a=1., tau_w=100., b=10., V_reset=-60.),
14        title='Transient Spiking', w_range=[-5, 60.], Iext=55.)
15
16  ppa2d(AdEx(1, tau=5., a=-1., tau_w=100., b=5., V_reset=-60.),
17        title='Delayed Spiking', w_range=[-30, 20.], Iext=25.)
```

下面依次分析各发放模式背后的动力学原因。我们将 V 和 w 随时间变化的曲线和相平面分析图放在一起，以便读者对比观察。同时，为保证每次模拟的结果相同，我们令 AdEx 模型的初始膜电位均为 0mV。

1. 激发锋发放（Tonic Spiking）

AdEx 模型中的激发锋发放模式如图 3-16 所示。在图 3-16(b) 中，标注了 V 和 w 的零增长等值线（Nullcline），在零增长等值线上，变量对时间的导数为 0。在相平面分析图中，我们标记了轨迹的次序，起始点记为 0，第 1 次发放动作电位后的重置点记为 1，以此类推。第 1 次发放动作电位后，神经元膜电位重置为 V_{reset}（图 3-16(b) 中的虚线表示 $V = V_{reset}$），同时变量 w 增大了 b。轨迹点沿向量场移动，完成第 2 次发放，然后从 2 开始进行第 3 次发放。由图3-16(b) 可知，第 3 次发放后的重置点 3 与 2 重合，因此 $2 \to 3$ 形成了一个周期，轨迹点会沿着相同的路径进行周期运动，从而形成了有规律的激发锋发放模式。

在图 3-16(b) 中我们可以发现，每次 V 和 w 被重置后，轨迹点都要经历一个迂回的路线，这样才能发放动作电位，这在图 3-16(a) 中表现为膜电位先下降后上升。这是因为激发锋发放模式中的 b 取值较大（本例中 $b = 60$），因此发放动作电位后的重置点能够落在 V 的零增长等值线以上。由于在 V 的零增长等值线以上 $dV/dt < 0$（向量场箭头向左），在 V 的零增长等值线以下 $dV/dt > 0$（向量场箭头向右），所以轨迹点在 V 的零增长等值线以上时朝膜电位降低的方向走，在越过 V 的零增长等值线后膜电位才开始升高，这使得发放的时间间隔较大，神经元不能在短时间多次发放动作电位。在后面的内容中我们会看到，并非所有轨迹都有这样的迂回。

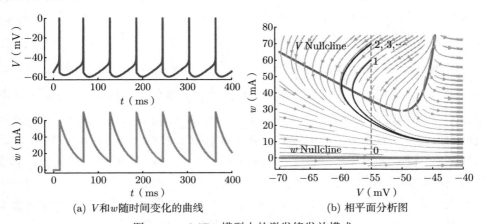

(a) V 和 w 随时间变化的曲线　　　　(b) 相平面分析图

图 3-16　AdEx 模型中的激发锋发放模式

2. 适应性（Adapting）发放

AdEx 模型中的适应性发放模式如图3-17所示。每经历一次发放，w 的重置点都比上一个重置点的位置高，轨迹点从起始到发放所经历的时间变长，因此表现为发放的时间间隔增大。至于为什么轨迹越靠上所用的时间越长，读者可以参考本节"5. 延迟发放（Delayed Spiking）"中的解释。向量场使越靠上的轨迹在 w 轴上下降得越多，当某次重置的增量 b 与上次轨迹中 w 的减小量相同，即本次重置点和上次重置点重合时，w 不再增大，神经元发放的时间间隔变为一个恒定值。这就是 AdEx 模型产生适应行为的动力学原因。

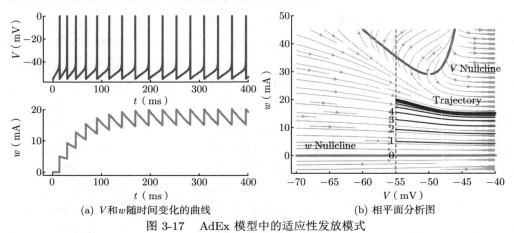

(a) V 和 w 随时间变化的曲线   (b) 相平面分析图

图 3-17　AdEx 模型中的适应性发放模式

适应性发放模式与激发锋发放模式的最大区别在于其轨迹点不会越过 V 的零增长等值线，这是因为模型中的参数 b 取值很小（本例中 $b=5$），重置时 w 的增量很小。因此，适应行为的神经元不会在阈下经历 V 先下降后上升的过程，而是直接从重置点 V_{reset} 开始上升，直至产生动作电位。

3. 簇发放（Bursting）

我们跳过起始簇发放模式，先考察簇发放模式的动力学特性。AdEx 模型中的簇发放模式如图 3-18 所示。由图 3-18(a) 可知，除第 1 次簇发放之外，每次簇发放的形状都比较相似，因此我们从第 1 次簇发放的终止点开始标记 V-w 轨迹的次序，见图3-18(b)。从 0 开始，膜电位在经历一次迂回后达到发放阈值，随后轨迹点被重置到 1，经历第 2 次发放后被重置到 2。由于 1 和 2 都在 V 的零增长等值线的下方，$\mathrm{d}V/\mathrm{d}t>0$，因此簇发放模式中的膜电位变化与适应性发放模式相似，即直接上升，不经历迂回；又因为 $V>V_{\text{T}}$ 时微分方程中的指数项很大，膜电位上升极快，所以膜电位多次快速达到阈值并被重置，在图 3-18(a) 中表现为短时间内的集中发放。而第 3 次发放后的重置点 3 在 V 的零增长等值线的上方，所以膜电位又会经历一次迂回，这就形成了两个发放簇之间较长的时间间隔。

形成簇发放的必要条件是每次经历迂回的时候 w 的下降值 Δw 满足 $\Delta w \geqslant$

$2b$，这样才能保证在两次迂回之间（长时间间隔）能够有至少两次连续的快速发放。本例中 $\Delta w = 3b$，所以每个发放簇有 3 个锋。

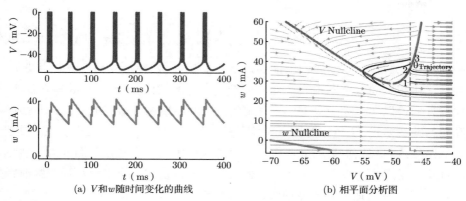

(a) V和w随时间变化的曲线   (b) 相平面分析图

图 3-18　AdEx 模型中的簇发放模式

4. 瞬时锋发放（Transient Spiking）

瞬时锋发放的特点是在恒定刺激下，神经元先快速发放多个动作电位，然后停止发放，膜电位趋于一个稳定值。膜电位存在稳定值的条件是相平面分析图中存在稳定焦点。AdEx 模型中的瞬时锋发放模式如图 3-19 所示。图 3-19(b) 中确实存在一个稳定焦点。此外，还存在一个鞍点，这使得轨迹点不会总是被稳定焦点吸引。开始时 w 较小，起始点与稳定焦点距离较远，因此轨迹点不会被稳定焦点吸引，神经元的膜电位会不断升高并产生动作电位。如此反复两次后，重置点 2 掉入稳定焦点的吸引域，轨迹被稳定焦点吸引，因此 V 和 w 都趋于稳定，神经元不再产生动作电位。

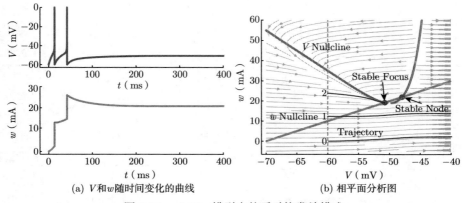

(a) V和w随时间变化的曲线   (b) 相平面分析图

图 3-19　AdEx 模型中的瞬时锋发放模式

令式 (3-28) 中的 $\mathrm{d}V/\mathrm{d}t = 0$，可以求得 V 的零增长等值线为

$$f(V) = -Rw + RI(t) \tag{3-31}$$

式中，$f(V) = V - V_{\text{rest}} - \Delta_{\text{T}}\exp\left(\dfrac{V - V_{\text{T}}}{\Delta_{\text{T}}}\right)$。式 (3-31) 是一个隐式方程，我们不必求出 V 关于 w 的显函数就能够发现：如果 V 保持不变，I 增大会使 w 也增大，这在相平面分析图中表现为外部输入电流增大使 V 的零增长等值线上移。因此，我们可以通过调节 I 的大小来改变 V 的零增长等值线的高低，从而影响神经元的发放模式。I 过大时两条零增长等值线不相交，即不存在稳定焦点；I 过小时稳定焦点和鞍点距离较远，稳定焦点的吸引域在相空间覆盖面过大，轨迹点可能直接被稳定焦点吸引而不产生最初的动作电位发放，也不容易形成瞬时锋发放。只有当 I 取值适中时才能形成瞬时锋发放。

5. 延迟发放（Delayed Spiking）

延迟发放的特点是在发放第 1 个动作电位之前，神经元会经历较长时间的阈下变化。AdEx 模型中的延迟发放模式如图 3-20 所示。在图 3-20(b) 中，第 0 条轨迹的中间部分距 V 的零增长等值线非常近，这与图 3-20(a) 中第 1 次发放前膜电位变化的中间部分在较长时间内缓慢增长对应。为什么靠近 V 的零增长等值线的轨迹运动较慢？回顾 V 的零增长等值线的定义，线上各点 $\mathrm{d}V/\mathrm{d}t = 0$，即当轨迹经过 V 的零增长等值线时没有水平方向的运动，只有竖直方向的运动；靠近 V 的零增长等值线的轨迹点存在水平方向的运动，但十分缓慢。水平方向的速度分量很小决定了整体速度很小，因此第 1 次发放有较长时间的延迟。

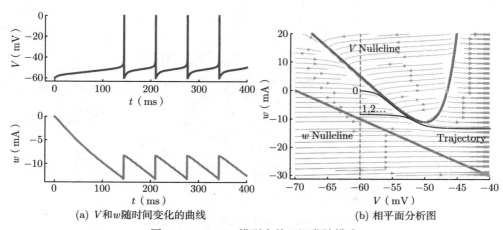

(a) V 和 w 随时间变化的曲线　　　　(b) 相平面分析图

图 3-20　AdEx 模型中的延迟发放模式

要形成延迟发放，不仅要求起始点比之后的重置点距 V 的零增长等值线更近，还要求 V 的零增长等值线附近向量场的竖直分量较小，否则轨迹点不会紧贴 V 的零增长等值线运动。要使向量场的竖直分量较小，即 $\mathrm{d}w/\mathrm{d}t$ 较小，可以使 τ_w/τ 足够大，即使 w 的动力学变化速率显著小于 V 的动力学变化速率。可以通过对比激发锋发放的参数设置和相平面分析图来了解 τ_w/τ 对向量场竖直分量的影响。

6. 起始簇发放（Initial Bursting）

AdEx 模型中的起始簇发放模式如图 3-21 所示。这里不详细分析该模式产生的动力学原因，而是把这个任务留给读者。读者可以结合图 3-21 分析各轨迹对应哪段曲线，它们为何形成了起始簇发放，以及参数需要满足什么条件。

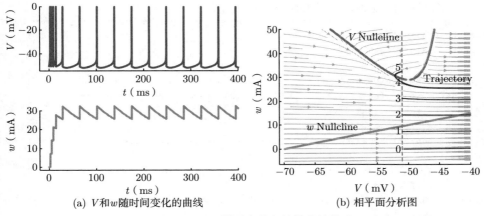

图 3-21　AdEx 模型中的起始簇发放模式

（a）V 和 w 随时间变化的曲线　　　　　（b）相平面分析图

3.5　Izhikevich 模型

3.5.1　Izhikevich 模型的定义

AdEx 模型在 ExpIF 模型的基础上增加了适应变量，使得模型具有十分多样的动力学表征能力。同理，在 QIF 模型中加入适应变量也能构造具有相似表征能力的神经元模型，即 Eugene M. Izhikevich 于 2003 年提出的 Izhikevich 模型[15]。Izhikevich 模型表示为

$$\frac{\mathrm{d}V}{\mathrm{d}t} = 0.04V^2 + 5V + 140 - u + I \tag{3-32}$$

$$\frac{\mathrm{d}u}{\mathrm{d}t} = a\left(bV - u\right) \tag{3-33}$$

$$\text{if } V > \theta, \quad V \leftarrow c, u \leftarrow u + d \text{ last } t_{\text{ref}} \tag{3-34}$$

与式 (3-11) 相比，式 (3-32) 中的等号右侧实为展开后的二次方程（关于 V），并加入了变量 u 对 V 进行调节。其中，$0.04V^2 + 5V + 140$ 中的各项系数是通过拟合一个皮层神经元的电活动得到的，这些系数可以根据不同的拟合结果变化。在 Izhikevich 模型中，u 被称为膜电位恢复变量（Membrane Recovery Variable），它的作用与 AdEx 模型中的适应变量 w 相同，如此命名是因为 u 能够在一定程度上模拟神经元放电过程中钾离子、钠离子的电流（根据前面对 AdEx 模型的发放模式的分析，w 也不只表征神经元的适应性，它们只是从不同的角度命名罢了）。式 (3-33) 与式 (3-29) 类似，从表面上看，式 (3-33) 中缺少 δ 函数项 $b\tau_w \sum_{t^{(f)}} \delta\left(t - t^{(f)}\right)$，但其实 u 在脉冲发放时刻的跃变已经在式 (3-34) 的条件判断中给出。

下面利用 BrainPy 实现 Izhikevich 模型。

```python
import brainpy as bp
import brainpy.math as bm

class Izhikevich(bp.NeuGroup):
    def __init__(self, size, a=0.02, b=0.20, c=-65., d=2., tau_ref=0.,
        V_th=30., name=None):
        # 初始化父类
        super(Izhikevich, self).__init__(size=size, name=name)

        # 初始化参数
        self.a = a
        self.b = b
        self.c = c
        self.d = d
        self.V_th = V_th
        self.tau_ref = tau_ref

        # 初始化变量
        self.V = bm.Variable(bm.random.randn(self.num) - 65.)
        self.u = bm.Variable(self.V * b)
        self.input = bm.Variable(bm.zeros(self.num))
        # 上次脉冲发放时间
        self.t_last_spike = bm.Variable(bm.ones(self.num) * -1e7)
        # 是否处于不应期
        self.refractory = bm.Variable(bm.zeros(self.num, dtype=bool))
        # 脉冲发放状态
        self.spike = bm.Variable(bm.zeros(self.num, dtype=bool))

        # 定义积分器
```

```
30          self.integral = bp.odeint(f=self.derivative, method='exp_auto')
31
32      def dV(self, V, t, u, Iext):
33          return 0.04 * V * V + 5 * V + 140 - u + Iext
34
35      def du(self, u, t, V):
36          return self.a * (self.b * V - u)
37
38      # 将2个微分方程联合为1个，以便同时积分
39      @property
40      def derivative(self):
41          return bp.JointEq([self.dV, self.du])
42
43      def update(self, tdi):
44          _t, _dt = tdi.t, tdi.dt
45          # 更新变量V和u
46          V, u = self.integral(self.V, self.u, _t, self.input, dt=_dt)
47          # 判断神经元是否处于不应期
48          refractory = (_t - self.t_last_spike) <= self.tau_ref
49          # 如果处于不应期，则返回初始膜电位self.V，否则返回更新后的膜电位V
50          V = bm.where(refractory, self.V, V)
51          spike = V > self.V_th  # 将大于阈值的神经元标记为发放了脉冲
52          self.spike.value = spike  # 更新神经元脉冲发放状态
53          # 更新最后一次脉冲发放时间
54          self.t_last_spike.value = bm.where(spike, _t, self.t_last_spike)
55          # 将发放了脉冲的神经元的V置为c，其余不变
56          self.V.value = bm.where(spike, self.c, V)
57          # 使发放了脉冲的神经元的u增加d，其余不变
58          self.u.value = bm.where(spike, u + self.d, u)
59          # 更新神经元状态(是否处于不应期)
60          self.refractory.value = bm.logical_or(refractory, spike)
61          self.input[:] = 0.  # 重置外部输入
```

3.5.2　Izhikevich 模型的发放模式

通过引入变量 u，Izhikevich 模型具有很强的多样性，可以模拟多种神经元的发放模式。下面根据文献 [15] 中的参数给出 6 种不同的发放模式，它们都是在电生理实验中观察到的皮层神经元的活动模式。

Izhikevich 模型中几种典型的发放模式对应的参数如表 3-2 所示。其余参数为：$\theta = 30\text{mV}$，$t_{\text{ref}} = 0\text{ms}$。在表 3-2 中，反弹簇发放（Rebound Bursting）模式的输入电流不是一个恒定值，而是一个随时间变化的分段函数。我们可以利用 BrainPy 中的 `brainpy.inputs.section_input()` 函数来设置分段电流。下面以反弹簇发放模式为例介绍 Izhikevich 模型的运行和可视化。

表 3-2　Izhikevich 模型中几种典型的发放模式对应的参数

发放模式	a	b	c	d	I
激发锋发放	0.02	0.2	-65	8	10mA
起始簇发放	0.02	0.2	-55	4	10mA
快速发放	0.1	0.2	-65	2	10mA
簇发放	0.02	0.2	-50	2	10mA
反弹簇发放	0.02	0.2	-65	2	$-30\text{mA} \to 3.5\text{mA}$[①]
低阈值发放	0.02	0.25	-65	2	10mA

```
1   # 分段电流: 电流为[-30mA,3.5mA], 持续时长为[50ms,150ms]
2   Iext = bp.inputs.section_input(values=[-30, 3.5], durations=[50, 150])
3
4   # 'iter'表示电流是可迭代的, 而非静态值
5   runner = bp.DSRunner(Izhikevich(1), monitors=['V', 'u'],
6                       inputs=('input', Iext, 'iter'))
7   runner(200)
8
9   plt.plot(runner.mon.ts, runner.mon.V, label='V')
10  plt.plot(runner.mon.ts, runner.mon.u, label='u')
11  plt.xlabel('Time (ms)')
12  plt.legend()
13  plt.show()
```

Izhikevich 模型中几种典型发放模式的模拟结果如图 3-22 所示。

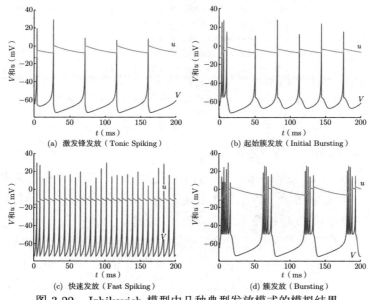

图 3-22　Izhikevich 模型中几种典型发放模式的模拟结果

① 此处为分段电流，前 50ms 为 -30mA，之后恒为 3.5mA。

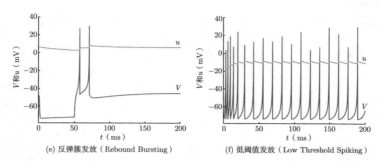

图 3-22　Izhikevich 模型中几种典型发放模式的模拟结果（续）

由于 Izhikevich 模型和 AdEx 模型的动力学性质较为相似，图 3-22 中的许多发放模式都与 AdEx 模型的发放模式相似。我们也可以按照3.4.2节中的分类方法对它们进行分类，并利用相平面分析法来研究产生这些发放模式的原因，这里就不详细展示了。

3.5.3　用分岔分析法研究 Izhikevich 模型在不同发放模式间的转换

通过相平面分析，我们可以直观地看出在一定的参数下变量是如何随时间变化的，并能够解释在该参数下神经元产生相应发放模式的原因。不过，相平面分析是在一组固定的参数下完成的，它不能展示参数的变化对动力学系统的影响。换句话说，相平面分析能告诉我们为什么会产生这样的发放模式，但不能告诉我们什么时候可以产生这样的发放模式。诚然，在前面的探讨中，相平面分析能对参数设置给出一些定性要求（如 3.4.3 节指出瞬时锋发放的外部输入电流 I 不能过大也不能过小），却不能给出定量分析。此时，我们需要通过其他方法为相平面分析提供更多定量的指导。

除了相平面分析法，还有一种分析方法能够研究系统在不同发放模式间的转换，即**分岔分析法**（Bifurcation Analysis）。分岔分析法能够探究随着系统参数的变化，系统的稳定点数量及其稳定性的变化。下面介绍分岔分析法并将其用于 Izhikevich 模型，观察系统动力学性质随参数的变化过程。

例如，我们可以研究外部输入电流 I 的变化对系统的影响，具体如下。

```
1  bp.math.enable_x64()
2
3  model = Izhikevich(1)
4
5  # 定义分析器
6  bif = bp.analysis.Bifurcation2D(
7      model=model,
```

```
8     target_vars={'V': [-75., -45.], 'u': [-17., -7.]},   # 设置变量的分析范围
9     target_pars={'Iext': [0., 6.]},   # 设置参数的范围
10    resolutions={'Iext': 0.02}   # 设置分辨率
11 )
12
13 # 进行分析
14 res = bif.plot_bifurcation(show=True)
```

因为系统存在 2 个变量，所以我们选用二维的分岔分析器 brainpy.
analysis.Bifurcation2D。这里我们使用了 Izhikevich 模型的默认参数，即
$a = 0.02, b = 0.2$。由于分岔分析只会根据式 (3-32) 和式 (3-33) 求解奇点（$\mathrm{d}V/\mathrm{d}t =$
$\mathrm{d}u/\mathrm{d}t = 0$ 的点），因此用于判断阈值和重置的参数 c、d、θ 不再重要。

分岔分析结果如图3-23所示。从图 3-23 中可以看出，I 的变化使系统的奇点
数及奇点类型都发生了变化。当 I 很大时，系统不存在奇点，这与 AdEx 模型中
当 I 过大时 V 的零增长等值线与 w 的零增长等值线没有交点的原理是一样的。
当 $I < 4\text{mA}$ 时，系统出现 2 个奇点，其中 1 个恒为鞍点。随着 I 的减小，2 个奇
点的距离增大，另一个奇点的类型发生变化，从不稳定结点变为不稳定焦点，再
变为稳定焦点，最后变为稳定结点。当稳定焦点或稳定结点存在时，系统会趋于
稳定，即膜电位会趋于恒定值；当不稳定焦点或不稳定结点存在时，系统将持续
发放动作电位。

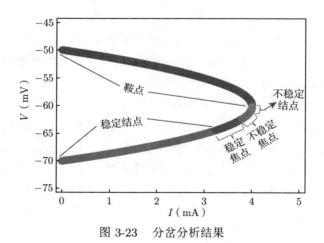

图 3-23　分岔分析结果

当 $I = 3.9\text{mA}$ 和 $I = 3.7\text{mA}$ 时，Izhikevich 模型的 V/u-t 图及相平面分析
图如图 3-24 所示。在这个例子中，稳定焦点和稳定结点对系统的影响十分相似，
不稳定焦点和不稳定结点也没有很大差别，因此我们仅展示稳定焦点和不稳定焦

点。当 $I = 3.9\text{mA}$ 时，奇点之一为不稳定焦点，这时神经元的发放模式为激发锋发放；当 $I = 3.7\text{mA}$ 时，奇点的稳定性发生变化，其由不稳定焦点变为稳定焦点，因此轨迹在一次发放重置后就被稳定点吸引，形成了瞬时锋发放。可见，微小的电流变化就能使同一神经元产生截然不同的发放模式，其原因是**奇点稳定性（或奇点数）**发生变化。

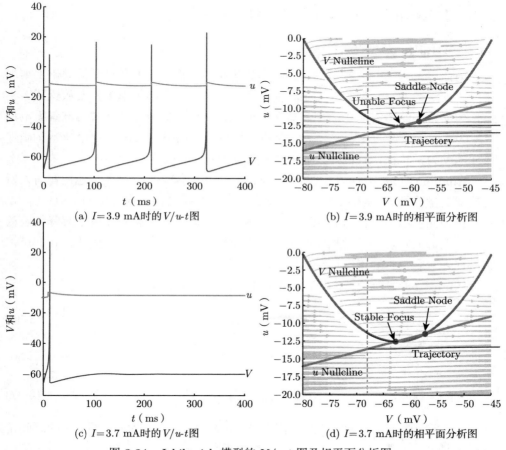

(a) $I=3.9$ mA时的 V/u-t 图　　(b) $I=3.9$ mA时的相平面分析图

(c) $I=3.7$ mA时的 V/u-t 图　　(d) $I=3.7$ mA时的相平面分析图

图 3-24　Izhikevich 模型的 V/u-t 图及相平面分析图

由此可见，分岔分析能让我们全面、定量地研究参数对系统动力学性质的影响。当我们知晓系统的奇点数和奇点类型后，就可以粗略预测系统行为，从而有目标地在某个区间内调节参数，以使神经元产生预期的发放模式。但是，分岔分析仅利用系统的微分方程进行计算，不考虑系统的初始状态、重置状态。由前面对神经元发放模式的分类可知，神经元的初始状态对其发放模式有很大影响。例如，在图 3-24(d) 中，如果 u 的初始值更大，则轨迹可能在开始处就被稳定焦点吸引，那么神经元将不发放动作电位，始终保持静息态。另外，Izhikevich 模型中的参数 c、d、θ 的取值会影响神经元的发放模式，但不会左右分岔分析的结果，这也说明分岔分析不能为我们提供关于神经元发放模式的全面信息。将分岔分析与相平面分析结合，可以使动力学分析更完整、高效。

3.6 Hindmarsh-Rose（HR）模型

3.6.1 Hindmarsh-Rose 模型的定义

前面讨论了 AdEx 模型和 Izhikevich 模型，它们在单变量模型的基础上增加了一个变量，使得模型的动力学表征能力大大增强，能够模拟多种发放模式。不过，前面介绍的所有简化模型都需要在神经元发放动作电位后显式地重置膜电位 V，这破坏了变量的连续性。下面介绍一种神经元模型，它通过 3 个变量刻画神经元的动力学特性，且不需要显式地重置膜电位。

Hindmarsh 和 Rose 于 1984 年提出了 Hindmarsh-Rose 模型。他们在前人研究的双变量模型①的基础上增加了一个变量，以模拟缓慢流入细胞的电流 [17]，以丰富神经元的动力学性质。Hindmarsh 和 Rose 最初希望利用该模型解释簇发放现象，但他们发现该模型也能产生适应性发放、反弹簇发放等，因此，我们可以将其视为一个较为通用的神经元模型。

Hindmarsh-Rose 模型存在 3 个变量，分别为 x、y、z，表示为

$$\frac{\mathrm{d}x}{\mathrm{d}t} = y - ax^3 + bx^2 - z + I \tag{3-35}$$

$$\frac{\mathrm{d}y}{\mathrm{d}t} = c - dx^2 - y \tag{3-36}$$

$$\frac{\mathrm{d}z}{\mathrm{d}t} = r\left[s\left(x - V_{\mathrm{rest}}\right) - z\right] \tag{3-37}$$

式中，x 表示膜电位，y 和 z 是门控变量，y 为快变量，z 为慢变量，z 的时间常数被 r 调节。参数 a、b、c、d、r、s 均为正数。直观上，Hindmarsh-Rose 模型中各项的意义不甚明确，但我们大致能看出 y 对 x 有促进作用，x 对 y 有抑制作用，从而形成了一个负反馈调节；此外，x、z 之间也存在类似的反馈行为。下面详细讨论各变量对神经元发放模式的影响。

利用 BrainPy 构建一个 Hindmarsh-Rose 模型。

---

① 这里的双变量模型并非前面提到的 AdEx 模型或 Izhikevich 模型，而是 FitzHugh-Nagumo 模型 [16]。从时间上也可以看出，Hindmarsh-Rose 模型提出的时间早于 AdEx 模型和 Izhikevich 模型。

```
1   import brainpy as bp
2   import brainpy.math as bm
3
4   class HindmarshRose(bp.NeuGroup):
5       def __init__(self, size, a=1., b=3., c=1., d=5., r=0.002, s=4.,
6                    V_rest=-1.6, V_th=1.0, name=None):
7           # 初始化父类
8           super(HindmarshRose, self).__init__(size=size, name=name)
9
10          # 初始化参数
11          self.a = a
12          self.b = b
13          self.c = c
14          self.d = d
15          self.r = r
16          self.s = s
17          self.V_th = V_th
18          self.V_rest = V_rest
19
20          # 初始化变量
21          self.x = bm.Variable(bm.random.randn(self.num) + V_rest)
22          self.z = bm.Variable(bm.ones(self.num) * 1.4)
23          self.y = bm.Variable(bm.ones(self.num) * -10.)
24          self.input = bm.Variable(bm.zeros(self.num))
25          # 上次脉冲发放时间
26          self.t_last_spike = bm.Variable(bm.ones(self.num) * -1e7)
27          # 脉冲发放状态
28          self.spike = bm.Variable(bm.zeros(self.num, dtype=bool))
29
30          # 定义积分器
31          self.integral = bp.odeint(f=self.derivative, method='exp_auto')
32
33      def dx(self, x, t, y, z, Iext):
34          return y - self.a * x * x * x + self.b * x * x - z + Iext
35
36      def dy(self, y, t, x):
37          return self.c - self.d * x * x - y
38
39      def dz(self, z, t, x):
40          return self.r * (self.s * (x - self.V_rest) - z)
41
42      # 将2个微分方程联合为1个，以便同时积分
43      @property
44      def derivative(self):
45          return bp.JointEq([self.dx, self.dy, self.dz])
```

```
46    def update(self, _t, _dt):
47        # 更新变量x、y、z
48        x, y, z = self.integral(self.x, self.y, self.z, _t, self.input, dt=_dt)
49        # 判断神经元是否发放脉冲
50        self.spike.value = bm.logical_and(x >= self.V_th, self.x < self.V_th)
51        # 更新最后一次脉冲发放时间
52        self.t_last_spike.value = bm.where(self.spike, _t, self.t_last_spike)
53        self.x.value = x
54        self.y.value = y
55        self.z.value = z
56        self.input[:] = 0.   # 重置外部输入
```

```
1   import matplotlib.pyplot as plt
2
3   # 运行Hindmarsh-Rose模型
4   group = HindmarshRose(10)
5   runner = bp.DSRunner(group, monitors=['x', 'y', 'z'], inputs=('input', 2.),
6           dt=0.01)
7   runner(1000)
8
9   plt.figure(figsize=(10, 4))
10  bp.visualize.line_plot(runner.mon.ts, runner.mon.x, legend='x', show=True)
```

Hindmarsh-Rose 模型的簇发放模式如图 3-25 所示。图 3-25(a) 展示了上述代码的运行结果，图 3-25(b) 放大显示了神经元动作电位集中发放阶段（20～200 ms）各变量的变化情况。

在簇发放模式下，神经元在短时间内快速多次发放动作电位，然后在较长时间内停止发放，并如此周期性重复。由图 3-25 可知，在一个发放簇中，x 和 y 都随时间快速大幅变化；相比之下，z 的时间常数 $1/r$ 很大，变化平缓。正是由于快变量 y 和慢变量 z 的存在，神经元的膜电位才能在一段时间内快速变化，在另一段时间内缓慢变化。下面通过动力学分析来探究 Hindmarsh-Rose 模型产生簇发放的原因。

3.6.2 Hindmarsh-Rose 模型产生簇发放的动力学机制

在探究 Hindmarsh-Rose 模型产生簇发放的原因之前，我们先讨论一个问题：为什么 Hindmarsh-Rose 模型不需要显式地重置膜电位，膜电位就能快速上升和下降？

相平面分析无疑是一个很好的用于分析神经元发放模式的工具。当我们想观察两个变量在向量场中的运动时，可以把它们可视化到二维相平面分析图中。但

Hindmarsh-Rose 模型存在 3 个变量,可视化为三维相平面分析图不够直观。有没有办法利用二维相平面来分析 Hindmarsh-Rose 模型呢?

在图3-25中我们发现,与 x 和 y 相比,z 的变化非常平缓。即使在一个发放簇中,z 也没有明显的起伏。这让我们想到,在集中发放阶段,可以将 z 近似为一个恒定值,这样三变量模型就退化为双变量模型,我们就能进行二维相平面分析了。这种分析方法被称为**快慢变量分离法**[24-26],即根据变量的时间常数将它们分为快变量和慢变量,然后将慢变量作为分岔参数,进而研究慢变量的值对快系统分岔行为的影响。

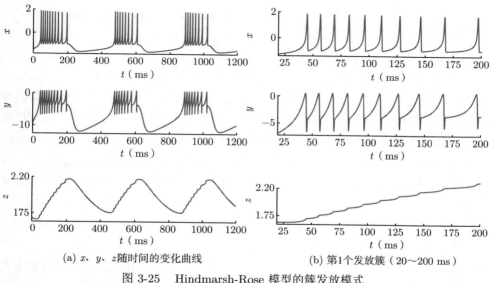

(a) x、y、z随时间的变化曲线　　　　　(b) 第1个发放簇(20~200 ms)

图 3-25　Hindmarsh-Rose 模型的簇发放模式

令 $z = 1.8$,代码如下。

```
bp.math.enable_x64()

model = HindmarshRose(1)

# 定义分析器
phase_plane_analyzer = bp.analysis.PhasePlane2D(
    model=model,
    target_vars={'x': [-1.2, -0.8], 'y': [-5., -3.]},   # 待分析变量
    fixed_vars={'z': 1.8},                              # 固定变量
    pars_update={'Iext': 2.},                           # 需要更新的变量
    resolutions=0.01
)
```

```
14   # 画出 x 和 y 的零增长曲线
15   phase_plane_analyzer.plot_nullcline()
16
17   # 画出固定点
18   phase_plane_analyzer.plot_fixed_point()
19
20   # 画出向量场
21   phase_plane_analyzer.plot_vector_field(plot_style=dict(color='lightgrey'))
22
23   # 画出 x 和 y 的变化轨迹
24   phase_plane_analyzer.plot_trajectory(
25       {'x': [1.], 'y': [0.]},
26       duration=100., color='darkslateblue', linewidth=2, alpha=0.9,
27       show=True
28   )
```

Hindmarsh-Rose 模型簇发放模式的相平面分析结果如图 3-26 所示。为便于分析，我们额外添加了一些数字标记。在图 3-26(b) 中，变量 x 和 y 构成的轨迹在向量场中形成了一个封闭的圆环，轨迹点沿顺时针方向在环上运动。这种环被称为"**极限环**"（Limit Cycle），它表明变量发生周期性变化。对应到 Hindmarsh-Rose 模型中，x、y 在一个发放簇中反复增大和减小。与 AdEx 模型的相平面分析图相比，Hindmarsh-Rose 模型中膜电位的下降是极限环的一部分，不是人为重置的。

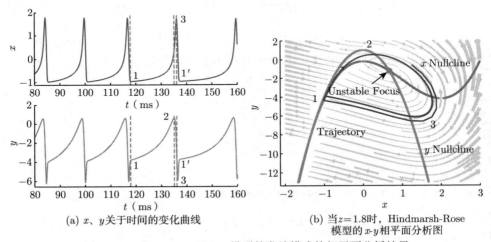

(a) x、y 关于时间的变化曲线

(b) 当 $z=1.8$ 时，Hindmarsh-Rose 模型的 x-y 相平面分析图

图 3-26　Hindmarsh-Rose 模型簇发放模式的相平面分析结果

下面分析在一个极限环中 x、y 随时间的变化为何能产生尖峰。在图 3-26(a) 中，我们将一次发放分为 3 个阶段，起始点分别用"1""2""3"标记，并用虚线

标示了 x、y 在何处对齐。同时，我们也可以根据 x、y 的值将这些标记点对应到相平面分析图上，即图 3-26(b)。在 $1 \to 2$ 阶段，轨迹十分靠近 x 和 y 的零增长等值线，这使得轨迹点运动缓慢（运动缓慢的原因可参考 3.4.3 节中的解释），因此 x 和 y 的变化也较为平缓。当轨迹到达 2 时，y 达到最大值，形成尖峰。由式 (3-35) 可知，y 对 x 有促进作用，这在相平面分析图中表现为向量场的水平分量变大，x 开始快速上升。此后向量场不断增强（在图 3-26(b) 中表现为灰色箭头变粗），轨迹点移动变快，x 急速上升并达到最大值；与此同时，y 迅速下降，几乎同时达到最小值，即到达 3。x 的增大使得式 (3-35) 中的三次方项更显著，$\mathrm{d}x/\mathrm{d}t$ 由正转负，膜电位快速下降，到达 $1'$，同时 y 有小幅度的急速上升。至此，神经元完成了一次完整的发放。

值得注意的是，轨迹在 1 处有一个较大的转折，这不仅表现为方向的突变，也表现为速度大小的突变：轨迹点在越过 x 的零增长等值线前速度很快，越过后速度迅速下降。这样一个由急到缓的突变构成了神经元在发放动作电位后的快速复极化和缓慢去极化的转折，在不人为重置的情况下非常好地模拟了真实神经元的膜电位变化。

在了解 Hindmarsh-Rose 模型产生快速连续发放的原因之后，我们再研究其在两个发放簇之间产生间隔的原因。根据图3-25(a)，当变量 z 达到一定的值时，神经元会停止快速发放，进入间隔期。z 的增大会通过式 (3-35) 影响 x 的微分，而不会影响 y 的微分。具体而言，x 的零增长等值线可以表示为

$$-ax^3 + bx^2 + y - z + I = 0 \tag{3-38}$$

当 x 保持不变时，z 增大会使 y 也增大，x-y 相平面分析图中 x 的零增长等值线会上移。我们可以画出 $z = 2.05$ 时的相平面分析图，并与 $z = 1.80$ 时的相平面分析图对比，观察 z 的增大对系统动力学性质的影响。

z 取不同值时 Hindmarsh-Rose 模型的 x-y 相平面分析图如图 3-27 所示。由图 3-27 可知，在 x 的零增长等值线上移后，两条等值线的交点由 1 个变为 3 个，即系统出现了 3 个奇点。其中，除原有的不稳定焦点 U 之外，还多了一个鞍点 S 和稳定结点 E。当 $z = 1.80$ 时，轨迹点在越过 x 的零增长等值线时并没有越过 y 的零增长等值线，因此轨迹点速度的竖直分量仍然向上，轨迹能够围绕 U 形成极限环。但当鞍点 S 出现后，如果轨迹从 S 下方经过，则其越过了 y 的零增长等值线，速度的竖直分量变为向下，于是轨迹离开鞍点 S 并被稳定结点 E 吸引。这时神经元膜电位不再上升，也不会发放动作电位，于是形成了两个发放簇之间的间隔。如果 z 保持不变，则 (x,y) 将在点 E 处趋于稳定；但由于 z 在间隔期

不断减小，当 z 足够小时，鞍点和稳定结点消失，轨迹点速度的竖直分量又变为向上，极限环再次形成。不过此时轨迹点的运动速度很小，需要经过较长时间才能进入极限环并产生动作电位。因此，两次簇发放之间会有较长的时间间隔。

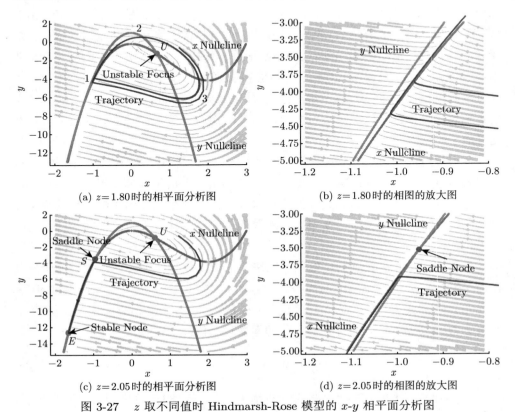

(a) z=1.80时的相平面分析图   (b) z=1.80时的相图的放大图

(c) z=2.05时的相平面分析图   (d) z=2.05时的相图的放大图

图 3-27　z 取不同值时 Hindmarsh-Rose 模型的 x-y 相平面分析图

3.6.3　Hindmarsh-Rose 模型的其他发放模式

前面提到，Hindmarsh-Rose 模型最初被用来解释簇发放现象，但它也能模拟其他发放模式，如适应性发放、反弹簇发放等。除此之外，Hindmarsh-Rose 模型还能产生一种独特的发放模式：触发簇发放（Triggered Repetitive Firing）模式。该发放模式指神经元在接收一个脉冲电流后，即使没有外部输入电流也能重复多次发放。Hindmarsh-Rose 模型的触发簇发放模式如图 3-28 所示。$z = 0.02$ 时 Hindmarsh-Rose 模型的触发簇发放模式的相平面分析图如图 3-29 所示。

在理解 Hindmarsh-Rose 模型产生簇发放的原因后，触发簇发放也就不难理解了。在接收脉冲电流前后，外部输入电流为 0，且作为慢变量的 z 在接收脉冲电流的这段很短的时间内的变化可以忽略不计，因此 x-y 相平面分析图不会发生变化。脉冲电流改变的是变量 x 和 y 的值，我们可以理解为轨迹的起始点 (x_0, y_0) 在相平面分析图中发生了平移（见图3-29）。由于不稳定焦点、鞍点和稳定结点同时存在，轨迹既可能落入极限环，也可能被稳定结点吸引。在接收脉冲电流之前，(x_0, y_0) 位于鞍点下方，落在稳定结点的吸引域，因此会朝稳定结点运动，最终稳定在稳定结点处。虽然图3-29(a) 中轨迹的起始点不等于图3-28中 $t < 40\text{ms}$ 时 x、y 的值，但轨迹仍朝稳定结点运动，这说明较小的脉冲电流不足以触发动作电位。而当脉冲电流足够大时，(x_0, y_0) 会移动到鞍点上方，即图3-29(b) 中轨迹的起始点，轨迹能像簇发放一样形成极限环，使神经元重复发放动作电位。

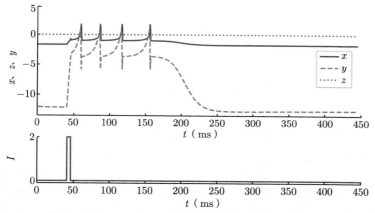

图 3-28　Hindmarsh-Rose 模型的触发簇发放模式

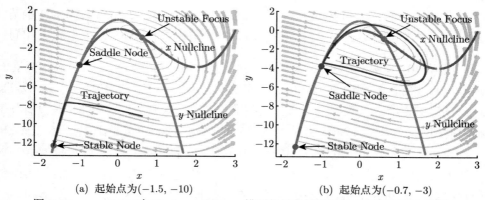

(a) 起始点为$(-1.5, -10)$　　　　(b) 起始点为$(-0.7, -3)$

图 3-29　$z = 0.02$ 时 Hindmarsh-Rose 模型的触发簇发放模式的相平面分析图

　　当然，这里的相平面分析没有考虑 z 的变化。随着 z 的增大，x 的零增长等值线上移，鞍点也会缓慢上移。在形成某个极限环的过程中，鞍点上移至轨迹转折点的上方，则轨迹会在越过 y 的零增长等值线后，向下朝着稳定结点运动，神经元不再发放动作电位，簇发放停止。

3.7　泛化整合发放（GIF）模型

3.7.1　GIF 模型的定义

Mihalas 和 Niebur 于 2009 年提出了**泛化整合发放**（Generalized Integrate-and-Fire，**GIF**）模型，又称 Mihalas-Niebur 模型 [18]。该模型之所以被称为泛化整合发放模型，是因为其具有相当广泛的表征能力，能通过调节参数产生几十种发放模式。GIF 模型表示为

$$\tau \frac{\mathrm{d}V}{\mathrm{d}t} = -(V - V_{\text{rest}}) + R \sum_j I_j + RI \tag{3-39}$$

$$\frac{\mathrm{d}\theta}{\mathrm{d}t} = a(V - V_{\text{rest}}) - b(\theta - \theta_\infty) \tag{3-40}$$

$$\frac{\mathrm{d}I_j}{\mathrm{d}t} = -k_j I_j, \quad j = 1, 2, \cdots, n \tag{3-41}$$

$$\text{if } V > \theta, \quad I_j \leftarrow R_j I_j + A_j, \ V \leftarrow V_{\text{reset}}, \ \theta \leftarrow \max(\theta_{\text{reset}}, \theta) \tag{3-42}$$

该模型包含 $n + 2$ 个变量，第 1 个变量为膜电位 V，第 2 个变量为膜电位阈值 θ，之后的 n 个变量都被称为内部电流（Internal Currents），又称脉冲诱导电流（Spike-Induced Currents）。

式 (3-41) 表示每个内部电流 I_j 都以速率 k_j 衰减。式 (3-39) 在式 (3-1) 的基础上增加了内部电流 $\sum_j I_j$ 对膜电位的影响，它们在形式上与外部输入电流 I 相同。

式 (3-40) 表明，在 GIF 模型中，膜电位阈值不再是常数，而是成为变量 θ。式 (3-40) 中等号右侧的第 1 项描述了膜电位的高低（以静息膜电位 V_{rest} 为基准）对 θ 的影响，第 2 项表示 θ 以 θ_∞ 为基准、以速率 b 衰减，其中 θ_∞ 是没有外部输入的情况下，时间趋于无穷时 θ 的稳定值，θ_∞ 对于 θ 可类比 V_{rest} 对于 V。

当神经元发放动作电位时，除了膜电位 V 被重置为 V_{reset}，膜电位阈值 θ 如果低于设定的重置值 θ_{reset} 会被重置为 θ_{reset}，内部电流 I_j 则按照 $R_j I_j + A_j$ 的规则更新，其中 R_j、A_j 是自由参数。在参数设置上，要求 $\theta_{\text{reset}} > V_{\text{reset}}$。

GIF 模型在 $n = 2$ 时就能够模拟几十种发放模式了。下面以 $n = 2$ 为例构建 GIF 模型。

```
1  import brainpy as bp
2  import brainpy.math as bm
```

```
3   class GIF(bp.NeuGroup):
4       def __init__(self, size, V_rest=-70., V_reset=-70., theta_inf=-50.,
5           theta_reset=-60.,R=20.,tau=20.,a=0.,b=0.01,k1=0.2,k2=0.02, R1=0.,
6           R2=1., A1=0., A2=0.):
7           # 初始化父类时计算了self.num，供后面使用
8           super(GIF, self).__init__(size=size)
9
10          # 初始化参数
11          self.V_rest = V_rest
12          self.V_reset = V_reset
13          self.theta_inf = theta_inf
14          self.theta_reset = theta_reset
15          self.R = R
16          self.tau = tau
17          self.a = a
18          self.b = b
19          self.k1 = k1
20          self.k2 = k2
21          self.R1 = R1
22          self.R2 = R2
23          self.A1 = A1
24          self.A2 = A2
25
26          # 初始化变量
27          self.V = bm.Variable(bm.zeros(self.num) + V_reset)
28          self.V_th = bm.Variable(bm.ones(self.num) * theta_inf)
29          self.input = bm.Variable(bm.zeros(self.num))
30          self.spike = bm.Variable(bm.zeros(self.num, dtype=bool))
31          self.I1 = bm.Variable(bm.zeros(self.num))
32          self.I2 = bm.Variable(bm.zeros(self.num))
33
34          # 定义积分器
35          self.integral = bp.odeint(f=self.derivative, method='exp_auto')
36
37      def dI1(self, I1, t):
38          return - self.k1 * I1
39
40      def dI2(self, I2, t):
41          return - self.k2 * I2
42
43      def dVth(self, V_th, t, V):
44          return self.a * (V - self.V_rest) - self.b * (V_th - self.theta_inf)
45
46      def dV(self, V, t, I1, I2, Iext):
47          return (- (V - self.V_rest) + self.R * Iext + self.R * I1 +
48              self.R * I2) / self.tau
```

```
49    # 将所有微分方程联合为1个，以便同时积分
50    @property
51    def derivative(self):
52        return bp.JointEq(self.dI1, self.dI2, self.dVth, self.dV)
53
54    def update(self, tdi):
55        # 更新变量I1、I2、V_th和V
56        I1, I2, V_th, V = self.integral(self.I1, self.I2, self.V_th, self.V,
57                                         tdi.t, self.input, tdi.dt)
58        spike = V > self.V_th   # 将大于阈值的神经元标记为发放了脉冲
59        # 将发放了脉冲的神经元V置为V_reset，其余赋值为更新后的V
60        V = bm.where(spike, self.V_reset, V)
61        # 按照公式更新发放了脉冲的神经元I1
62        I1 = bm.where(spike, self.R1 * I1 + self.A1, I1)
63        # 按照公式更新发放了脉冲的神经元I2
64        I2 = bm.where(spike, self.R2 * I2 + self.A2, I2)
65        # 判断哪些神经元的V_th需要重置
66        reset_th = bm.logical_and(V_th < self.theta_reset, spike)
67        # 将需要重置的神经元的V_th重置为V_th_reset
68        V_th = bm.where(reset_th, self.theta_reset, V_th)
69
70        # 将更新后的结果赋给self.*
71        self.spike.value = spike
72        self.I1.value = I1
73        self.I2.value = I2
74        self.V_th.value = V_th
75        self.V.value = V
76        self.input[:] = 0.   # 重置外部输入
```

GIF 模型在不同参数下产生的 20 种发放模式如图 3-30 所示。所有发放模式共享的参数为：$b = 0.01$，$\tau = 50\text{ms}$，$k_1 = 0.2$，$k_2 = 0.02$，$V_{\text{rest}} = -70\text{mV}$，$\theta_{\infty} = -50\text{mV}$，$R_1 = 0\text{m}\Omega$，$R_2 = 1\text{m}\Omega$，$V_{\text{reset}} = -70\text{mV}$，$\theta_{\text{reset}} = -60\text{mV}$。GIF 模型产生的 20 种发放模式对应的可变参数如表 3-3所示。

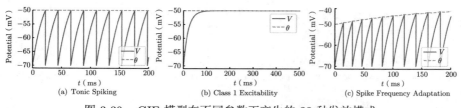

图 3-30　GIF 模型在不同参数下产生的 20 种发放模式

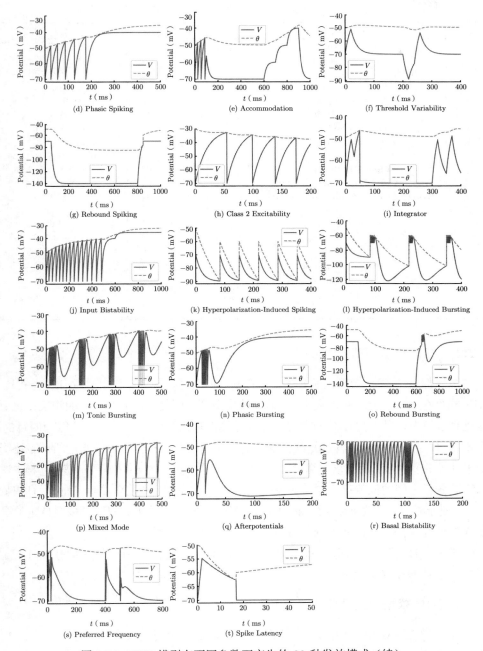

图 3-30　GIF 模型在不同参数下产生的 20 种发放模式（续）

表 3-3　GIF 模型产生的 20 种发放模式对应的可变参数

序号	发放模式	a	A_1	A_2	I
a	Tonic Spiking				1.5
b	Class 1 Excitability	0	0	0	$1 + 10^{-6}$
c	Spike Frequency Adaptation				2
d	Phasic Spiking				1.5
e	Accommodation				1.5, 0, 0.5, 1, 1.5, 0
f	Threshold Variability				1.5, 0, -1.5, 0, 1.5, 0
g	Rebound Spiking				0, -3.5, 0
h	Class 2 Excitability				$2(1 + 10^{-6})$
i	Integrator				1.5, 0, 1.5, 0, 1.5, 0, 1.5, 0
j	Input Bistability	0.005	0	0	1.5, 1.7, 1.5, 1.7
k	Hyperpolarization-Induced Spiking	0.03	0	0	-1
l	Hyperpolarization-Induced Bursting	0.03	10	-0.6	-1
m	Tonic Bursting				2
n	Phasic Bursting				1.5
o	Rebound Bursting	0.005	10	-0.6	0, -3.5, 0
p	Mixed Mode				2
q	Afterpotentials	0.005	5	-0.3	2, 0
r	Basal Bistability	0	8	-0.1	5, 0, 5, 0
s	Preferred Frequency	0.005	-3	0.5	5, 0, 4, 0, 5, 0, 4, 0
t	Spike Latency	-0.08	0	0	8, 0

3.7.2　GIF 模型的动力学分析

虽然都是在 LIF 模型的基础上进行改进，但是与前面介绍的其他简化模型相比，GIF 模型在建模思路上有很大不同。前面的模型都力图使神经元膜电位的阈下变化更接近真实情况，并通过在微分方程中加入非线性项来达到提高模型表征能力的目的；而 GIF 模型中的微分方程都是线性的，这不仅使所有方程都可以求得解析解，还降低了计算的复杂度。而且这些微分方程构成的方程组的系数矩阵是一个三角矩阵，这意味着变量之间的依赖存在顺次关系：式 (3-41) 中的 I_j 可独立求解；而 V 只依赖 I_j，于是解得 I_j 后就可以求解 V 了；也能随之求解 θ 了。我们可以按照特定的顺序依次求解这些方程，从而获得各变量随时间变化的函数。

既然 GIF 模型的微分方程都是线性的，那它强大、广泛的表征能力从何而来呢？下面从两个角度讨论。

1. GIF 模型的变量较多

GIF 模型能模拟多种发放模式的第 1 个原因是其变量较多，即使取 $n = 2$，也存在 4 个变量。线性微分方程决定了神经元的阈下膜电位变化曲线较为单一，于是 GIF 模型将膜电位阈值 θ 设为变量，这样在不同状态下，即使神经元的膜电位相同，它们的行为（是否发放动作电位）也可能不同。例如，在图 3-30(c)（Spike

Frequency Adaptation 模式）中，神经元发放频率的降低是因为膜电位阈值 θ 不断升高，膜电位 V 到达阈值的时间也随之增加；在图 3-30(e)（Accommodation 模式）中，将电流直接增大到基强度以上可以激发动作电位，但使电流阶梯式地增大到相同的值却不能激发动作电位，这也是因为 θ 在电流阶梯式增大的过程中不断升高，基强度电流也随之变化，原电流强度小于新的基强度，因此不能产生动作电位。

此外，内部电流 I_j 也能在一定程度上增强膜电位变化的多样性。GIF 模型的 4 种发放模式如图 3-31 所示。GIF 模型产生**发放后电位**（Afterpotentials）模式时各变量关于时间的变化曲线如图 3-31(a) 所示，参数为：$a = 0.005$，$A_1 = 5$，$A_2 = -0.3$。由于 I_1 的更新幅度比 I_2 大，动力学变化比 I_2 快，两者叠加后会形成一个先正后负再趋于零的函数（类似两个高斯函数叠加形成的墨西哥草帽的右侧形状），这也使得膜电位有一个先去极化后超极化再趋于稳定的电位变化模式。类似的原理也会使神经元对外部刺激的频率有特定的偏好——**频率偏好**（Preferred Frequency），见图3-31(b)，参数为：$a = 0.005$，$A_1 = -3$，$A_2 = 0.5$。第 1 次脉冲电流的刺激（图 3-31(b) 中有两次，分别在 0ms 和 400ms 处）使神经元发放动作电位，第 2 次刺激如果紧接着第 1 次刺激，在 I_1 抑制作用较强时施加，则神经元无法产生新的动作电位；如果在一段时间后施加，此时 I_1 已基本衰减为 0mA，但动力学变化较慢的 I_2 仍然存在促进作用，因此新的脉冲电流不需要像第 1 次那么强就能够使神经元产生新的动作电位。

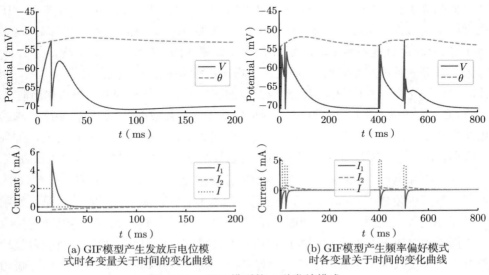

(a) GIF模型产生发放后电位模式时各变量关于时间的变化曲线

(b) GIF模型产生频率偏好模式时各变量关于时间的变化曲线

图 3-31　GIF 模型的 4 种发放模式

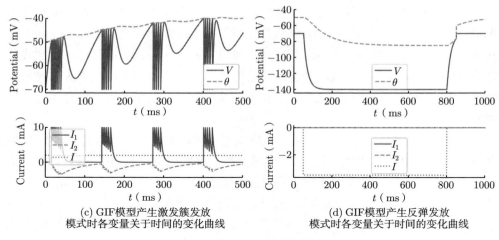

(c) GIF模型产生激发簇发放
模式时各变量关于时间的变化曲线

(d) GIF模型产生反弹发放
模式时各变量关于时间的变化曲线

图 3-31　GIF 模型的 4 种发放模式（续）

2. GIF 模型的更新规则较为复杂

GIF 模型能模拟多种发放模式的第 2 个原因是其产生动作电位后的更新规则较为复杂。更新规则会对所有变量产生影响，且只有 V 被重置为恒定值（θ 的重置值取决于当前的 θ 和 θ_{reset}，I_j 则会经历一个线性变换）。从参数数量也能看出，更新规则具有很大的调整空间，相应地，神经元可以有多种发放模式。

GIF 模型产生激发簇发放（Tonic Bursting）模式时各变量关于时间的变化曲线如图 3-31(c) 所示，参数为：$a = 0.005$，$A_1 = 10$，$A_2 = -0.6$。该模式在 GIF 模型中是通过内部电流的更新实现的。注意参数 $R_1 = 0\text{m}\Omega$，$R_2 \neq 0\text{m}\Omega$，这表示 I_1 的更新是重置为固定值，而 I_2 的更新是累加的。在集中发放阶段，由于 A_1 很大，每次更新时内部电流 I_1 都会显著增大，系统接收一个很大的输入电流，因此膜电位快速上升并达到阈值，形成密集的脉冲发放。与此同时，每次更新时 I_2（绝对值）的增量不大，但由于 I_2 的时间常数很大，衰减很慢，因此在多次高频的更新中增量不断积累，抑制性电流强度不断增大，最终使神经元停止发放，进入间隔期。进入间隔期后，I_2 逐渐衰减，当衰减至足够小后，神经元可以再次发放。

除了内部电流的更新规则，膜电位的更新规则也使 GIF 模型具有多样性。GIF 模型产生**反弹发放**（Rebound Spiking）模式时各变量关于时间的变化曲线如图 3-31(d) 所示，参数为：$a = 0.005$，$A_1 = 0$，$A_2 = 0$。在该模式下，神经元先接收一个抑制性电流，在撤去抑制性电流后，即使没有正向电流，神经元也能发放动作电位。为模拟这个现象，GIF 模型使膜电位阈值 θ 在抑制性电流输入阶段随膜电位一起降低，这样当外部输入电流变为 0mA 后，时间常数更小的膜电位快速上升，达到膜电位阈值，由此产生了脉冲。如何让神经元在发放一次脉冲后就停止呢？由于当前膜电位阈值 θ 小于阈值重置值 θ_{reset}，更新规则将 θ 重置为 θ_{reset}，膜电位阈值升高至膜电位以上，因此神经元停止发放。如果没有膜电位阈值的更新规则，重置后 V 将超过 θ，这在生物学上是不合理的。

经过上述讨论，我们知道了 GIF 模型广泛的表征能力源于多变量和复杂的更新规则，它们弥补了线性微分方程在表征能力上的不足。另外，由图 3-31(c) 可知，内部电流 I_j 对应的参数在激发簇发放中起关键作用，膜电位阈值 θ 对应的参数在反弹发放中起关键作用，说明不同的变量及其对应的参数可以使 GIF 模型产生不同的发放模式。进一步而言，如果将激发簇发放中与 I_j 相关的参数和反弹发放中与 θ 相关的参数整合到一起，就可以得到一种新的发放模式：反弹簇发放（Rebound Bursting）模式。通过这样的参数组合，GIF 模型能模拟的发放模式就变得更多了。

虽然 GIF 模型能产生多种发放模式，但我们也应该意识到它的局限性：为了降低计算复杂度，GIF 模型通过增加变量、复杂化更新规则等间接实现了神经元中的一些非线性变化，但这些设定（如膜电位阈值的更新规则）在生物学上是否合理还有待商榷。即使 GIF 模型能复现多种发放模式，但膜电位关于时间的变化曲线却与真实情况不相似，因此 GIF 模型不一定能代替其他模型并成为一个能覆盖所有情况的泛化模型。事实上，GIF 模型在工程上的贡献大于在神经科学上的贡献——模型中的微分方程和更新规则都可以通过简单的逻辑实现，这为电子神经元的构造提供了思路 [27]。

3.8　本章小结

本章介绍了几种常见的简化神经元模型及其动力学性质。LIF 模型是最简单的简化神经元模型，由一个单变量的线性微分方程和一个条件判断组成；QIF 模型和 ExpIF 模型也是单变量模型，但在微分方程中增加了非线性项，使得膜电位的变化更接近真实神经元的情况；AdEx 模型和 Izhikevich 模型分别是 ExpIF 模型和 QIF 模型的延伸，它们属于双变量模型，除膜电位之外，还增加了一个变量，以刻画神经元的适应性或膜电位恢复程度，大大增强了神经元的动力学表征能力；Hindmarsh-Rose 模型是一个三变量模型，通过两个快变量和一个慢变量的微分方程来控制神经元的发放，不再需要显式地重置膜电位和其他变量；GIF 模型包含多个变量，但其微分方程都是线性的，其广泛的表征能力主要来自多变量和复杂的更新规则。

　　除了常见的简化神经元模型，我们还学习了一些常用的动力学分析方法并将其用于实践。在分析 QIF 模型和 ExpIF 模型的动力学性质时，我们使用了一维相平面分析法。在研究 AdEx 模型时，我们使用了二维相平面分析法，通过该方法能够便利和直观地理解神经元动力学特性和各种发放模式。在研究 Izhikevich 模型时，我们利用分岔分析法研究了参数变化对模型动力学性质的影响，并讨论了分岔分析法和相平面分析法的优点。除了相平面分析法和分岔分析法，还有一些分析方法可以用于高维动力学系统的分析，我们将在后面的章节中介绍。

第3篇
突触及突触可塑性模型

　　神经元之间的连接为突触。突触将神经元连接起来形成网络，从而实现大脑的各种计算功能。在学习完神经元模型后，本篇介绍如何构建突触的动力学模型，以描述神经元之间的信息传输过程。突触的特点之一是具有可塑性，这是大脑获取新知识、形成记忆，甚至完成很多实时计算工作的基础。因此，本篇还要学习构建突触可塑性模型。

第 4 章 突 触 模 型

前面我们学习了单神经元的建模。如果要让多个神经元构成神经网络，使得一个神经元的兴奋会影响其他神经元的活动，我们还需要对神经元之间的连接进行建模，即建立突触模型。

2.1 节提到，神经元存在轴突和树突结构，一个神经元的轴突末端和另一个神经元的树突相连可以形成突触①。突触是一个重要的细胞结构，它使得信息能够在神经元之间传输。根据信息传输的形式，可以将突触分为**化学突触**（Chemical Synapse）和**电突触**（Electrical Synapse）。下面对其进行介绍。

4.1 化学突触

化学突触的一般结构及其传输信息的生物过程如图 4-1 所示 [19]。化学突触由**突触前膜**（Presynaptic Membrane）、**突触间隙**（Synaptic Cleft）和**突触后膜**（Postsynaptic Membrane）组成。当突触前神经元的动作电位传到轴突末端时，突触前神经元会释放**神经递质**（Neurotransmitter）。神经递质本质上是一类化学小分子，它们能够与突触后膜上的特异性受体结合，进而引发突触后神经元的一系列变化。在大多数情况下，突触后膜上的特异性受体也是一个**配体门控离子通道**（Ligand-Gated Ion Channels），它们的配体就是突触前膜释放的神经递质。这些离子通道在通常情况下是关闭的，在与配体结合后就会打开，允许某种离子通过细胞膜，进而引起突触后神经元膜电位的变化。至此，突触前神经元的电信号在突触部位转化为化学信号，化学信号再转化为电信号并传到突触后神经元，神经元之间的信息传输得以实现。

突触后膜离子通道打开所引起的膜电位变化被称为**突触后电位**（Postsynaptic Potential，PSP）。根据突触后电位相对于静息膜电位的高低，突触后电位可以是兴奋性的或抑制性的，分别被称为**兴奋性突触后电位**（EPSP）和**抑制性突触后电位**（IPSP）。其中，对于 EPSP 而言，如果突触在同一时刻收到了多个突触前

---

① 绝大部分突触都是轴突—树突型，但也存在其他形式的突触，如树突—树突型、轴突—轴突型、轴突—胞体型。另外，运动神经元的轴突也可以直接和效应器的细胞形成突触。

神经元发放的脉冲，当 EPSP 超过膜电位阈值时，突触后神经元就能产生动作电位。这种兴奋性或抑制性往往由神经递质的种类决定。例如，**谷氨酸**（Glutamate）是一种兴奋性神经递质，而在大多数情况下 γ-**氨基丁酸**（Gamma-Aminobutyric Acid，GABA）是一种抑制性神经递质。

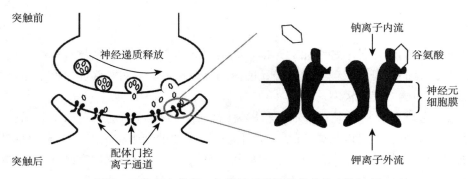

图 4-1　化学突触的一般结构及其传输信息的生物过程

神经递质与受体结合后可能产生不同的结果。与神经递质结合后，离子通道状态发生变化的受体被称为**离子型受体**（Ionotropic Receptor），化学反应过程发生变化的受体被称为**代谢型受体**（Metabolic Receptor）。一般来说，离子型受体在结合神经递质后产生的反应较快，而代谢型受体涉及多步骤的生化反应，在结合神经递质后产生的反应较慢。

化学突触的动力学特性主要体现在突触后膜的各受体上，因此我们可以将对化学突触建模等效为对每种神经递质的受体建模。本章介绍一些常见的突触模型，并讲解其对应的 BrainPy 实现。主要包括以下受体。

（1）AMPA 受体和 NMDA 受体：它们是谷氨酸的离子型受体，被结合后可以直接打开离子通道。与 AMPA 受体相比，NMDA 受体的离子通道通常会被一个镁离子（Mg^{2+}）堵住，即使离子通道已经打开，也没有电流通过。由于镁离子带正电，会受细胞内外电位差的影响，突触后膜去极化到一定程度后，镁离子就会离开离子通道，使 NMDA 受体可以对谷氨酸做出反应。因此，NMDA 的响应是特异性的。

（2）GABA$_A$ 受体和 GABA$_B$ 受体：它们是 GABA 的两类受体，其中 GABA$_A$ 受体是离子型受体，受体和离子通道为同一个蛋白，一旦结合了神经递质就可以产生快速的抑制性电位；而 GABA$_B$ 受体是代谢型受体，受体本身不是离子通道，其在结合神经递质后激活下游的一系列生化反应，最终使细胞膜上的一些离子通道开放，使突触后神经元产生抑制性电位。基于这个过程，GABA$_B$ 受体产生效果的速度相对较慢。

对突触建模有两种思路：一种思路是完全根据突触前的神经递质到达突触后神经元产生的电流形状来建模，这类模型被称为**现象学模型**（Phenomenological Models），其类似于神经元的简化模型；另一种思路与神经元的电导模型类似，即根据突触后膜各离子通道的动力学性质进行建模，这种模型被称为**生理学模型**（Physiological Models）。下面介绍这两种建模思路及对应的模型。

4.2 化学突触的现象学模型

化学突触将电信号从突触前神经元传递到突触后神经元，它的输入是突触前神经元的脉冲信号，输出是**突触后电流**（Postsynaptic Current，PSC）。一般而言，根据欧姆定律，突触后电流可以表示为

$$I_{\text{syn}} = g(V_{\text{post}} - E_{\text{syn}}) \tag{4-1}$$

式中，g 是突触上受体的电导，它的值会根据受体与配体的结合情况发生变化；V_{post} 是突触后电位；E_{syn} 是突触的反转电位（Reversal Potential）。V_{post} 的建模可以使用神经元的电导模型或简化神经元模型。当 $V_{\text{post}} > E_{\text{syn}}$ 时电流为正，方向由内向外；当 $V_{\text{post}} < E_{\text{syn}}$ 时电流为负，方向由外向内。由于我们把突触的建模转化为对电导 g 的计算，这种模型被称为**电导模型**（Conductance-Based Models）。在现象学模型中，我们不建模 g 的动力学机制，而是将 g 的变化看作一个随时间变化的函数 $g(t)$。此时式（4-1）可以写为

$$I_{\text{syn}} = g(t)(V_{\text{post}} - E_{\text{syn}}) \tag{4-2}$$

然而，根据实际情况，我们可以对式（4-2）进行简化。我们知道，突触后电位变化最大的时候是其产生动作电位时，但是动作电位的持续时间非常短，与阈下波动的时间相比，其可以忽略不计。如果神经元在其阈下波动时膜电位变化不剧烈，则可以将 V_{post} 设为定值，如细胞的静息膜电位，见式 (4-3)。

$$I_{\text{syn}} = g(t)(V_{\text{post\_rest}} - E_{\text{syn}}) \propto g(t) \tag{4-3}$$

式中，$V_{\text{post\_rest}}$ 是突触后神经元的静息膜电位。通过这种方式，我们把突触电导的建模直接转化为对突触后电流 I_{syn} 的计算，这种模型被称为**基于电流的模型**（Current-Based Models），后面简称电流模型。

突触传递在突触后膜上产生的电流和电位变化如图 4-2 所示。突触后膜的反转电位往往决定了突触的电流特性。当反转电位显著高于细胞的静息膜电位（如

$E_{\text{syn}} = 0\text{mV}$）时，突触在突触后神经元上传递兴奋性**突触后电流**（Excitatory Post-Synaptic Current，EPSC），并引起兴奋性**突触后电位**（Excitatory Post-Synaptic Potential，EPSP）。此时，突触被称为**兴奋性突触**（Excitatory Synapse）。然而，当反转电位显著低于细胞的静息膜电位（如 $E_{\text{syn}} = -80\text{mV}$）时，突触在突触后神经元上传递**抑制性突触后电流**（Inhibitory Post-Synaptic Current，IPSC），并引起**抑制性突触后电位**（Inhibitory Post-Synaptic Potential，IPSP）。此时，突触被称为**抑制性突触**（Inhibitory Synapse）。

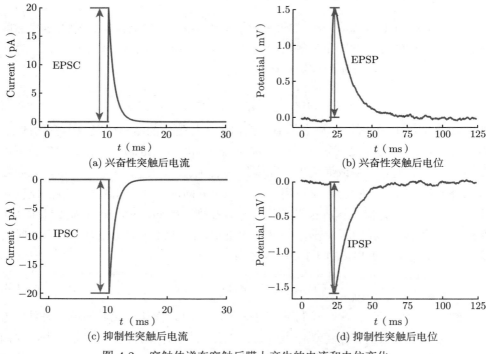

图 4-2 突触传递在突触后膜上产生的电流和电位变化

我们可以简单思考一下 $g(t)$ 应如何表达。在静息态下，突触后膜上的离子通道处于关闭状态，此时离子通道的电导 $g(t) = 0$。当一个动作电位传到突触前膜时，神经递质释放导致突触后膜上的离子通道打开，$g(t)$ 增大。神经递质与受体结合一段时间后就会松开，离子通道随之关闭，$g(t)$ 重新变为 0。也就是说，$g(t)$ 的每次增大和减小都是由突触前神经元的脉冲引起的，因此 $g(t)$ 可以表示为

$$g(t) = \bar{g} \sum_{t^{(f)}} s\left(t - t^{(f)}\right) \tag{4-4}$$

式中，$\bar{g}$ 是一个常值系数，等价于突触权重；$t^{(f)}$ 为脉冲到达突触的时刻；$t' = t - t^{(f)}$；$s(t')$ 是一个关于时间的函数，它刻画了每次脉冲发放（对应 $t' = 0$ 时刻）对 $g(t)$ 的影响。根据前面的分析，$s(t')$ 应满足一些条件，如当 $t' < 0$ 时 $s(t') = 0$，当 $t' > 0$ 时 $s(t')$ 先上升后下降至 0（或趋于 0）。为了简化表达，后面我们统一将 t' 写为 t，代表当前时刻与突触前脉冲到来时刻的差值。

下面介绍几种典型的现象学模型，在各模型中，$s(t)$ 的表达式可以用于电流模型，也可以用于电导模型，这取决于建模对象是否依赖突触后电位。

4.2.1 电压跳变模型

电压跳变模型（Voltage-Jump Model）是最简单的现象学模型，又称 δ 模型。对于一个具有快速动力学的突触（见图 4-2），每当突触前神经元释放的神经递质到达突触后膜时，突触后神经元的膜电位都会激起一段快速的膜电位上升（对于兴奋性突触）或下降（对于抑制性突触），其后伴随着缓慢的膜电位下降或上升，见图 4-2(b) 和图 4-2(d)。为了简化表达，电压跳变模型只抓住"突触脉冲到来时引起膜电位快速上升或下降"这个现象，将突触效应建模为瞬间的突触后电位变化，即

$$V_{\text{post}} = V_{\text{post}} + w,\ t = 0 \tag{4-5}$$

式中，w 为突触权重。当 $w > 0$ 时，该突触为兴奋性突触；当 $w < 0$ 时，该突触为抑制性突触。

电压跳变模型假设当突触前神经元传来一个脉冲时，突触后膜的离子通道瞬间打开，再瞬间关闭。因此，该模型仅适用于具有快速动力学的突触。同时，我们可以看到，突触后电流的缓慢下降过程在图 4-2(a) 中并没有体现。

下面基于 BrainPy 实现电压跳变模型。

```
1  import brainpy as bp
2  import brainpy.math as bm
3
4  class VoltageJump(bp.TwoEndConn):
5      def __init__(self, pre, post, conn, g_max=1., delay_step=2, E=0.,
6                   **kwargs):
7          super().__init__(pre=pre, post=post, conn=conn, **kwargs)
8
9          # 初始化参数
10         self.g_max = g_max
11         self.delay_step = delay_step
12         self.E = E
```

```
13          # 获取关于连接的信息
14          # 获取从pre到post的连接信息
15          self.pre2post = self.conn.require('pre2post')
16
17          # 初始化变量
18          self.g = bm.Variable(bm.zeros(self.post.num))
19          # 定义一个延迟处理器
20          self.delay = bm.LengthDelay(self.pre.spike, delay_step)
21
22      def update(self, tdi):
23          # 取出延迟了delay_step时间步长的突触前脉冲信号
24          delayed_pre_spike = self.delay(self.delay_step)
25          # 根据最新的突触前脉冲信号更新延迟变量
26          self.delay.update(self.pre.spike)
27
28          # 根据连接模式计算各突触后神经元收到的信号强度
29          post_sp = bm.pre2post_event_sum(delayed_pre_spike, self.pre2post,
30              self.post.num, self.g_max)
31          self.g.value = post_sp
32
33          # 计算突触后效应
34          self.post.V += self.g
```

在上述代码中，第 16 行的 conn.require() 可以根据连接模式获取用户想要的连接信息，如果用户想知道每个突触前神经元连接了哪些突触后神经元，可以将字符串'pre2post' 作为参数传给 conn.require()，其返回的数据就是从突触前神经元到突触后神经元的连接信息（返回数据的结构较复杂，这里我们不需要知道具体细节，感兴趣的读者可以阅读 1.3.3 节或查阅 BrainPy 的在线文档）。相应地，在 update() 中，我们利用高效的算子 pre2post_event_sum() 整合突触前神经元传给突触后神经元的脉冲信号。在电压跳变模型中，每个突触后神经元收到的脉冲信号强度将直接赋给 $g(t)$（代码第 32 行）。

我们让突触前神经元在第 20ms、60ms、100ms、140ms、180ms 产生动作电位，观察突触电导及突触后神经元（使用 2.6 节中的 HH 模型）膜电位的变化情况。

```
1   import matplotlib.pyplot as plt
2
3   # 定义突触前神经元、突触后神经元和突触连接，并构建神经网络
4   neu1 = bp.neurons.SpikeTimeGroup(1,
5                                     times=[20, 60, 100, 140, 180],
6                                     indices=[0, 0, 0, 0, 0])
```

```
7   neu2 = bp.neurons.HH(1, V_initializer=bp.init.Constant(-70.68))
8   syn1 = VoltageJump(neu1, neu2, conn=bp.connect.All2All(), g_max=2.)
9   net = bp.Network(pre=neu1, syn=syn1, post=neu2)
10
11  # 构建一个模拟器
12  runner = bp.DSRunner(
13      net, monitors=['pre.spike', 'post.V', 'syn.g']
14  )
15  runner.run(run_duration)
16
17  # 可视化
18  fig, gs = bp.visualize.get_figure(3, 1, 1.5, 6.)
19  ax = fig.add_subplot(gs[0, 0])
20  plt.plot(runner.mon.ts, runner.mon['pre.spike'], label='pre.spike')
21  plt.legend(loc='upper right')
22  plt.title(title)
23  plt.xticks([])
24  ax.spines['top'].set_visible(False)
25  ax.spines['right'].set_visible(False)
26  ax = fig.add_subplot(gs[1, 0])
27  plt.plot(runner.mon.ts, runner.mon['syn.g'], label='g', color=u'#d62728')
28  plt.legend(loc='upper right')
29  plt.xticks([])
30  ax.spines['top'].set_visible(False)
31  ax.spines['right'].set_visible(False)
32  ax = fig.add_subplot(gs[2, 0])
33  plt.plot(runner.mon.ts, runner.mon['post.V'], label='post.V')
34  plt.legend(loc='upper right')
35  plt.xlabel('Time [ms]')
36  ax.spines['top'].set_visible(False)
37  ax.spines['right'].set_visible(False)
38  plt.show()
```

　　电压跳变模型对脉冲信号的响应情况如图 4-3 所示。pre.spike 表示突触前神经元的动作电位，g 表示引起的突触后电位的变化量，post.V 表示突触后电位。

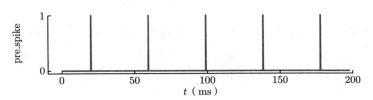

图 4-3　电压跳变模型对脉冲信号的响应情况

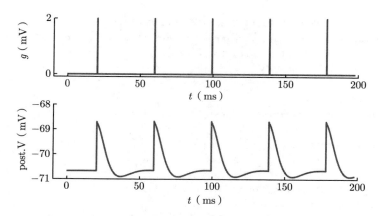

图 4-3　电压跳变模型对脉冲信号的响应情况（续）

4.2.2　指数衰减模型

电压跳变模型忽略了神经递质和受体结合的时间，神经递质瞬间全部与受体结合，然后瞬间松开，这与实际情况是不相符的。从统计上讲，随着时间的推移，神经递质和受体结合的数量按指数规律减少。**指数衰减模型**（Exponential Decay Model）描述了这个衰减过程，表示为

$$s(t) = \begin{cases} \mathrm{e}^{-\frac{t}{\tau}}, & t \geqslant 0 \\ 0, & t < 0 \end{cases} \tag{4-6}$$

式中，τ 为模型的时间常数。对于式 (4-6) 中的分段函数，我们可以用赫维赛德函数（Heaviside Function）$H(x)$ 表示，即

$$s(t) = \mathrm{e}^{-\frac{t}{\tau}} H(t) \tag{4-7}$$

在进行数值模拟时，我们最好能获取 $g(t)$ 的微分形式，这样在多个脉冲刺激下，$g(t)$ 的更新将更简便。因此，我们将 $s(t)$ 写为微分形式

$$\frac{\mathrm{d}s(t)}{\mathrm{d}t} = -\frac{s(t)}{\tau} + \delta(t) \tag{4-8}$$

式中，$\delta(t)$ 是一个 δ 函数，它在 $t \neq 0$ 处为 0，而在整个定义域的积分为 1，可见 $\delta(t) = H'(t)$。式 (4-8) 表明 $s(t)$ 在 $t = 0$ 时刻产生了一个跃变，然后再按照 $-s(t)/\tau$ 衰减。因为 $g(t)$ 是 $s(t)$ 的线性求和，我们可以根据 $s(t)$ 的微分方程写出 $g(t)$ 的微分方程

$$\frac{\mathrm{d}g(t)}{\mathrm{d}t} = -\frac{g(t)}{\tau} + \bar{g} \sum_{t^{(f)}} \delta\left(t - t^{(f)}\right) \tag{4-9}$$

式中，t 表示当前时刻。

下面利用 BrainPy 构建指数衰减模型。

```
1   class Exponential(bp.TwoEndConn):
2       def __init__(self,pre,post,conn,g_max=0.02,tau=12.,delay_step=2,E=0.,
3                    syn_type='CUBA', method='exp_auto', **kwargs):
4           super(Exponential, self).__init__(pre=pre, post=post, conn=conn,
5               **kwargs)
6
7           # 初始化参数
8           self.tau = tau
9           self.g_max = g_max
10          self.delay_step = delay_step
11          self.E = E
12
13          # current-based 或 conductance-based
14          assert syn_type in ['CUBA', 'COBA']
15          self.type = syn_type
16
17          # 获取关于连接的信息
18          # 获取从pre到post的连接信息
19          self.pre2post = self.conn.require('pre2post')
20
21          # 初始化变量
22          self.g = bm.Variable(bm.zeros(self.post.num))
23          # 定义一个延迟处理器
24          self.delay = bm.LengthDelay(self.pre.spike, delay_step)
25
26          # 定义积分函数
27          self.integral = bp.odeint(self.derivative, method=method)
28
29      def derivative(self, g, t):
30          dgdt = -g / self.tau
31          return dgdt
32
33      def update(self, tdi):
34          # 取出延迟了delay_step时间步长的突触前脉冲信号
35          delayed_pre_spike = self.delay(self.delay_step)
36          self.delay.update(self.pre.spike)
37
38          # 根据连接模式计算各突触后神经元收到的信号强度
39          post_sp = bm.pre2post_event_sum(delayed_pre_spike, self.pre2post,
40              self.post.num, self.g_max)
41          # 电导g的更新包括常规积分和突触前脉冲带来的跃变
42          self.g.value = self.integral(self.g, tdi.t, tdi.dt) + post_sp
43          # 根据不同模式计算突触后电流
```

```
44          if self.type == 'CUBA':
45              self.post.input += self.g * (self.E - (-65.))  # E - V_rest
46          else:
47              self.post.input += self.g * (self.E - self.post.V)
```

为了探究指数衰减模型对脉冲信号的响应情况，我们构建以下函数，以模拟突触的电导变化和神经元的膜电位变化。

```
1   def run_syn(syn_model, title, run_duration=200., sp_times=(10, 20, 30),
2               **kwargs):
3     # 定义突触前神经元、突触后神经元和突触连接，并构建神经网络
4     neu1 = bp.neurons.SpikeTimeGroup(1, times=sp_times,
5           indices=[0] * len(sp_times))
6     neu2 = bp.neurons.HH(1, V_initializer=bp.init.Constant(-70.68))
7     syn1 = syn_model(neu1, neu2, conn=bp.connect.All2All(), **kwargs)
8     net = bp.Network(pre=neu1, syn=syn1, post=neu2)
9
10    # 运行模拟
11    runner = bp.DSRunner(net, monitors=['pre.spike', 'post.V', 'syn.g',
12                          'post.input'])
13    runner.run(run_duration)
14
15    # 可视化
16    fig, gs = bp.visualize.get_figure(7, 1, 0.5, 6.)
17
18    ax = fig.add_subplot(gs[0, 0])
19    plt.plot(runner.mon.ts, runner.mon['pre.spike'], label='pre.spike')
20    plt.legend(loc='upper right')
21    plt.title(title)
22    plt.xticks([])
23    ax.spines['top'].set_visible(False)
24    ax.spines['bottom'].set_visible(False)
25    ax.spines['right'].set_visible(False)
26
27    ax = fig.add_subplot(gs[1:3, 0])
28    plt.plot(runner.mon.ts, runner.mon['syn.g'], label='g', color=u'#d62728')
29    plt.legend(loc='upper right')
30    plt.xticks([])
31    ax.spines['top'].set_visible(False)
32    ax.spines['right'].set_visible(False)
33
34    ax = fig.add_subplot(gs[3:5, 0])
35    plt.plot(runner.mon.ts, runner.mon['post.input'], label='PSC',
36            color=u'#d62728')
37    plt.legend(loc='upper right')
```

```
38    plt.xticks([])
39    ax.spines['top'].set_visible(False)
40    ax.spines['right'].set_visible(False)
41
42    ax = fig.add_subplot(gs[5:7, 0])
43    plt.plot(runner.mon.ts, runner.mon['post.V'], label='post.V')
44    plt.legend(loc='upper right')
45    plt.xlabel('Time [ms]')
46    ax.spines['top'].set_visible(False)
47    ax.spines['right'].set_visible(False)
48
49    plt.show()
```

```
1    run_syn(Exponential,
2            sp_times=[25, 50, 75, 100, 160],
3            title='Exponential Decay Model (Current-Based)',
4            syn_type='CUBA', )
5
6    run_syn(Exponential,
7            sp_times=[25, 50, 75, 100, 150],
8            title='Exponential Decay Model (Conductance-Based)',
9            syn_type='COBA', )
```

  指数衰减模型对脉冲信号的响应情况如图 4-4 所示。pre.spike 表示突触前神经元的动作电位，$g(t)$ 表示指数衰减模型中的电导，PSC 表示突触后电流，post.V 表示突触后电位。在收到突触前神经元的动作电位后，突触的电导瞬间增加 $\bar{g}$，然后按指数规律衰减。在下一个脉冲信号输入时，突触的电导在现有基础上增加 $\bar{g}$，然后逐渐衰减。与电压跳变模型相比，指数衰减模型在收到脉冲后能够产生一个较长时间的非零突触后电流，使得突触后电位在发放脉冲后的一段时间内仍存在阈下变化。特别地，如果突触前神经元频繁发放刺激，那么这些突触后电流更有可能使突触后神经元产生动作电位。

  值得注意的是，图 4-4 表明，如果突触后神经元的膜电位大部分时间都在阈下波动，则电流模型和电导模型差异不大；如果突触后神经元脉冲发放较多，即突触后电位变化剧烈，则电流模型和电导模型会存在明显差异。电流模型和电导模型在突触后神经元产生动作电位时的差异如图4-5所示。

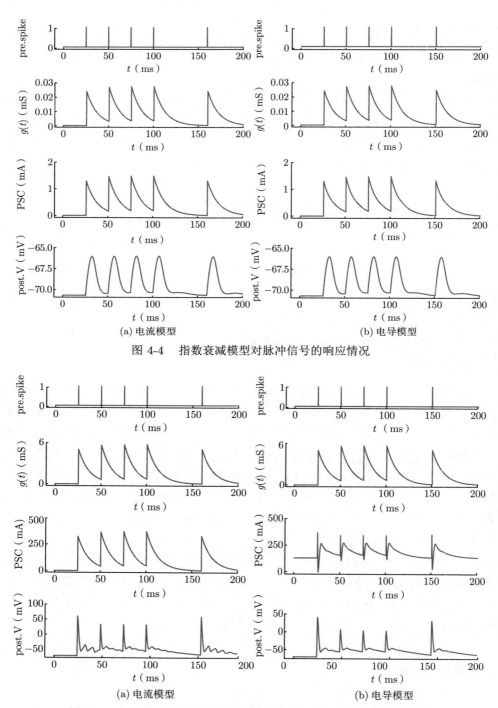

图 4-4   指数衰减模型对脉冲信号的响应情况

图 4-5   电流模型和电导模型在突触后神经元产生动作电位时的差异

4.2.3 Alpha 函数模型

在指数衰减模型中,电导有一个缓慢下降的过程,这模拟了神经递质和受体的逐渐解离。但是,电导的上升仍然是瞬时的,这相当于神经递质在释放的瞬间就全部与受体结合。而真实的情况是神经递质和受体的结合也需要一段时间,离子通道的电导 $g(t)$ 在一段时间后才能达到最大值。**Alpha 函数模型**(Alpha-Function Model)能够用一个连续的函数模拟离子通道电导先上升后下降的过程,Alpha 函数模型中的 $s(t)$ 表示为

$$s(t) = te^{-\frac{t}{\tau}} H(t) \tag{4-10}$$

可以通过微分来观察 $s(t)$ 的变化

$$\frac{\mathrm{d}s(t)}{\mathrm{d}t} = \left(\mathrm{e}^{-\frac{t}{\tau}} - \frac{t}{\tau} \mathrm{e}^{-\frac{t}{\tau}} \right) H(t) \tag{4-11}$$

$s(t)$ 在 $(0, \tau)$ 单调递增,在 (τ, ∞) 单调递减。因此 Alpha 函数模型能模拟电导先上升后下降的过程,这个过程的快慢由时间常数 τ 刻画。

我们可以根据 $s(t)$ 的表达式写出 $s(t)$ 的微分形式。对于式 (4-11),令 $r(t) = \mathrm{e}^{-\frac{t}{\tau}} H(t)$,则有

$$\begin{cases} \dfrac{\mathrm{d}s(t)}{\mathrm{d}t} = -\dfrac{s(t)}{\tau} + r(t) \\ \dfrac{\mathrm{d}r(t)}{\mathrm{d}t} = -\dfrac{r(t)}{\tau} + \delta(t) \end{cases} \tag{4-12}$$

结合式 (4-4),可以得到 $g(t)$ 的微分表达式,即

$$\begin{cases} \dfrac{\mathrm{d}g(t)}{\mathrm{d}t} = -\dfrac{g(t)}{\tau} + h(t) \\ \dfrac{\mathrm{d}h(t)}{\mathrm{d}t} = -\dfrac{h(t)}{\tau} + \bar{g} \sum_{t^{(f)}} \delta\left(t - t^{(f)} \right) \end{cases} \tag{4-13}$$

这里 $g(t)$ 的微分表达式需要用到辅助变量 $h(t)$。

Alpha 函数模型的编程实现与指数衰减模型类似,只不过 Alpha 函数模型中存在两个变量,即 $g(t)$ 和 $h(t)$。这里我们不给出具体代码,在后面的内容中会发现,Alpha 函数模型是双指数衰减模型的特殊形式,因此它可以通过继承双指数衰减模型来实现。

跳过 Alpha 函数模型的编程实现,我们来看看它的模拟结果。Alpha 函数模型对脉冲信号的响应情况如图 4-6 所示。

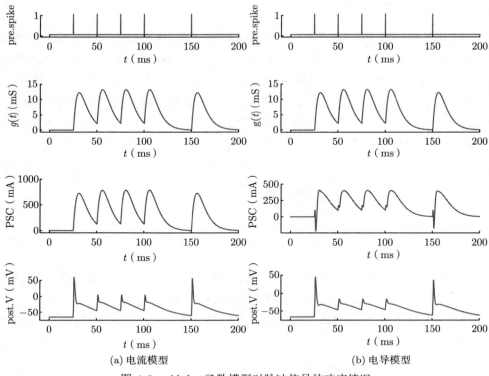

图 4-6　Alpha 函数模型对脉冲信号的响应情况

与指数衰减模型相比，双指数衰减模型中电导的上升不再是跃变，其变化是一个先上升后下降的连续过程。不过，由于 Alpha 函数模型中电导的上升和下降都是由参数 τ 控制的，当 τ 发生变化时，上升和下降的速度要同增或同减，这为 Alpha 函数模型带来了一些限制。

4.2.4　双指数衰减模型

Alpha 函数模型已经能够很好地模拟电导的平滑上升和下降了，但却带来了电导上升和下降速率耦合的问题。在此基础上，**双指数衰减模型**（Dual Exponential Decay Model）做了改进，使得上升和下降的速度可以被分别控制。它使用了两个指数函数之差来表示 $s(t)$ 的变化，即

$$s(t) = a \left(\mathrm{e}^{-\frac{t}{\tau_{\text{decay}}}} - \mathrm{e}^{-\frac{t}{\tau_{\text{rise}}}} \right) H(t) \tag{4-14}$$

式中，τ_{rise} 和 τ_{decay} 分别为刻画电导上升和下降过程快慢的时间常数，且要求 $\tau_{\text{rise}} < \tau_{\text{decay}}$；$a$ 是一个缩放系数，它使得 $s(t)$ 的最大值为 1。

我们同样可以根据 $s(t)$ 的表达式得到 $g(t)$ 的微分表达式。对 $s(t)$ 求导得到

$$\frac{\mathrm{d}s(t)}{\mathrm{d}t} = a\left(-\frac{1}{\tau_{\text{decay}}}\mathrm{e}^{-\frac{t}{\tau_{\text{decay}}}} + \frac{1}{\tau_{\text{rise}}}\mathrm{e}^{-\frac{t}{\tau_{\text{rise}}}}\right)H(t)$$

$$= -\frac{a}{\tau_{\text{decay}}}\left(\mathrm{e}^{-\frac{t}{\tau_{\text{decay}}}} - \mathrm{e}^{-\frac{t}{\tau_{\text{rise}}}}\right)H(t) + \left(\frac{1}{\tau_{\text{rise}}} - \frac{1}{\tau_{\text{decay}}}\right)\mathrm{e}^{-\frac{t}{\tau_{\text{rise}}}}H(t) \quad (4\text{-}15)$$

$$= -\frac{1}{\tau_{\text{decay}}}s(t) + \left(\frac{1}{\tau_{\text{rise}}} - \frac{1}{\tau_{\text{decay}}}\right)a\mathrm{e}^{-\frac{t}{\tau_{\text{rise}}}}H(t)$$

令 $r(t) = \left(\dfrac{1}{\tau_{\text{rise}}} - \dfrac{1}{\tau_{\text{decay}}}\right)a\mathrm{e}^{-\frac{t}{\tau_{\text{rise}}}}H(t)$，则有

$$\begin{cases} \dfrac{\mathrm{d}s(t)}{\mathrm{d}t} = -\dfrac{s(t)}{\tau_{\text{decay}}} + r(t) \\[3mm] \dfrac{\mathrm{d}r(t)}{\mathrm{d}t} = -\dfrac{r(t)}{\tau_{\text{decay}}} + k\delta(t) \end{cases} \quad (4\text{-}16)$$

式中，$k = a\left(\dfrac{1}{\tau_{\text{rise}}} - \dfrac{1}{\tau_{\text{decay}}}\right)$ 为缩放系数。与 Alpha 函数模型类似，双指数衰减模型中也存在两个变量，即 $g(t)$ 和 $h(t)$，微分表达式为

$$\begin{cases} \dfrac{\mathrm{d}g(t)}{\mathrm{d}t} = -\dfrac{g(t)}{\tau_{\text{decay}}} + h(t) \\[3mm] \dfrac{\mathrm{d}h(t)}{\mathrm{d}t} = -\dfrac{h(t)}{\tau_{\text{rise}}} + k\bar{g}\sum_{t^{(f)}}\delta\left(t - t^{(f)}\right) \end{cases} \quad (4\text{-}17)$$

由于系数 k 只影响变量的变化幅度，对模型的动力学性质没有本质影响，因此在利用 BrainPy 建模时，我们将 k 融到参数 $\bar{g}$ 中。

```
class DualExponential(bp.TwoEndConn):
    def __init__(self, pre, post, conn, g_max=0.01, tau_decay=20., tau_rise=2.,
        delay_step=2, E=0., syn_type='CUBA', method='exp_auto', **kwargs):
        super(DualExponential, self).__init__(pre=pre, post=post, conn=conn,
        **kwargs)

        # 初始化参数
        self.tau_decay = tau_decay
        self.tau_rise = tau_rise
        self.g_max = g_max
        self.delay_step = delay_step
        self.E = E

        # current-based 或 conductance-based
```

```
15          assert syn_type == 'CUBA' or syn_type == 'COBA'
16          self.type = syn_type
17          # 获取关于连接的信息
18          # 获取从pre到post的连接信息
19          self.pre2post = self.conn.require('pre2post')
20
21          # 初始化变量
22          self.g = bm.Variable(bm.zeros(self.post.num))
23          self.h = bm.Variable(bm.zeros(self.post.num))
24          # 定义一个延迟处理器
25          self.delay = bm.LengthDelay(self.pre.spike, delay_step)
26
27          # 定义微分方程及其对应的积分函数
28          self.int_h = bp.odeint(method=method, f=lambda h,
29                                 t: -h / self.tau_rise)
30          self.int_g = bp.odeint(method=method, f=lambda g, t,
31                                 h: -g / self.tau_decay + h)
32
33      def update(self, tdi):
34          # 取出延迟了delay_step时间步长的突触前脉冲信号
35          delayed_pre_spike = self.delay(self.delay_step)
36          self.delay.update(self.pre.spike)
37
38          # 根据连接模式计算各突触后神经元收到的信号强度
39          post_sp = bm.pre2post_event_sum(delayed_pre_spike, self.pre2post,
40                        self.post.num, self.g_max)
41          # g和h的更新包括常规积分和突触前脉冲带来的跃变
42          self.h.value = self.int_h(self.h, tdi.t, tdi.dt) + post_sp
43          self.g.value = self.int_g(self.g, tdi.t, self.h, tdi.dt)
44
45          # 根据不同模式计算突触后电流
46          if self.type == 'CUBA':
47              self.post.input += self.g * (self.E - (-65.))  # E - V_rest
48          else:
49              self.post.input += self.g * (self.E - self.post.V)
```

```
1  run_syn(DualExponential, syn_type='CUBA',
2      title='Delta Synapse Model (Current-Based)')
3  run_syn(DualExponential, syn_type='COBA',
4      title='Delta Synapse Model(Conductance-Based)')
```

　　双指数衰减模型对脉冲信号的响应情况如图 4-7 所示。整体来说，双指数衰减模型的离子通道电导变化曲线与 Alpha 函数模型相似，但上升和下降的速度可以分别控制。在真实的生理情况下，有的离子通道的 τ_{decay} 和 τ_{rise} 会相差 1～2

个数量级，此时双指数衰减模型是一个较好的选择。

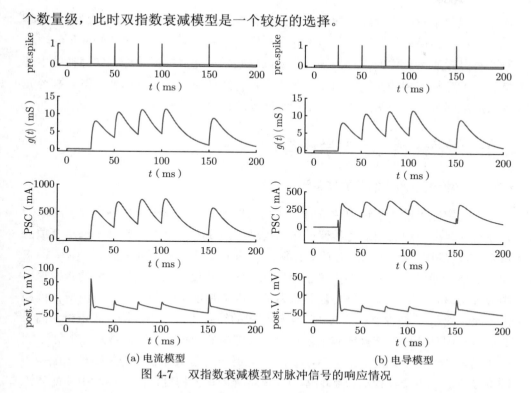

(a) 电流模型　　　　　　　　　　　　(b) 电导模型

图 4-7　双指数衰减模型对脉冲信号的响应情况

我们再来看看 Alpha 函数模型和双指数衰减模型中 $g(t)$ 的微分表达式，即式 (4-13) 和式 (4-17)。有趣的是，这两组表达式十分相似：忽略缩放系数，我们可以把 Alpha 函数模型中 $g(t)$ 的微分表达式看作双指数衰减模型在 $\tau_{\text{decay}} = \tau_{\text{rise}} = \tau$ 时的特殊情况。因此，在 BrainPy 编程实现中，我们可以直接让 Alpha 函数模型继承双指数衰减模型，并令 $\tau_{\text{decay}} = \tau_{\text{rise}} = \tau$。

```
class Alpha(DualExponential):
    def __init__(self, pre, post, conn, g_max=0.01, tau=6., delay_step=2, E=0.,
                 syn_type='CUBA', method='exp_auto', **kwargs):
        super(Alpha, self).__init__(pre=pre, post=post, conn=conn,
                                    g_max=g_max, tau_decay=tau, tau_rise=tau,
                                    E=E, delay_step=delay_step,
                                    syn_type=syn_type,method=method,
                                    **kwargs)
```

图4-6正是根据上述代码建模并运行得到的。

以上是一些常见的化学突触的现象学模型。它们具有一个共同的特点，即 $g(t)$ 可以用一系列由突触前脉冲引发的 $s(t)$ 的和来表示，而 $s(t)$ 本身是关于时间的函数。现象学模型将突触电导随时间的变化拟合成函数，而不考虑突触的生物学机制，这样的模型简洁高效，但也存在一定的限制。因为没有对突触的生物学机制（神经递质与受体的结合）建模，所以这些模型无法模拟一些真实存在的生理情况，如突触前神经元发放的高频刺激会使神经递质耗尽，从而使突触后神经元的反应减弱。下面介绍基于生物学机制建模的化学突触模型。

4.3 化学突触的生理学模型

4.3.1 建模离子通道的开放与关闭

在对突触上的离子通道建模时，我们可以沿用神经元电导模型中离子通道的建模思路。离子通道的动力学建模如图4-8所示，其中，$s(t)$ 表示离子通道开放的概率，即宏观层面离子通道开放的比例；$1 - s(t)$ 表示离子通道关闭的概率，即宏观层面离子通道关闭的比例。离子通道从关闭到开放和从开放到关闭的转换速率由参数 α 和 β 决定。由于突触上的离子通道不是由电压调控的而是由配体调控的，此时的 α 不会像 2.6 节离子通道模型中的转换速率一样仅依赖膜电位，离子通道从关闭到开放的转换速率还依赖突触间隙中的配体（神经递质）浓度 [T]，因此我们将转换速率记为 $\alpha[T]$。对于 β 而言，离子通道从开放变为关闭是由配体的解离导致的，这个过程取决于配体和受体结合的紧密程度，而与环境中的配体浓度无关，因此不依赖 [T]。

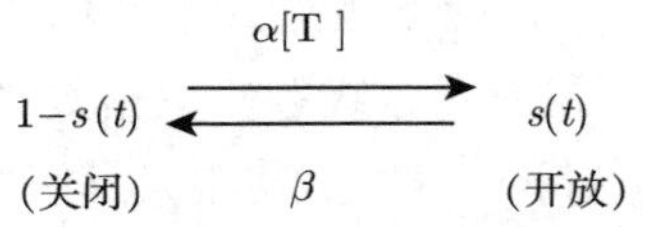

$$\begin{array}{ccc} & \xrightarrow{\quad \alpha[\text{T}] \quad} & \\ 1-s(t) & \xleftarrow{\hspace{2cm}} & s(t) \\ (\text{关闭}) & \beta & (\text{开放}) \end{array}$$

图 4-8 离子通道的动力学建模

我们可以根据上述转换过程写出 $s(t)$ 的微分表达式，即

$$\frac{ds(t)}{dt} = \alpha[\text{T}][1 - s(t)] - \beta s(t) \tag{4-18}$$

式 (4-18) 表现了突触后膜离子通道的一级动力学方程。变量 $s(t)$ 描述了突触上离子通道的开放比例。突触在不同时刻的电导可以表示为

$$g(t) = \bar{g}s(t) \tag{4-19}$$

式中，$\bar{g}$ 是所有离子通道开放时突触的最大电导。

我们还需要知道每个突触间隙中配体浓度 [T] 的变化情况。总的来说，[T] 在突触前神经元发放动作电位后升高，然后逐渐降至 0。忽略 [T] 升高和降低的具

体过程，我们可以粗略建模：将突触前神经元发放脉冲的时刻记为 $t^{(f)}$，则 [T] 在 $t = t^{(f)}$ 时刻从 0 跳变为 T_0，浓度为 T_0 的神经递质持续 t_{dur}，在 $t = t^{(f)} + t_{dur}$ 时刻又跳变为 $0^{[28]}$。

我们假设 t_{dur} 很小，即 [T] 的变化近似为 δ 函数，此时式 (4-18) 与指数衰减模型中的式 (4-8) 相似，可以写为

$$\frac{\mathrm{d}s(t)}{\mathrm{d}t} = -\beta s(t) + \alpha \sum_{t^{(f)}} \delta\left(t - t^{(f)}\right) [1 - s(t)] \tag{4-20}$$

4.3.2 AMPA 模型和 GABA$_A$ 模型

上述对离子通道的建模方式可以直接用于 AMPA 受体和 GABA$_A$ 受体。下面我们以 AMPA 受体为例，介绍其在 BrainPy 中的实现，这里使用一级动力学方程建模，即式 (4-18)。同时，根据 AMPA 受体的性质，我们一般将其建模为电导模型。

```python
class AMPA(bp.TwoEndConn):
    def __init__(self, pre, post, conn, g_max=0.02, E=0., alpha=0.98,
                 beta=0.18, delay_step=0, T_duration=0.5, T=0.5, method='exp_auto',
                 name=None):
        super(AMPA, self).__init__(pre=pre, post=post, conn=conn, name=name)

        # 初始化参数
        self.g_max = g_max
        self.E = E
        self.alpha = alpha
        self.beta = beta
        # 突触前spike经过突触间隙到达突触后膜的延迟时间
        self.delay_step = delay_step
        self.T_duration = T_duration   # 神经递质存活的时间
        self.T = T   # 神经递质浓度

        # 获取关于连接的信息
        # 获取从pre到post的连接信息
        self.pre2post = self.conn.require('pre2post')

        # 初始化变量
        self.s = bm.Variable(bm.zeros(self.post.num))
        self.g = bm.Variable(bm.zeros(self.post.num))
        # 存储突触前脉冲到达突触后膜的时间
        self.spike_arrival_time = bm.Variable(bm.ones(s) * -1e7)
        # 定义一个延迟处理器
        self.delay = bm.LengthDelay(self.pre.spike, delay_step)
        # 定义积分函数
```

```
29          self.integral = bp.odeint(method=method, f=self.ds)
30
31      def ds(self, s, t, TT):
32          return self.alpha * TT * (1 - s) - self.beta * s
33
34      def update(self, tdi):
35          # 取出延迟了delay_step时间步长的突触前脉冲信号
36          delayed_pre_spike = self.delay(self.delay_step)
37          self.delay.update(self.pre.spike)
38
39          # 计算神经递质到达突触后膜的时间
40          self.spike_arrival_time.value = bm.where(delayed_pre_spike, tdi.t,
41              self.spike_arrival_time)
42
43          # 计算当前的神经递质浓度
44          TT = ((tdi.t - self.spike_arrival_time) < self.T_duration) * self.T
45
46          # 更新s和g
47          self.s.value = self.integral(self.s, tdi.t, TT, tdi.dt)
48          self.g.value = self.g_max * self.s
49
50          # 在电导模型下计算突触后电流
51          self.post.input += self.g * (self.E - self.post.V)
```

```
1   run_syn(AMPA, title='AMPA Receptor',
2           sp_times=[25, 50, 75, 100, 160],
3           g_max=0.2)
```

　　AMPA 模型对脉冲信号的响应情况如图 4-9 所示。由图 4-9 和图 4-4 可知，AMPA 模型中电导的变化与指数衰减模型几乎相同。与指数衰减模型相比，通过动力学建模的优势在于，变量 $s(t)$ 存在上限。由式 (4-18) 可知，$s(t)$ 的值不会超过 1，这也符合 $s(t)$ 的生物学意义。在后面介绍的 NMDA 模型中我们会看到，高频刺激会导致现象学模型的电导持续增大，而生理学模型的电导却存在上界。

　　$GABA_A$ 受体的建模思路与 AMPA 受体完全相同，只是参数有所不同。因此，我们只需要继承上面定义好的 AMPA 模型并修改参数的默认初始值。值得注意的是，因为 $GABA_A$ 受体是抑制性受体，所以突触的反转电位低于静息膜电位，这里我们将其设为 -80mV。

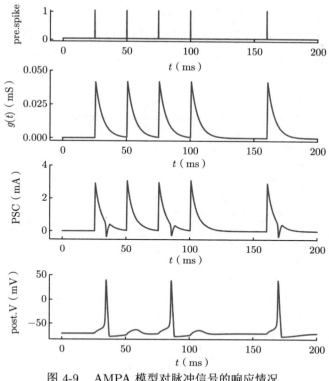

图 4-9　AMPA 模型对脉冲信号的响应情况

```
1  class GABAa(AMPA):
2      def __init__(self, pre, post, conn, g_max=0.2, E=-80., alpha=0.53,
3          beta=0.18, delay_step=0, T_duration=1., T=1., method='exp_auto'):
4          super(GABAa, self).__init__(pre, post, conn, g_max=g_max, E=E,
5          alpha=alpha, beta=beta, delay_step=delay_step, T_duration=T_duration,
6          T=T, method=method)
```

```
1  run_syn(GABAa, title='GABA$_\mathrm{A}$ Synapse Model',
2      sp_times=[25, 50, 75, 100, 160])
```

　　$GABA_A$ 模型对脉冲信号的响应情况如图 4-10 所示。由图4-10可知，$GABA_A$
受体传递的是抑制性信号，每次突触电导的增大都对应着突触后电位的降低。

4.3.3　NMDA 模型

　　与 AMPA 受体和 $GABA_A$ 受体相比，NMDA 受体的特殊之处在于其离子通
道的开放与关闭不仅被神经递质调节，还受膜外镁离子的影响。NMDA 受体的结
构如图 4-11所示。当突触后膜的膜电位较低时，见图 4-11(a)，NMDA 受体的离

子通道被镁离子堵塞，此时即使突触前神经元兴奋并释放神经递质，NMDA 受体也无法允许离子通过。只有突触后神经元的膜电位去极化后，见图 4-11(b)，细胞内外的电场发生变化，镁离子才会离开离子通道，使其他阳离子能够通过。

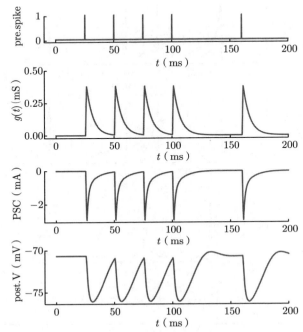

图 4-10　GABA$_\text{A}$ 模型对脉冲信号的响应情况

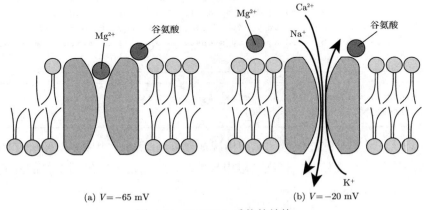

(a) $V=-65\ \text{mV}$　　　　　　(b) $V=-20\ \text{mV}$

图 4-11　NMDA 受体的结构

NMDA 受体被建模为电导模型，式 (4-2) 不能刻画镁离子对 NMDA 受体的影响。因此，我们应对式 (4-2) 进行改进，得到

$$I_{\text{syn}} = g(t)b\left(V, [\text{Mg}^{2+}]\right)\left(V_{\text{post}} - E_{\text{syn}}\right) \tag{4-21}$$

式中，b 描述了未被镁离子堵塞的离子通道的比例，它是一个关于突触膜电位 V 和镁离子浓度 $[\text{Mg}^{2+}]$ 的函数 [29]，即

$$b = \left(1 + e^{-0.062V}\frac{[\text{Mg}^{2+}]}{3.57}\right)^{-1} \tag{4-22}$$

而 $g(t)$ 仍然符合式 (4-19)。这里我们采用二级动力学方程 [30] 对 $s(t)$ 建模，即

$$\begin{cases} \dfrac{\text{d}s(t)}{\text{d}t} = \alpha_1 x(t)\left[1 - s(t)\right] - \beta_1 s(t) \\[2mm] \dfrac{\text{d}x(t)}{\text{d}t} = \alpha_2[T]\left[1 - x(t)\right] - \beta_2 x(t) \end{cases} \tag{4-23}$$

式中，$x(t)$ 为中间变量。

NMDA 模型的 BrainPy 实现如下。

```
class NMDA(bp.TwoEndConn):
    def __init__(self, pre, post, conn, g_max=0.02, E=0., c_Mg=1.2, alpha1=2.,
        beta1=0.01, alpha2=0.2, beta2=0.5, delay_step=2, T=1., T_duration=1.,
        method='exp_auto'):
        super(NMDA, self).__init__(pre=pre, post=post, conn=conn)

        # 初始化参数
        self.g_max = g_max
        self.E = E
        self.c_Mg = c_Mg
        self.alpha1 = alpha1
        self.beta1 = beta1
        self.alpha2 = alpha2
        self.beta2 = beta2
        self.T = T
        self.T_duration = T_duration
        self.delay_step = delay_step

        # 获取关于连接的信息
        # 获取从pre到post的连接信息
        self.pre2post = self.conn.require('pre2post')

        # 初始化变量
        self.x = bm.Variable(bm.zeros(self.post.num))
        self.s = bm.Variable(bm.zeros(self.post.num))
        self.g = bm.Variable(bm.zeros(self.post.num))
```

```
27        self.b = bm.Variable(bm.zeros(self.post.num))
28        # 定义一个延迟处理器
29        self.delay = bm.LengthDelay(self.pre.spike, delay_step)
30
31        # 定义积分函数
32        self.integral=bp.odeint(method=method, f=bp.JointEq(self.ds,self.dx))
33
34    def ds(self, s, t, x):
35        return self.alpha1 * x * (1 - s) - self.beta1 * s
36
37    def dx(self, x, t, T):
38        return self.alpha2 * T * (1 - x) - self.beta2 * x
39
40    def update(self, tdi):
41        # 取出延迟了 delay_step 时间步长的突触前脉冲信号
42        delayed_pre_spike = self.delay(self.delay_step)
43        self.delay.update(self.pre.spike)
44
45        # 计算神经递质到达突触后膜的时间
46        self.spike_arrival_time.value = bm.where(pre_spike, t, self.
47            spike_arrival_time)
48
49        # 计算突触后膜附近的神经递质浓度
50        T = ((t - self.spike_arrival_time) < self.T_duration) * self.T
51
52        # 更新 x, s, g
53        self.s.value, self.x.value = self.integral(self.s, self.x, tdi.t, T,
54            tdi.dt)
55        self.g.value = self.g_max * self.s
56
57        # 更新 b
58        self.b.value = 1 / (1 + bm.exp(-0.062 * self.post.V) * self.c_Mg /
59            3.57)
60
61        # 在电导模型下计算突触后电流
62        self.post.input += self.g * self.b * (self.E - self.post.V)
```

在运行 run_syn() 时，我们除了观察变量 $g(t)$ 的变化，还可以查看 b 和突触后电流（PSC）的变化。同时，为了观察 b 对模型的影响，我们在 $t = 130$ ms 处对突触后神经元施加一个脉冲电流，使其产生动作电位。运行模拟的代码修改起来十分容易，这里就不给出 NMDA 模型的运行代码了。NMDA 模型对脉冲信号的响应情况如图 4-12 所示。

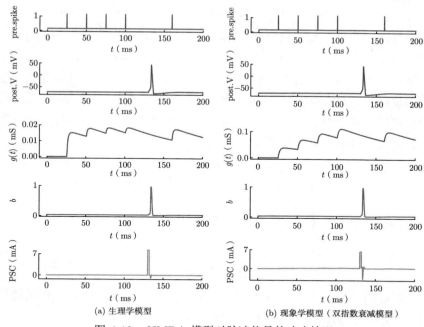

图 4-12　NMDA 模型对脉冲信号的响应情况

由图 4-12 可知，当突触前神经元的刺激到达突触时，NMDA 受体的电导 $g(t)$ 增大，但由于突触后神经元的膜电位仍处于静息态，b 的值很小，说明受体的离子通道几乎全部被镁离子堵塞，因而无法产生突触后电流。当突触后神经元的膜电位去极化后，镁离子的堵塞被解除，b 增大，产生突触后电流（因为是电导模型，所以突触后电流的正负会随突触后电位的变化而变化）。此时的突触后电流似乎对突触后神经元没有太大影响，因为神经元原本就处于脉冲发放状态，但 NMDA 受体的离子通道的开放会对突触后神经元产生其他重要的影响，如钙离子的内流可以激发细胞内的一系列生化反应，从而改变突触后膜上的受体数量。

此外，NMDA 模型的模拟结果也反映了生理学模型（与现象学模型相比）的优越性。在图 4-12(b) 中，因为 NMDA 受体的动力学过程较慢，电导衰减所需的时间很长，所以短时间内的高频刺激会使电导的增量不断叠加，这种无限制增大的电导在生物学上是不合理的。反观生理学模型，因为离子通道开放的概率 $s(t)$ 最大为 1，限定了 $g(t)$ 的上界，从而保证了模型在生物学上的合理性。

4.3.4　GABA$_\text{B}$ 模型

前面提到 GABA$_\text{B}$ 受体在引发突触后电流的机制上与另外 3 种常见的受体不同。具体而言，GABA$_\text{B}$ 受体与 GABA 结合后，将激活细胞内的一种 G 蛋白，这种 G 蛋白能够与钾离子通道结合并使其开放，K$^+$ 外流使得细胞膜超极化。这种间接引发离子通道开放的机制使得 GABA$_B$ 受体的建模思路有所不同。

对于 GABA$_B$ 受体本身而言，其激活与失活仍然可以用式 (4-18) 表示。GABA$_B$ 受体的下游是 G 蛋白，我们用 [G] 表示细胞内被激活的 G 蛋白的浓度，它受两个部分调控：在 $r(t)$ 的刺激下以速率 k_1 被激活，且自身以速率 k_2 失活。钾离子通道的开放概率用 $s(t)$ 表示，G 蛋白与钾离子通道结合的动力学方程由其配位方程给出。因此，GABA$_B$ 模型表示为

$$
\begin{cases}
\dfrac{\mathrm{d}r(t)}{\mathrm{d}t} = \alpha[\mathrm{T}]\left[1 - r(t)\right] - \beta r(t) \\[2mm]
\dfrac{\mathrm{d}[\mathrm{G}]}{\mathrm{d}t} = k_1 r(t) - k_2[\mathrm{G}] \\[2mm]
s(t) = \dfrac{[\mathrm{G}]^4}{[\mathrm{G}]^4 + K_{\mathrm{d}}}
\end{cases}
\tag{4-24}
$$

式中，各参数的含义与式 (4-18) 类似。k_1 和 k_2 分别表示 G 蛋白的激活速率和失活速率，K_{d} 是 G 蛋白与钾离子通道的解离常数。

下面用 BrainPy 实现 GABA$_B$ 模型。

```python
class GABAb(bp.TwoEndConn):
    def __init__(self, pre, post, conn, g_max=1., E=-95., alpha=0.09,
        beta=0.0012, T_0=0.5, T_dur=0.5, k1=0.18, k2=0.034, K_d=0.1,
        delay_step=2, method='exp_auto', **kwargs):
        super(GABAb, self).__init__(pre=pre, post=post, conn=conn, **kwargs)

        # 初始化参数
        self.g_max = g_max
        self.E = E
        self.alpha = alpha
        self.beta = beta
        self.T_0 = T_0
        self.T_dur = T_dur
        self.k1 = k1
        self.k2 = k2
        self.K_d = K_d
        self.delay_step = delay_step

        # 获取关于连接的信息
        # 获取从pre到post的连接信息
        self.pre2post = self.conn.require('pre2post')

        # 初始化变量
```

```
24        self.r = bm.Variable(bm.zeros(self.post.num))
25        self.G = bm.Variable(bm.zeros(self.post.num))
26        self.s = bm.Variable(bm.zeros(self.post.num))
27        self.g = bm.Variable(bm.zeros(self.post.num))
28        # 脉冲到达时间
29        self.spike_arrival_time = bm.Variable(bm.ones(self.pre.num) * -1e7)
30        # 定义一个延迟处理器
31        self.delay = bm.LengthDelay(self.pre.spike, delay_step)
32
33        # 定义积分函数
34        self.integral = bp.odeint(method=method,
35            f=bp.JointEq(self.dr, self.dG))
36
37    def dr(self, r, t, T):
38        return self.alpha * T * (1 - r) - self.beta * r
39
40    def dG(self, G, t, r):
41        return self.k1 * r - self.k2 * G
42
43    def update(self, tdi):
44        # 取出延迟了delay_step时间步长的突触前脉冲信号
45        delayed_pre_spike = self.delay(self.delay_step)
46        self.delay.update(self.pre.spike)
47
48        # 更新脉冲到达时间, 并计算神经递质浓度
49        self.spike_arrival_time.value = bm.where(delayed_pre_spike, _t, self.
50            spike_arrival_time)
51        T = ((_t - self.spike_arrival_time) < self.T_dur) * self.T_0
52
53        # 更新r, s, g
54        self.r.value, self.G.value = self.integral(self.r, self.G, tdi.t, T,
55            tdi.dt)
56        self.s.value = bm.power(self.G, 4) / (bm.power(self.G, 4) + self.K_d)
57        self.g.value = self.g_max * self.s
58
59        # 在电导模型下计算突触后电流
60        self.post.input += self.g * (self.E - self.post.V)
```

$GABA_B$ 模型对脉冲信号的响应情况如图 4-13 所示。由于 $GABA_B$ 模型中各变量的时间常数较大，电导 $g(t)$ 的变化非常慢，因此我们让突触前神经元只产生一个脉冲，并观察接下来的 1000 ms 内 $GABA_B$ 模型中变量 $r(t)$、[G] 和 $g(t)$ 的变化。

由图 4-13 可知，$GABA_B$ 模型中各参数的变化十分缓慢（$r(t)$ 和 [G] 在

1000 ms 时也只衰减到了最大值的 1/3），这种作用使得突触后电位长时间处于超极化状态，突触后神经元在这段时间内呈现被抑制的状态。$r(t)$、[G] 和 $g(t)$ 顺次上升，彼此影响的关系也一目了然，这种级联反应不仅延迟了突触前脉冲的作用时间，还将其效果平均到了较长的时间窗口中。

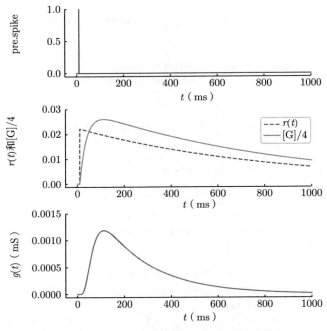

图 4-13　$GABA_B$ 模型对脉冲信号的响应情况

　　本节介绍了化学突触的建模方式，并对 4 种常见的化学突触进行了建模。神经元除了通过化学突触连接，还可以通过电突触连接。下面介绍电突触模型。

4.4　电突触模型

　　与化学突触相比，电突触的结构较为简单。电突触的结构及等效电路如图 4-14 所示。在电突触中，两个神经元之间的连接结构被称为**间隙连接**（Gap Junction）。在这个部位，两个神经元的细胞膜靠得非常近，且通过一种名为**连接子**（Connexon）的通道相连。这种通道允许离子自由通过，对离子种类没有选择性，这使得电突触的性质与化学突触有很大不同：① 电流的流动方向是双向的；② 电流的产生是被动的，产生原因是两个神经元膜电位存在差异，电流从电势高的细胞流向电势低的细胞。

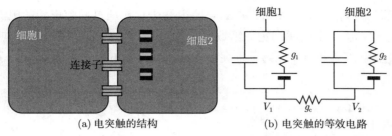

(a) 电突触的结构　　　　　　(b) 电突触的等效电路

图 4-14　电突触的结构及等效电路

因为电突触的离子通道既不随膜电位变化也不受配体（神经递质）调控，所以在建模时我们可以将其视为常值电阻。

令电突触的电导为 g_c，根据欧姆定律可以得到

$$I_1 = g_c(V_1 - V_2) \tag{4-25}$$

式中，I_1 表示流出细胞 1 的电流（从内向外为正方向），V_1 和 V_2 分别表示细胞 1 和细胞 2 的膜电位。

电突触模型中甚至没有微分方程，因此其在 BrainPy 中的实现也相对简单。

```python
import brainpy as bp
import brainpy.math as bm

class GapJunction(bp.TwoEndConn):
    def __init__(self, pre, post, conn, g=0.2, **kwargs):
        super(GapJunction, self).__init__(pre=pre, post=post, conn=conn,
        **kwargs)

        # 初始化参数
        self.g = g

        # 获取每个连接的突触前神经元pre_ids和突触后神经元post_ids
        self.pre_ids, self.post_ids = self.conn.require('pre_ids', 'post_ids')

        # 初始化变量
        self.current = bm.Variable(bm.zeros(self.post.num))

    def update(self, tdi):
        # 计算突触后电流（从外向内为正方向）
        inputs=self.g*(self.pre.V[self.pre_ids]-self.post.V[self.post_ids])

        # 从突触（synapse）到突触后神经元群（post）的电流计算
        self.current.value = bm.syn2post(inputs, self.post_ids, self.post.num)
        self.post.input += self.current
```

在代码中，我们使用 `self.current` 变量来记录通过间隙连接的电流（不包括外部输入电流）。下面我们定义函数 `run_syn_GJ()`，以测试电突触模型的效果，在这个模型中，两个神经元通过电突触相连，同时第 0 个神经元接收一个恒定的外部输入电流。

```
1   def run_syn_GJ(syn_model, title, run_duration=100., Iext=7.5, **kwargs):
2       # 定义神经元和突触连接，并构建神经网络
3       neu = bp.dyn.HH(2)
4       syn = syn_model(neu, neu, conn=bp.connect.All2All(include_self=False),
5                       **kwargs)
6       # include_self=False: 自己和自己没有连接
7       net = bp.Network(syn=syn, neu=neu)
8
9       # 运行模拟
10      runner = bp.DSRunner(net,
11                          inputs=[('neu.input', bm.array([Iext, 0.]))],
12                          monitors=['neu.V', 'syn.current'],
13                          jit=True)
14      runner.run(run_duration)
15
16      # 可视化
17      fig, gs = plt.subplots(2, 1, figsize=(6, 4.5))
18      plt.sca(gs[0])
19      plt.plot(runner.mon.ts, runner.mon['neu.V'][:, 0], label='neu0-V')
20      plt.plot(runner.mon.ts, runner.mon['neu.V'][:, 1], label='neu1-V')
21      plt.legend(loc='upper right')
22      plt.title(title)
23
24      plt.sca(gs[1])
25      plt.plot(runner.mon.ts, runner.mon['syn.current'][:, 0],
26              label='neu1-current', color=u'#48d688')
27      plt.plot(runner.mon.ts, runner.mon['syn.current'][:, 1],
28              label='neu0-current', color=u'#d64888')
29      plt.legend(loc='upper right')
30
31      plt.tight_layout()
32      plt.show()
33
34  run_syn_GJ(GapJunction, Iext=7.5mA, title='Gap Junction Model')
35  run_syn_GJ(GapJunction, Iext=5mA., title='Gap Junction Model')
```

两个神经元的膜电位变化及间隙连接中通过电流的变化如图 4-15 所示。其中电流为每个神经元收到的来自电突触的电流，从外向内为正方向。由图 4-15(a) 可知，当第 0 个神经元膜电位升高时，第 1 个神经元将通过间隙连接收到一个正

向的电流, 于是膜电位随之升高; 第 0 个神经元发放脉冲也会引起第 1 个神经元发放脉冲。此外, 因为只有一个间隙连接存在, 所以两个神经元收到的电流之和总是 0mA。

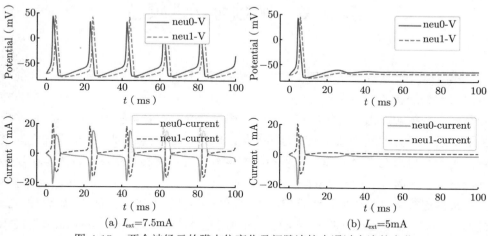

(a) I_{ext}=7.5mA   (b) I_{ext}=5mA
图 4-15　两个神经元的膜电位变化及间隙连接中通过电流的变化

此外, 在前面介绍的化学突触模型中, 5mA 外部输入电流就能使神经元产生动作电位, 但在电突触模型中, 同样大小的电流却不能使神经元产生动作电位, 见图 4-15(b), 这是因为电突触就像一个"漏电"装置, 当第 0 个神经元的膜电位高于第 1 个神经元的膜电位时, 会产生一个从第 0 个神经元到第 1 个神经元的电流, 对于第 0 个神经元来说, 向外流出的电流抵消了外部输入电流的部分效果, 因此激发动作电位需要更大的外部输入电流。但无论如何, 从间隙连接输入两个神经元的电流总是一对相反数。

4.5　本章小结

本章主要介绍了静态突触的建模。突触可以分为化学突触和电突触, 它们的功能不尽相同。在化学突触的建模中, 只关心突触电导的变化曲线而不关心其生物学机制的模型被称为现象学模型。我们介绍了电压跳变模型、指数衰减模型、Alpha 函数模型和双指数衰减模型等现象学模型。与之相对, 生理学模型从化学突触生理结构的角度对其动力学性质进行建模。我们对神经系统中常见的 AMPA 受体、$GABA_A$ 受体、NMDA 受体和 $GABA_B$ 受体进行了建模。除了化学突触, 还有一种由间隙连接构成的电突触。其模型相对简洁且单一, 不过我们能够通过模拟看到相邻神经元通过电突触对彼此造成的影响。

第 5 章　突触可塑性模型

第 4 章介绍了化学突触模型和电突触模型。目前介绍的模型有一个共同的特点：它们是静态的，即神经元之间的连接强度是固定不变的。然而，在真实的神经系统中，突触最为关键的特点之一是它的可塑性。突触**可塑性**（Plasticity）指突触前后神经元的连接强度会随时间变化，因此，在不同时刻，即使是同样的突触前刺激，也会在突触后膜上产生不同的电流效应。突触可塑性被认为是实现学习、记忆、实时计算等功能的核心。

根据连接强度变化所能维持的时长，突触可塑性主要被分为两类：**短时程可塑性**（Short-Term Plasticity，STP）与**长时程可塑性**（Long-Term Plasticity，LTP），它们产生的机制有所不同。

5.1　突触短时程可塑性

突触短时程可塑性指突触的连接强度变化持续时间为毫秒级到秒级。实验中测得的突触短时程可塑性[19]及 BrainPy 模拟结果如图 5-1 所示。图 5-1(a) 中的竖线表示突触前神经元在特定时刻发放动作电位，图 5-1(b) 中的拟合曲线为突触后电位随时间变化的曲线。可以看到，在 100～500ms，突触前神经元连续快速发放脉冲，突触后神经元在开始时有较为强烈的响应，但这种响应随时间衰减，最终基本稳定。如果突触前神经元的脉冲发放停止一段时间（500～1000ms），则新的脉冲发放所激发的突触后电位与连续刺激下的稳定值相比出现了回升，如果静息时间足够长，可以回到最初的反应强度。在反复刺激下，突触后神经元的响应在短时间内衰减的现象被称为**短时程抑制**（Short-Term Depression，STD）。类似地，也有突触后神经元的响应在短时间内增强的现象，被称为**短时程增强**（Short-Term Facilitation，STF）。

那么我们该如何构建一个具有短时程可塑性的突触模型呢？与前面的单神经元及静态突触的建模思路相似，建立突触可塑性模型也可以从它的生物学机制入手。一般来说，短时程增强的原因可能是突触前脉冲使突触前膜释放了更大比例的神经递质（或理解为微观层面神经递质的释放概率增大），而短时程抑制的原因

可能是神经递质消耗。因此，突触短时程可塑性对变量 u 和 x 建模[31][32]，即

$$
\begin{cases}
\dfrac{\mathrm{d}u}{\mathrm{d}t} = -\dfrac{u}{\tau_{\mathrm{f}}} + U(1 - u^-) \displaystyle\sum_{t^{(f)}} \delta\left(t - t^{(f)}\right) \\[3mm]
\dfrac{\mathrm{d}x}{\mathrm{d}t} = -\dfrac{x - 1}{\tau_{\mathrm{d}}} - u^+ x^- \displaystyle\sum_{t^{(f)}} \delta\left(t - t^{(f)}\right) \\[3mm]
\dfrac{\mathrm{d}g}{\mathrm{d}t} = -\dfrac{g}{\tau} + \bar{g} u^+ x^- \displaystyle\sum_{t^{(f)}} \delta\left(t - t^{(f)}\right)
\end{cases}
\tag{5-1}
$$

式中，u 为神经递质的释放概率，x 为突触前膜中神经递质的剩余比例，$u, x \in [0, 1]$；g 为突触电导。式 (5-1) 中 3 个微分方程的右侧都由一个衰减项和一个更新项组成，后者描述了突触前神经元产生动作电位时变量应如何更新。下面分别介绍各微分方程的含义。

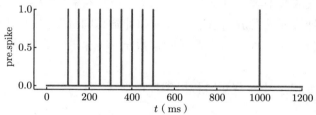

(a) 实验中测得的突触短时程可塑性（突触前神经元在特定时刻发放动作电位）

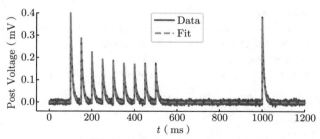

(b) BrainPy模拟结果（突触后电位随时间变化的曲线）

图 5-1 实验中测得的突触短时程可塑性及 BrainPy 模拟结果

式 (5-1) 中的第 3 个方程描述了突触电导的变化，该方程沿用了指数衰减模型中的微分方程，即式 (4-9)①，只不过将等号右侧第 2 项中的 $\bar{g}$ 改为了 $\bar{g} u^+ x^-$。

---

① 电导的微分方程也可以根据其他突触模型修改得到，只是这里选取了指数衰减模型。

这里的 u^+ 表示 u 在这个时刻跳变后的值，即

$$u^+ = \lim_{t-t^{(f)} \to 0^+} u \qquad (5\text{-}2)$$

类似地，x^- 表示 x 跳变前的值。u^+ 与 x^- 相乘表示突触前膜在该脉冲下释放的神经递质的比例，再乘以 $\bar{g}$ 就得到了 g 的增量。

式 (5-1) 中的第 1 个方程描述了 u 的变化。在正常情况下，u 以时间常数 τ_f 衰减到 0，每次更新时增大 $U(1-u^-)$，u 越大，增量越小，而 $U \in (0,1)$ 决定了最大增量。

式 (5-1) 中的第 2 个方程描述了 x 的变化，x 以时间常数 τ_d 恢复到 1（在稳定状态下神经递质饱和量为 1），更新时减小 u^+x^-，这是因为比例为 u^+x^- 的神经递质被释放到突触间隙中。

在该模型中，u 主要贡献了短时程增强的效果，它的初始值为 0，并随着突触前神经元的发放而增大；而 x 主要贡献了短时程抑制的效果，它的初始值为 1，并随着突触前神经元的发放而减小。增强和抑制是同时发生的，因此每次更新时它们的变化 $U(1-u^-)$ 和 u^+x^- 及时间常数 τ_f 和 τ_d 的大小关系决定了可塑性的最终效果。

下面在 BrainPy 中实现短时程可塑性模型（STP 模型）。

```
1   import brainpy as bp
2   import brainpy.math as bm
3
4   class STP(bp.TwoEndConn):
5     def __init__(self, pre, post, conn, g_max=0.1, U=0.15, tau_f=1500.,
6                  tau_d=200.,tau=8., E=1., delay_step=2,
7                  method='exp_auto', **kwargs):
8       super(STP, self).__init__(pre=pre, post=post, conn=conn, **kwargs)
9
10      # 初始化参数
11      self.tau_d = tau_d
12      self.tau_f = tau_f
13      self.tau = tau
14      self.U = U
15      self.g_max = g_max
16      self.E = E
17      self.delay_step = delay_step
18
19      # 获取每个连接的突触前神经元pre_ids和突触后神经元post_ids
20      self.pre_ids, self.post_ids = self.conn.require('pre_ids', 'post_ids')
21      # 初始化变量
```

```
22    num = len(self.pre_ids)
23    self.x = bm.Variable(bm.ones(num))
24    self.u = bm.Variable(bm.zeros(num))
25    self.g = bm.Variable(bm.zeros(num))
26    self.delay = bm.LengthDelay(self.g, delay_step)  # 定义一个处理g的延迟器
27
28    # 定义积分函数
29    self.integral = bp.odeint(method=method, f=self.derivative)
30
31  @property
32  def derivative(self):
33    du = lambda u, t: - u / self.tau_f
34    dx = lambda x, t: (1 - x) / self.tau_d
35    dg = lambda g, t: -g / self.tau
36    return bp.JointEq([du, dx, dg])  # 将3个微分方程联合求解
37
38  def update(self, tdi):
39    # 将g的计算延迟delay_step时间步长
40    delayed_g = self.delay(self.delay_step)
41
42    # 计算突触后电流
43    post_g = bm.syn2post(delayed_g, self.post_ids, self.post.num)
44    self.post.input += post_g * (self.E - self.post.V_rest)
45
46    # 更新各变量
47    # 哪些突触前神经元产生了脉冲
48    syn_sps = bm.pre2syn(self.pre.spike, self.pre_ids)
49    # 计算积分后的u, x, g
50    u, x, g = self.integral(self.u, self.x, self.g, tdi.t, tdi.dt)
51    u = bm.where(syn_sps, u + self.U * (1 - self.u), u)  # 更新后的u
52    x = bm.where(syn_sps, x - u * self.x, x)  # 更新后的x
53    g = bm.where(syn_sps, g + self.g_max * u * self.x, g)  # 更新后的g
54    self.u.value = u
55    self.x.value = x
56    self.g.value = g
57
58    # 更新延迟器
59    self.delay.update(self.g)
```

定义好 STP 模型后，我们可以模拟实验中观察到的结果（图5-1）。定义一个 run_STP() 函数。

```
1   import matplotlib.pyplot as plt
2
3   def run_STP(title=None, **kwargs):
4     # 定义突触前神经元、突触后神经元和突触连接，并构建神经网络
5     neu1 = bp.neurons.LIF(1)
6     neu2 = bp.neurons.LIF(1)
7     syn = STP(neu1, neu2, bp.connect.All2All(), **kwargs)
8     net = bp.Network(pre=neu1, syn=syn, post=neu2)
9
10    # 分段电流
11    inputs, dur = bp.inputs.section_input(values=[22., 0., 22., 0.],
12                                          durations=[200., 200., 25., 75.],
13                                          return_length=True)
14    # 运行模拟
15    runner = bp.DSRunner(net,
16                         inputs=[('pre.input', inputs, 'iter')],
17                         monitors=['syn.u', 'syn.x', 'syn.g'])
18    runner.run(dur)
19
20    # 可视化
21    fig, gs = plt.subplots(2, 1, figsize=(6, 4.5))
22
23    plt.sca(gs[0])
24    plt.plot(runner.mon.ts, runner.mon['syn.x'][:, 0], label='x')
25    plt.plot(runner.mon.ts, runner.mon['syn.u'][:, 0], label='u')
26    plt.legend(loc='center right')
27    if title: plt.title(title)
28
29    plt.sca(gs[1])
30    plt.plot(runner.mon.ts, runner.mon['syn.g'][:, 0], label='g',
31            color=u'#d62728')
32    plt.legend(loc='center right')
33
34    plt.xlabel('t (ms)')
35    plt.tight_layout()
36    plt.show()
```

在 run_STP() 中，我们可以将关于 STP 模型的自定义参数传入，以调节该模型是短时程增强还是短时程抑制的。同时，我们将输入突触前神经元的电流定义为分段函数，使突触前神经元在 0～200ms 被激活，在 200～400ms 不发放脉冲，之后再发放一个脉冲，以模拟电生理实验中的条件。因为只有突触前神经元发放脉冲的时刻会影响 STP 模型的各变量，膜电位变化曲线不会对其产生影响，因此我们将最简单的 LIF 模型作为突触前后神经元，这里不再画出其膜电位变化

曲线。

```
1  # 短时程增强
2  run_STP(title='STF', U=0.1, tau_d=15., tau_f=200.)
3  # 短时程抑制
4  run_STP(title='STD', U=0.4, tau_d=200., tau_f=15.)
```

在分段电流下，突触短时程可塑性模型中变量 x、u 和 g 关于时间的变化曲线如图5-2所示。这里所设的分段电流为：当 $t \in [0, 200)$ 或 $t \in [400, 425)$ 时，$I = 22\text{mA}$；否则 $I = 0\text{mA}$。当 τ_f 很大、τ_d 很小时，即图5-2(a)，神经递质的剩余比例 x 快速恢复，而释放概率 u 减小较慢，在多次刺激中累加为一个较大值，因此电导 g 在每次刺激下的增量变大，短时程增强由此形成。在突触前神经元不发放脉冲后，u 缓慢衰减，如果下次脉冲到来时 u 仍未衰减到 0，则短时程增强的部分效果保留，表现为 g 的增量大于上次的增量。

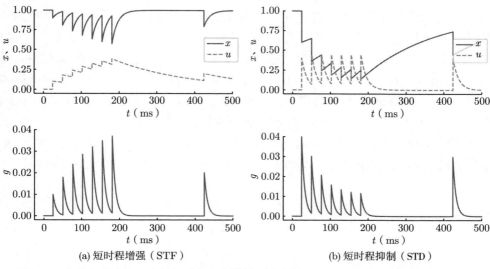

(a) 短时程增强（STF）　　　　　　　　　(b) 短时程抑制（STD）

图 5-2　在分段电流下，突触短时程可塑性模型中变量 x、u 和 g 关于时间的变化曲线

类似地，当 τ_d 很大、τ_f 很小且 U 较大时，即图5-2(b)，每次脉冲刺激下神经递质的释放量较多且恢复速度很慢，这就使得之后每次刺激所能释放的神经递质变少，形成短时程抑制。当间隔一段较长的时间后，神经递质的剩余量有所恢复，在新的刺激下，突触电导的增量有所回升。这样的模拟结果与实验测得的结果是较为相似的。

5.2 突触长时程可塑性

5.1节讨论了突触短时程可塑性，它的持续时间一般为毫秒级到秒级。出现短时程可塑性的原因大多是一些物理层面的可逆变化，如神经递质的消耗。相比而言，长时程可塑性的持续时间可以是几十秒以上，甚至不可逆，这暗示突触在生化层面发生了一些反应，最终改变了信号传递的强度。长时程可塑性对认知功能有重要影响，如神经科学家们普遍认为记忆就存储在神经元的连接中，而神经系统依靠突触的长时程可塑性来产生或改变记忆。

目前有多种描述长时程可塑性的方式，包括脉冲时序依赖可塑性、赫布学习法则、Oja 法则、BCM 法则等，下面对其进行介绍。

5.2.1 脉冲时序依赖可塑性（STDP）

脉冲时序依赖可塑性（Spike-Timing-Dependent Plasticity，STDP）指突触前后神经元发放脉冲的先后顺序决定了突触连接强度的变化方式。实验中观察到的 STDP 现象如图 5-3 所示[33][34]。设突触前神经元为 j，突触后神经元为 i，$t_j^f - t_i^f$ 为突触前神经元和突触后神经元发放脉冲的时间差，$\Delta w_{ij}/w_{ij}$ 为突触权重的相对变化量。在图 5-3 中，位于 $t_j^f - t_i^f = 0$ 左侧的数据点表示突触前神经元先于突触后神经元发放，此时突触的权重会增大，被称为长时程增强（Long-Term Potentiation，LTP）；位于 $t_j^f - t_i^f = 0$ 右侧的数据点表示突触后神经元先于突触前神经元发放，此时突触的权重会减小，表现为长时程抑制（Long-Term Depression，LTD）。此外，两个神经元发放的时间间隔越短，长时程增强或长时程抑制的效果越明显。

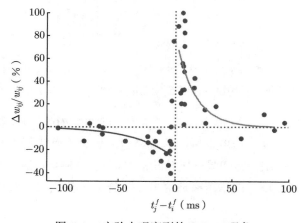

图 5-3　实验中观察到的 STDP 现象

图 5-3 中的长时程可塑性规律是有生物学意义的。当突触前神经元先于突触后神经元发放脉冲时，这个顺序与信号在神经元之间传递的顺序是一致的，即信号先通过突触前神经元后通过突触后神经元，因此两个神经元之间突触连接的增强使之后的信号传递更容易；当突触后神经元先于突触前神经元发放脉冲时，说明突触后神经元不是被这个突触前神经元驱动的，也就是说这对神经元之间不存在信号流的因果关系，因此正向的连接会被削弱。

在建模 STDP 时，我们仍然先对突触的电导 g 建模，这样突触才能将突触前神经元的脉冲转化为突触后电流。这里我们采用指数衰减模型，即

$$\frac{\mathrm{d}g}{\mathrm{d}t} = -\frac{g}{\tau} + w \sum_{t^{(f)}} \delta(t - t^{(f)}) \tag{5-3}$$

式中，w 是突触权重，其衡量了突触的效能，因为每次突触前神经元发放脉冲时，突触的电导会增加 w。STDP 的效果体现在 w 上，如果发生了长时程增强，w 应变大，反之应变小；同时，w 应是一个根据突触前后神经元发放时序 $t_{\text{pre}}^1, t_{\text{pre}}^2, \cdots, t_{\text{post}}^1,$ $t_{\text{post}}^2, \cdots$ 变化的函数。那么，我们应如何求这个函数呢？如图5-3所示，我们可以将突触前后神经元发放的脉冲两两配对，在每个配对中，$t_{\text{pre}}^i - t_{\text{post}}^i$ 作为自变量影响 Δw 的值。不过，众多实验表明，生物系统不是简单地依照这种两配对形式来改变连接权重的，有时发放序列是以三配对或四配对的形式影响连接权重的[35]，甚至还会存在更复杂的形式。STDP 存在多种计算模型[36]，下面我们以两配对模型中的一种为例进行讲解。

在两配对模型中，设突触前后神经元发放脉冲的时间差为 Δt，则 Δw 可以拟合为[37][38]

$$\Delta w = \begin{cases} A_1 \mathrm{e}^{-|\Delta t|/\tau_1}, & \Delta t < 0 \\ -A_2 \mathrm{e}^{-|\Delta t|/\tau_2}, & \Delta t > 0 \end{cases} \tag{5-4}$$

式中，$A_1, A_2 > 0$，它们是突触权重最大的变化量；τ_1 和 τ_2 是突触权重变化量随突触前后神经元产生脉冲的时间差变化的时间常数。

建模式 (5-4) 中的突触权重变化在实际编程中有很大难度。因为突触前神经元产生脉冲时，其突触权重的变化必须综合考虑所有突触后神经元的历史脉冲，突触后神经元产生脉冲时，也必须综合考虑所有突触前神经元的历史脉冲。这意味着在编程实现时我们必须保存突触前后神经元的所有脉冲发放时刻。这对于一个大规模脉冲神经网络的突触可塑性建模来说是不现实的。

一种常用的建模方法是使用两个局部变量分别保存突触前后神经元的脉冲发放所引起的突触权重变化的迹。例如，为了建模突触前神经元的脉冲发放所引起

的突触权重的变化，可以使用

$$\frac{\mathrm{d}A_{\mathrm{pre}}}{\mathrm{d}t} = -\frac{A_{\mathrm{pre}}}{\tau_1} + A_1 \sum_{t_{\mathrm{pre}}^{(f)}} \delta\left(t - t_{\mathrm{pre}}^{(f)}\right) \tag{5-5}$$

式中，$t_{\mathrm{pre}}^{(f)}$ 为突触前神经元的脉冲发放时刻。式 (5-5) 表示每当突触前神经元产生脉冲时，变量 A_{pre} 增加 A_1，之后根据时间常数 τ_1 按指数规律减小。类似地，突触后神经元的脉冲发放所引起的突触权重变化可以建模为

$$\frac{\mathrm{d}A_{\mathrm{post}}}{\mathrm{d}t} = -\frac{A_{\mathrm{post}}}{\tau_2} + A_2 \sum_{t_{\mathrm{post}}^{(f)}} \delta\left(t - t_{\mathrm{post}}^{(f)}\right) \tag{5-6}$$

式中，$t_{\mathrm{post}}^{(f)}$ 为突触后神经元的脉冲发放时刻。

迹 A_{pre} 和 A_{post} 在权重更新过程中有重要作用。在突触前神经元产生动作电位的瞬间，突触权重的减小与 A_{post} 成正比。类似地，突触权重的增大发生在突触后神经元产生动作电位时，且其增量与 A_{pre} 成正比。因此，我们将突触权重建模为

$$\frac{\mathrm{d}w}{\mathrm{d}t} = -A_{\mathrm{post}} \sum_{t_{\mathrm{pre}}^{(f)}} \delta\left(t - t_{\mathrm{pre}}^{(f)}\right) + A_{\mathrm{pre}} \sum_{t_{\mathrm{post}}^{(f)}} \delta\left(t - t_{\mathrm{post}}^{(f)}\right) \tag{5-7}$$

式 (5-5)、式 (5-6) 和式 (5-7) 描述的两配对 STDP 模型具有很高的实现效率。我们可以通过 BrainPy 搭建 STDP 模型，并通过模拟来观察 A_{pre} 和 A_{post} 对 w 的影响。

```
1  import brainpy as bp
2  import brainpy.math as bm
3
4  class STDP(bp.TwoEndConn):
5    def __init__(self, pre, post, conn, tau_s=16.8, tau_t=33.7, tau=8., A1=0.96,
6                 A2=0.53, E=1., delay_step=0, method='exp_auto', **kwargs):
7      super(STDP, self).__init__(pre=pre, post=post, conn=conn, **kwargs)
8
9      # 初始化参数
10     self.tau_s = tau_s
11     self.tau_t = tau_t
12     self.tau = tau
13     self.A1 = A1
14     self.A2 = A2
15     self.E = E
16     self.delay_step = delay_step
17     # 获取每个连接的突触前神经元pre_ids和突触后神经元post_ids
```

```
18      self.pre_ids, self.post_ids = self.conn.require('pre_ids', 'post_ids')
19
20      # 初始化变量
21      num = len(self.pre_ids)
22      self.Apre = bm.Variable(bm.zeros(num))
23      self.Apost = bm.Variable(bm.zeros(num))
24      self.w = bm.Variable(bm.ones(num))
25      self.g = bm.Variable(bm.zeros(num))
26      # 定义一个延迟处理器
27      self.delay = bm.LengthDelay(self.pre.spike, delay_step)
28
29      # 定义积分函数
30      self.integral = bp.odeint(method=method, f=self.derivative)
31
32  @property
33  def derivative(self):
34      dApre = lambda Apre, t: - Apre / self.tau_s
35      dApost = lambda Apost, t: - Apost / self.tau_t
36      dg = lambda g, t: -g / self.tau
37      return bp.JointEq([dApre, dApost, dg])  # 将3个微分方程联合求解
38
39  def update(self, tdi):
40      # 将g的计算延迟delay_step时间步长
41      delayed_g = self.delay(self.delay_step)
42
43      # 计算突触后电流
44      post_g = bm.syn2post(delayed_g, self.post_ids, self.post.num)
45      self.post.input += post_g * (self.E - self.post.V_rest)
46
47      # 更新各变量
48      # 哪些突触前神经元产生了脉冲
49      pre_spikes = bm.pre2syn(self.pre.spike, self.pre_ids)
50      # 哪些突触后神经元产生了脉冲
51      post_spikes = bm.pre2syn(self.post.spike, self.post_ids)
52
53      # 计算积分后的Apre, Apost, g
54      self.Apre.value, self.Apost.value, self.g.value = \
55      self.integral(self.Apre, self.Apost, self.g, tdi.t, tdi.dt)
56
57      # if (pre spikes)
58      Apre = bm.where(pre_spikes, self.Apre + self.A1, self.Apre)
59      self.w.value = bm.where(pre_spikes, self.w - self.Apost, self.w)
60      # if (post spikes)
61      Apost = bm.where(post_spikes, self.Apost + self.A2, self.Apost)
62      self.w.value = bm.where(post_spikes, self.w + self.Apre, self.w)
63      self.Apre.value = Apre
```

```
64    self.Apost.value = Apost
65
66    # 先更新w后更新g
67    self.g.value = bm.where(pre_spikes, self.g + self.w, self.g)
68
69    # 更新延迟器
70    self.delay.update(self.g)
```

我们通过给突触前后神经元施加不同的输入电流来控制它们产生脉冲的时间。这里使用 LIF 模型描述突触前后神经元。我们在 $t = 5\text{ms}$ 时给突触前神经元施加一段大小为 30mA、持续时间为 15ms 的电流，让 LIF 模型产生一个脉冲，然后在 $t = 10\text{ms}$ 时给突触后神经元施加一个相同的输入电流，间隔 15ms 后重复 3 次，这就形成了突触前神经元先于突触后神经元发放脉冲的情况，即 $t_{\text{pre}}^{(f)} - t_{\text{post}}^{(f)} = -5\text{ms}$。在静息较长时间后，我们再把刺激顺序调整为 $t_{\text{pre}}^{(f)} - t_{\text{post}}^{(f)} = 3\text{ms}$，观察 w 和 g 的变化。

```
1   def run_STDP(I_pre, I_post, dur, **kwargs):
2     # 定义突触前神经元、突触后神经元和突触连接，并构建神经网络
3     pre = bp.neurons.LIF(1)
4     post = bp.neurons.LIF(1)
5     syn = STDP(pre, post, bp.connect.All2All(), **kwargs)
6     net = bp.Network(pre=pre, syn=syn, post=post)
7
8     # 运行模拟
9     runner = bp.DSRunner(
10      net,
11      inputs=[('pre.input', I_pre, 'iter'), ('post.input', I_post, 'iter')],
12      monitors=['pre.spike', 'post.spike', 'syn.g', 'syn.w',
13      'syn.Apre', 'syn.Apost']
14    )
15    runner(dur)
16
17    # 可视化
18    fig, gs = plt.subplots(5, 1, gridspec_kw={'height_ratios': [2, 1, 1, 2, 2]},
19                          figsize=(6, 8))
20    plt.sca(gs[0])
21    plt.plot(runner.mon.ts, runner.mon['syn.g'][:, 0], label='$g$',
22            color=u'#d62728')
23    plt.sca(gs[1])
24    plt.plot(runner.mon.ts, runner.mon['pre.spike'][:, 0], label='pre spike',
25            color='springgreen')
26    plt.legend(loc='center right')
27    plt.sca(gs[2])
```

```
28   plt.plot(runner.mon.ts, runner.mon['post.spike'][:, 0], label='post spike',
29           color='seagreen')
30   plt.sca(gs[3])
31   plt.plot(runner.mon.ts, runner.mon['syn.w'][:, 0], label='$w$')
32   plt.sca(gs[4])
33   plt.plot(runner.mon.ts, runner.mon['syn.Apre'][:, 0], label='$A_s$',
34           color='coral')
35   plt.plot(runner.mon.ts, runner.mon['syn.Apost'][:, 0], label='$A_t$',
36           color='gold')
37
38   for i in range(4): gs[i].set_xticks([])
39   for i in range(1, 3): gs[i].set_yticks([])
40   for i in range(5): gs[i].legend(loc='upper right')
41
42   plt.xlabel('t (ms)')
43   plt.tight_layout()
44   plt.subplots_adjust(hspace=0.)
45   plt.show()
46
47   # 设置输入电流
48   duration = 300.
49   I_pre = bp.inputs.section_input([0, 30, 0, 30, 0, 30, 0, 30, 0, 30, 0, 30, 0],
50                                   [5, 15, 15, 15, 15, 15, 100, 15, 15, 15, 15,
51                                   15, duration - 255])
52   I_post = bp.inputs.section_input([0, 30, 0, 30, 0, 30, 0, 30, 0, 30, 0, 30, 0],
53                                    [10, 15, 15, 15, 15, 15, 90, 15, 15, 15, 15,
54                                    15, duration - 250])
55
56   # 运行模拟
57   run_STDP(I_pre, I_post, duration)
```

　　突触前后神经元的脉冲发放情况与 STDP 模型中各变量关于时间的变化曲线如图 5-4 所示。由图5-4可知，当 $t_{\text{pre}}^{(f)} - t_{\text{post}}^{(f)} < 0$ms 时，$w$ 增大且稳定为增大后的值，模型表现为长时程增强（LTP）；当 $t_{\text{pre}}^{(f)} - t_{\text{post}}^{(f)} > 0$ms 时，$w$ 减小，模型表现为长时程抑制（LTD）。

　　下面分析变量 A_{pre} 和 A_{post} 对 w 的影响。根据式 (5-5)、式 (5-6) 和式 (5-7)，当突触前神经元先兴奋时，A_{pre} 增大，如果此时紧接着突触后神经元兴奋，则 A_{pre} 会累加到 w 上，形成长时程增强；当突触后神经元先兴奋时，A_{post} 增大，如果此时紧接着突触前神经元兴奋，则 w 会减去 A_{post}，形成长时程抑制。

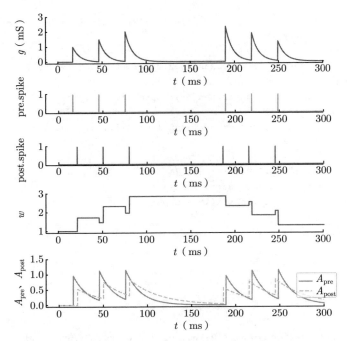

图 5-4　突触前后神经元的脉冲发放情况与 STDP 模型中各变量关于时间的变化曲线

5.2.2　赫布学习法则

赫布学习法则（Hebb Learning Rule）是一个描述突触可塑性的经典数学模型。这个法则由加拿大心理学家唐纳德·赫布于 1949 年提出[39]，又称赫布理论。

赫布提出，当神经元 A 对神经元 B 产生持续重复的刺激时，A 和 B 的连接强度会提高。由于赫布学习法则仅关心两个神经元的同步发放，不关心发放的次序，所以我们可以用忽略具体脉冲时间的发放频率模型实现。对比 STDP 的发放时序依赖的可塑性，这种可塑性被称为发放频率依赖的可塑性。

对于神经元 i 到神经元 j 的连接，用 x_i 和 x_j 分别表示突触前后神经元的发放频率，赫布学习法则的一般形式为

$$\frac{\mathrm{d}w_{ij}}{\mathrm{d}t} = F(w_{ij}, x_i, x_j) \tag{5-8}$$

泰勒展开可得

$$\frac{\mathrm{d}w_{ij}}{\mathrm{d}t} = c_{00}w_{ij} + c_{10}w_{ij}x_j + c_{01}w_{ij}x_i +$$
$$c_{20}w_{ij}x_j^2 + c_{02}w_{ij}x_i^2 + c_{11}w_{ij}x_ix_j + O(x^3) \tag{5-9}$$

根据赫布学习法则，突触前后神经元的同步活动会使连接强度提高，因此式 (5-9) 中等号右侧第 6 项的系数 $c_{11}w_{ij} > 0$，或者高阶项的系数大于 0，如 $c_{21}w_{ij}x_i^2x_j$ 的系数 $c_{21}w_{ij}$。

以上我们考虑的是两个神经元之间的连接。现在我们考虑一个接收来自多个神经元的信号的神经元，如图5-5所示。

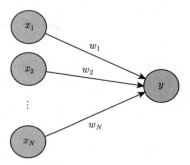

图 5-5　一个接收来自多个神经元的信号的神经元

假设共有 N 个神经元与目标神经元连接，目标神经元收到的来自第 i 个神经元的信号为 x_i，且该神经元对所有输入信号的响应 y 可以视为这些输入信号的线性叠加，即

$$y = \sum_{i=1}^{N} w_i x_i \tag{5-10}$$

用矩阵形式表示为

$$y = \boldsymbol{x}^{\mathrm{T}} \boldsymbol{w} \tag{5-11}$$

根据赫布学习法则，$\boldsymbol{w}$ 的变化量可以表示为（此处我们只保留式 (5-9) 中等号右侧的第 6 项）

$$\frac{\mathrm{d}\boldsymbol{w}}{\mathrm{d}t} = \eta x y = \eta \boldsymbol{x}\boldsymbol{x}^{\mathrm{T}}\boldsymbol{w} = \eta \boldsymbol{C}\boldsymbol{w} \tag{5-12}$$

式中，η 为学习率；$\boldsymbol{C} = \boldsymbol{x}\boldsymbol{x}^{\mathrm{T}}$ 为所有输入信号的相关系数矩阵。因为 $\boldsymbol{C}$ 是一个对称矩阵，其可以被正交对角化，所以我们可以求出 $\boldsymbol{w}$ 的解析解，即

$$\boldsymbol{w} = k_1 \mathrm{e}^{\eta\lambda_1 t}\boldsymbol{c}_1 + k_2 \mathrm{e}^{\eta\lambda_2 t}\boldsymbol{c}_2 + \cdots + k_N \mathrm{e}^{\eta\lambda_N t}\boldsymbol{c}_N \tag{5-13}$$

式中，λ_i 为第 i 个特征值；$\boldsymbol{c}_i$ 为第 i 个特征值对应的特征向量；k_i 为可以取任意值的线性组合系数。

因为赫布学习法则较为简单且其实现与后面介绍的其他法则十分相似，所以这里不再单独实现赫布学习法则，读者可以根据后面介绍的其他法则自行得出赫步学习法则的 BrainPy 实现。

赫布学习法则的提出对神经科学的研究来说具有重要意义，它指出神经元之间的连接可以通过无监督方式习得，只要两个相连神经元的输入在时间上具有统计一致性，这两个神经元的连接就会得到增强。这个理论也被总结为"一同激发，一同连接（Cells that fire together wire together）"。赫布学习法则被广泛应用于 Hopfield 网络等学习模型[40]，并表现出良好的性能。不过，赫布学习法则也有一些缺陷，在某些情况下，赫布学习法则是不稳定的[41]。在上面的例子中，我们使用了一个简化的、只考虑单向连接的网络模型，根据式 (5-13)，随着时间的推移，某个特征向量对应的指数系数将占绝对主导地位，如果不施加人为限制，w 将无限增大。

基于赫布学习法则，一些新的法则被陆续提出，它们在赫布学习法则的基础上进行了改进，以获得更好的可塑性表征。

5.2.3 Oja 法则

Oja 法则（Oja's Rule）由芬兰计算机科学家 Erkki Oja 于 1982 年提出[42]。Oja 法则基于赫布学习法则做了一些改进，解决了原有的不稳定问题，且提供了一个基于主成分分析（Principal Component Analysis，PCA）的神经实现方法。具体而言，Oja 法则保留了式 (5-9) 中等号右侧的第 5 项和第 6 项，且 $c_{11}w_{ij} = \eta > 0$，$c_{02}w_{ij} = -\eta w_{ij}$。可以表示为

$$\frac{\mathrm{d}\boldsymbol{w}}{\mathrm{d}t} = \eta y(\boldsymbol{x} - y\boldsymbol{w}) \tag{5-14}$$

Oja 法则的主要思路是，为防止 $\boldsymbol{w}$ 随时间按指数规律上升，应在每次更新时对 $\boldsymbol{w}$ 进行标准化，即在每个时刻令 $||\boldsymbol{w}|| = 1$。由此得到在学习率随时间趋于 0 或保持很小的情况下可以近似写为式 (5-14)（这里不做详细推导）。

对于两个神经元的连接，Oja 法则可以写为

$$\begin{aligned}
\frac{\mathrm{d}w_{ij}}{\mathrm{d}t} &= \eta x_j(x_i - x_j w_{ij}) \\
&= \eta(x_j x_i - w_{ij} x_j^2)
\end{aligned} \tag{5-15}$$

Oja 法则最突出的贡献之一是将神经网络的学习（突触权重的变化）转化为对输入信号的主成分分析。下面我们仍考察赫布学习法则中的例子，即考虑一个

神经元接收来自多个神经元的信号，且该神经元的响应可以视为这些输入信号的线性叠加，即式 (5-11)。结合式 (5-14)，可以得到

$$
\begin{aligned}
\frac{\mathrm{d}\boldsymbol{w}}{\mathrm{d}t} &= \eta(\boldsymbol{x}y - y^2\boldsymbol{w}) \\
&= \eta\left[\boldsymbol{x}\boldsymbol{x}^{\mathrm{T}}\boldsymbol{w} - \left(\boldsymbol{w}^{\mathrm{T}}\boldsymbol{x}\boldsymbol{x}^{\mathrm{T}}\boldsymbol{w}\right)\boldsymbol{w}\right] \\
&= \eta\left[\boldsymbol{C}\boldsymbol{w} - \left(\boldsymbol{w}^{\mathrm{T}}\boldsymbol{C}\boldsymbol{w}\right)\boldsymbol{w}\right]
\end{aligned}
\tag{5-16}
$$

式中，$\boldsymbol{C} = \boldsymbol{x}\boldsymbol{x}^{\mathrm{T}}$ 为输入向量的相关系数矩阵。当网络学习稳定时，$\mathrm{d}\boldsymbol{w}/\mathrm{d}t = 0$，即

$$
\boldsymbol{C}\boldsymbol{w} - \left(\boldsymbol{w}^{\mathrm{T}}\boldsymbol{C}\boldsymbol{w}\right)\boldsymbol{w} = 0
\tag{5-17}
$$

因为 $\boldsymbol{w}^{\mathrm{T}}\boldsymbol{C}\boldsymbol{w}$ 实际上是标量，所以式 (5-17) 与特征向量的定义式非常相似。可以证明，当 $\boldsymbol{w}$ 趋于稳定时，它会成为 $\boldsymbol{C}$ 的最大特征值对应的标准化特征向量[42][43]。因此我们可以说，在 Oja 法则下，神经元学习了输入信号的主成分。

下面用 BrainPy 实现 Oja 法则。

```
class Oja(bp.TwoEndConn):
  def __init__(self, pre, post, conn, eta=0.05, delay_step=0,
               method='exp_auto', **kwargs):
    super(Oja, self).__init__(pre=pre, post=post, conn=conn, **kwargs)

    # 初始化参数
    self.eta = eta
    self.delay_step = delay_step

    # 获取每个连接的突触前神经元pre_ids和突触后神经元post_ids
    self.pre_ids, self.post_ids = self.conn.require('pre_ids', 'post_ids')

    # 初始化变量
    num = len(self.pre_ids)
    # 令初始的||w||=1
    self.w = bm.Variable(bm.random.uniform(size=num) * 2./bm.sqrt(num))
    self.delay = bm.LengthDelay(self.pre.r, delay_step)  # 定义一个延迟处理器

    # 定义积分函数
    self.integral = bp.odeint(self.derivative, method=method)

  def derivative(self, w, t, x, y):
    dwdt = self.eta * y * (x - y * w)
    return dwdt
  def update(self, tdi):
```

```
26      # 将突触前的信号延迟delay_step时间步长
27      delayed_pre_r = self.delay(self.delay_step)
28      self.delay.update(self.pre.r)
29
30      # 更新突触后的firing rate
31      # 计算每个突触i对应的突触后神经元反应y_i
32      weight = bm.pre2syn(delayed_pre_r, self.pre_ids) * self.w
33      # 对每个突触后神经元k的所有y_k求和
34      post_r = bm.syn2post_sum(weight, self.post_ids, self.post.num)
35      self.post.r.value += post_r
36
37      # 更新w
38      self.w.value = self.integral(self.w, tdi.t, self.pre.r[self.pre_ids],
39                      self.post.r[self.post_ids], tdi.dt)
```

需要注意的是，在使用赫布学习法则和 Oja 法则时，我们使用的是发放频率模型（Firing Rate Models），而不是脉冲神经元模型（Spiking Neuron Models）。第 2 篇介绍的模型都属于脉冲神经元模型。

发放频率模型从统计上捕捉神经元的发放频率随时间的变化。为了支撑这些突触模型的模拟，我们需要实现一个简单的发放频率模型。

```
1   class FR(bp.NeuGroup):
2     def __init__(self, size, **kwargs):
3       super(FR, self).__init__(size=size, **kwargs)
4       self.r = bm.Variable(bm.zeros(self.num))
5       self.input = bm.Variable(bm.zeros(self.num))
6
7     def update(self, tdi):
8       self.r.value = self.input    # 将输入直接视为r
9       self.input[:] = 0.
```

搭建好突触模型和与之对应的神经元模型后，我们就可以进行数值模拟了。我们实现如图5-5所示的连接，设定 32 个突触前神经元，并设定它们的活动强度是带有噪声的。除了观察 w 的模的变化，我们还观察 w 与 x 的夹角的变化——如果 w 通过学习靠近了 x 的主成分分量，则它们之间的夹角应越来越小，对应的 $\cos(x, w)$ 应越来越大。

我们分别观察赫布学习法则和 Oja 法则对神经元连接的不同影响。

```
1   import matplotlib.pyplot as plt
2   import numpy as np
3   def run_FR(syn_model, I_pre, dur, ax, label, **kwargs):
4     # 定义突触前神经元、突触后神经元和突触连接，并构建神经网络
```

```
5    num_pre = I_pre.shape[1]
6    pre = FR(num_pre)
7    post = FR(1)
8    syn = syn_model(pre, post, conn=bp.connect.All2All(), **kwargs)
9    net = bp.Network(pre=pre, post=post, syn=syn)
10
11   # 运行模拟
12   runner = bp.DSRunner(net, inputs=[('pre.input', I_pre, 'iter')],
13                        monitors=['pre.r', 'post.r', 'syn.w'])
14   runner(dur)
15
16   plt.sca(ax)
17   plt.plot(runner.mon.ts, np.sqrt(np.sum(np.square(runner.mon['syn.w']),
18            axis=1)), label=label)
19
20   return runner
21
22   def visualize_cos(ax, x, w, step, label, linestyle='.-'):
23   # 计算向量t_m和每个时间点w_m的夹角
24   a2 = np.sum(x * x, axis=1)
25   b2 = np.sum(w * w, axis=1)
26   cos_m = np.sum(x * w, axis=1) / np.sqrt(a2 * b2)
27
28   plt.sca(ax)
29   plt.plot(step, np.abs(cos_m), linestyle, label=label)
30   plt.xlabel('time steps')
31
32   bm.random.seed(299)
33   n_pre = 32    # 32个突触前神经元
34   num_sample = 20    # 挑选20个时间点进行可视化
35   dur = 100.    # 模拟总时长
36   n_steps = int(dur / bm.get_dt())    # 模拟总步长
37
38   I_pre = bm.random.normal(scale=0.1, size=(n_steps, n_pre)) + bm.random.uniform(
          size=n_pre)
39   step_m = np.linspace(0, n_steps - 1, num_sample).astype(int)
40   x = np.asarray(I_pre)[step_m]
41
42   _, (ax1, ax2) = plt.subplots(1, 2, figsize=(12, 4))
43
44   # Hebb Learning Rule, Hebb模型需要读者自己实现
45   runner = run_FR(Hebb, I_pre, dur, ax1, 'Hebb Learning Rule', eta=0.003)
46   w = runner.mon['syn.w'][step_m]
47   visualize_cos(ax2, x, w, step_m, 'cos($x, w$) - Hebb Learning Rule')
48   # Oja's Rule
49   runner = run_FR(Oja, I_pre, dur, ax1, 'Oja\'s Rule', eta=0.003)
```

```
50  w = runner.mon['syn.w'][step_m]
51  visualize_cos(ax2, x, w, step_m, 'cos($x, w$) - Oja\'s Rule')
52
53  # eigenvectors
54  C = np.dot(x.T, x)
55  eigvals, eigvecs = np.linalg.eig(C)
56  eigvals, eigvecs  = eigvals.real, eigvecs.T.real
57  largest = eigvecs[np.argsort(eigvals)[-1]]
58  visualize_cos(ax2, x, np.ones((num_sample, n_pre)) * largest,
59              step_m, 'cos($x, v_1$)', linestyle='--')
60
61  ax1.set_xlabel('t (ms)')
62  ax1.set_ylabel('$||w||$')
63  ax1.legend()
64  ax2.legend()
65  plt.tight_layout()
66  plt.show()
```

虽然我们没有在本书中给出赫布学习法则的 BrainPy 实现，但其实现十分简单，只需要把 Oja 法则中的 `derivative()` 函数换成赫布学习法则中的式 (5-12)。在不同法则下 w 的模及 w 与 x 的夹角的余弦值关于时间的变化曲线如图 5-6 所示。

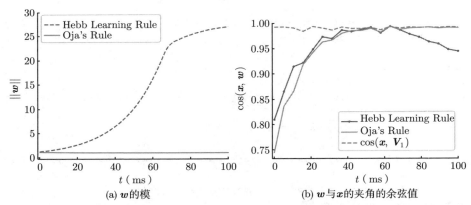

(a) w 的模   (b) w 与 x 的夹角的余弦值

图 5-6　在不同法则下 w 的模及 w 与 x 的夹角的余弦值关于时间的变化曲线

从 w 的模的变化情况来看，赫布学习法则下 w 的模按指数规律增大。我们在模型实现中人为限制了 w，使它的每个分量不超过 5，因此在图 5-6(a) 中，$||w||$ 在一段时间后趋于稳定。与赫布学习法则不同的是，Oja 法则下 w 的模一直稳定在 1 附近，这体现了 Oja 法则的归一化作用。下面观察 w 与 x 的夹角的变化。由于随机初始化，开始时 w 与 x 的夹角较大，但随着学习的进行，Oja 法则下

的 w 不断向 x 靠近，最终 $\cos(x, w)$ 接近 1。我们还将 $\cos(x, V_1)$ 画在图 5-6(b) 中，以作为参考。V_1 为 C 的最大特征值对应的特征向量（x 的主成分分量），可知 Oja 法则下稳定后的 $\cos(x, w)$ 和 $\cos(x, V_1)$ 非常接近，说明 Oja 法则下 w 确实学习了 x 的主成分。在赫布学习法则下，$\cos(x, w)$ 先增大后减小，减小的原因是 w 各分量的最大值被人为限制了，因此向量的角度发生了变化，w 与 x 的夹角增大。

综上所述，Oja 法则可以作为赫布学习法则的一种改进。

5.2.4 BCM 法则

保留式 (5-9) 中展开式的高阶项可以导出更复杂的可塑性方案。本节介绍的 BCM 法则就是通过保留更多高阶项来同时实现突触权重增强与抑制的。

BCM 法则的名字取自 3 位科学家（Elie Bienenstock，Leon Cooper 和 Paul Munro）。他们于 1982 年提出了该法则[44]，并用其解释初级感受皮层中神经元的学习模式。BCM 法则也是由赫布学习法则发展而来的。不过它既能模拟长时程增强，又能模拟长时程抑制，而且其关于长时程增强和长时程抑制的界限是根据神经元的整体发放频率动态调整的。这样的法则在许多神经元中都已经被观察到了。BCM 法则表示为

$$\frac{\mathrm{d}w}{\mathrm{d}t} = \eta y (y - \theta_{\mathrm{M}}) x - \epsilon w \tag{5-18}$$

$$\theta_{\mathrm{M}} = E^p \left(\frac{y}{y_{\mathrm{o}}} \right) \tag{5-19}$$

式中，x、y、w 和 η 的含义与式 (5-12) 和式 (5-14) 中相同。在式 (5-18) 中，θ_{M} 是一个可变的阈值，它根据突触后神经元的响应来决定连接是被增强的还是被抑制的；ϵw 是一个缓慢衰减项，可以避免 w 发散。在式 (5-19) 中，$E(\cdot)$ 表示在时间上求平均，p 为指数，y_{o} 为缩放系数。BCM 法则中 $\mathrm{d}w/\mathrm{d}t$ 关于 y 的变化曲线如图5-7所示。由图5-7可知，当突触后神经元的响应（发放频率）达到阈值 θ_{M} 后，$\mathrm{d}w/\mathrm{d}t > 0$，突触权重表现为长时程增强；否则，表现为长时程抑制。

下面在 BrainPy 中实现 BCM 法则。这里取 $p = 1$，$y_{\mathrm{o}} = 1$。我们实现与 Oja 法则相同的连接（图5-5），但施加的刺激不同。这里使突触的前两个神经元交替发放，且第 1 个神经元的发放频率比第 2 个神经元高。我们动态调整阈值为 r_i 的时间平均，即

$$r_\theta = f(r_i) = \frac{\int r_i \mathrm{d}t}{T} \tag{5-20}$$

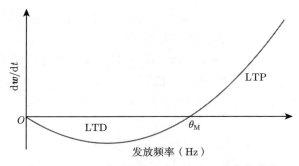

图 5-7　BCM 法则中 $\mathrm{d}\boldsymbol{w}/\mathrm{d}t$ 关于 y 的变化曲线

```
1   import brainpy as bp
2   import brainpy.math as bm
3
4   class BCM(bp.DynamicalSystem):
5     def __init__(self, num_pre, num_post, eta=0.01, eps=0., p=1, y_o=1.,
6                  w_max=2., w_min=-2., method='exp_auto'):
7       super(BCM, self).__init__()
8
9       # 初始化参数
10      self.eta = eta
11      self.eps = eps
12      self.p = p
13      self.y_o = y_o
14      self.w_max = w_max
15      self.w_min = w_min
16
17      # 初始化变量
18      self.pre = bm.Variable(num_pre)   # 突触前神经元的发放频率
19      self.post = bm.Variable(num_post)   # 突触后神经元的发放频率
20      self.post_mean = bm.Variable(self.post.value)   # 突触后神经元的平均发放频率
21      self.w = bm.Variable(bm.ones((num_pre, num_post)))   # 突触权重
22      self.theta_M = bm.Variable(num_post)
23
24      # 定义积分函数
25      self.integral = bp.odeint(self.derivative, method=method)
26
27    def derivative(self, w, t, x, y, theta):
28      dwdt = self.eta * y * (y - theta) * bm.reshape(x, (-1, 1)) - self.eps * w
29      return dwdt
30
31    def update(self, tdi):
32      # 更新w
```

```
33    w = self.integral(self.w, tdi.t, self.pre, self.post, self.theta_M, tdi.dt)
34    # 将w限制在[w_min, w_max]
35    w = bm.where(w > self.w_max, self.w_max, w)
36    w = bm.where(w < self.w_min, self.w_min, w)
37    self.w.value = w
38
39    # 突触后神经元的发放频率
40    self.post.value = self.pre @ self.w
41
42    # 更新突触后神经元平均发放频率
43    self.post_mean.value = (self.post_mean * (tdi.i + 1) + self.post)/(tdi.i+2)
44    self.theta_M.value = bm.power(self.post_mean, self.p)
```

```
1   I1, dur = bp.inputs.constant_input([(1.5, 20.), (0., 20.)] * 5)
2   I2, _ = bp.inputs.constant_input([(0., 20.), (1., 20.)] * 5)
3   I_pre = bm.stack((I1, I2)).T
4
5   # 定义突触前神经元、突触后神经元和突触连接，并构建神经网络
6   model = BCM(num_pre=2, num_post=1, eps=0.)
7
8   # 运行模拟
9   def f_input(tdi):  model.pre.value = I_pre[tdi.i]
10
11  runner = bp.DSRunner(model, fun_inputs=f_input,
12                      monitors=['pre', 'post', 'w', 'theta_M'],
13                      fun_monitors={'w': lambda tdi: model.w.flatten()})
14  runner.run(dur)
```

BCM 法则下神经元发放频率及突触权重关于时间的变化曲线如图5-8所示。在模拟过程中，为了清楚地看出突触权重的变化与突触后神经元的发放频率之间的关系，我们将式 (5-18) 中的 ϵ 设为 0。由于两个突触前神经元交替兴奋，当突触前第 0 号神经元强烈兴奋（pre_0）时，使得突触后神经元活动（post_0）高于历史平均活动水平 θ_M，表现为长时程增强，w_0 逐渐增大；当突触前第 1 号神经元微弱兴奋（pre_1）时，突触后神经元的活动低于历史平均活动水平，表现为长时程抑制，w_1 逐渐减小。

值得注意的是，在 BCM 法则中，连接权重的增减不取决于神经元的发放频率是否达到某个阈值，而是取决于其发放频率是否超过了过去一段时间内的平均发放频率。这个现象体现了 BCM 法则的适应性——连接的增强或减弱会根据神经元自身的发放历史动态变化，而不是一个固定值。

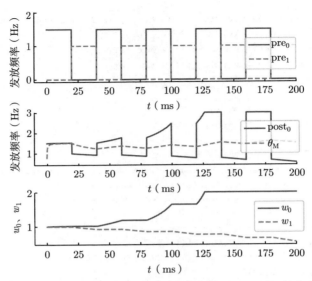

图 5-8　BCM 法则下神经元发放频率及突触权重关于时间的变化曲线

5.3　本章小结

本章介绍了突触可塑性模型。突触可塑性指突触效能（神经元的连接强度）的变化。根据其所能维持的时长，可以将突触可塑性分为短时程可塑性（Short-Term Plasticity，STP）和长时程可塑性（Long-Term Plasticity，LTP），它们的产生机制有所不同。STP 的持续时间为毫秒级到秒级，主要由突触前神经元内部的暂时性变化引起，如激发神经递质释放的钙离子浓度、神经递质的剩余量等，其建模也从该角度入手。长时程可塑性的持续时间可以是几十秒以上，甚至不可逆，目前的模型一般尝试模拟长时程可塑性的现象，而不是从产生的机制入手，包括 STDP、赫布学习法则、Oja 法则、BCM 法则等。突触可塑性被认为是大脑实现学习、记忆、实时计算等功能的核心。

第 4 篇

神经网络模型

　　在第 2 篇和第 3 篇中，我们介绍了神经元模型和突触模型，本篇介绍如何将这些组件拼接在一起，以完成更高级的认知任务。这就要求我们不再以单神经元或突触为研究对象，而是要探究一群互相连接的神经元具有怎样的功能。这种由大量神经元通过突触互相连接构成的具有功能意义的群体被称为神经网络。

　　研究神经网络最直接的思路是模拟网络中所有神经元的活动，再考察它们在宏观上具有怎样的统计规律和行为。这种思路对应的模型被称为脉冲神经网络（Spiking Neural Networks, SNNs）。脉冲神经网络会细致地对每个神经元和神经连接建模，因此能够模拟每个神经元的活性和它们发放的每个脉冲。研究者可以利用这种方式来重现大脑中神经元的活动和交互，通过仿真结果来验证一些猜想和推导；研究者还可以通过改变各参数来考察网络的整体性质，从而获得更多启发。脉冲神经网络的缺点也比较明显：因为需要对网络中的神经元和神经连接建模，其计算消耗往往较大。

　　为了减少计算消耗，如果我们关心的是网络计算的基本原理而不是实现细节，那么我们可以在建模方面做出简化，将一个神经元群的活动简化为单发放单元，并用这群神经元的平均发放频率代替单神经元的活动强度，这类模型被称为发放频率神经网络（Firing Rate Neural Networks）。这类模型也有其生物学依据：在大脑中，具有相似性质的神经元往往被组织在一起，形成神经元群，它们对同一刺激的反应非常相似，因此我们可以把这些神经元看成一个整体，并只对该整体的活动进行建模。在大部分情况下，发放频率神经网络得到的模拟结果与相同尺度的脉冲神经网络的结果相似，但计算过程却被大大简化了。

　　本篇介绍几种典型的神经网络模型，它们试图解释神经生物学中观察到的一些现象或完成某些认知任务。前面提到的脉冲神经网络模型和发放频率神经网络模型只是实现这些网络的两种手段。对于大部分模型来说，它们既可以是脉冲神经网络模型，也可以是发放频率神经网络模型（只不过对于一些网络而言，其中一种模型的实现相对简单）。本篇介绍兴奋—抑制平衡网络、决策网络、连续吸引子神经网络、库网络。

第 6 章 兴奋—抑制平衡网络

6.1 兴奋—抑制平衡网络的结构

神经科学研究的目的之一是寻找大脑编码信息的可能法则。因此，我们很自然地希望神经元在相同刺激下产生相同的反应，这样大脑才能可靠地重复编码信息。然而，20 世纪 80 年代至 90 年代，研究者通过大量神经生物学实验发现，在同样的外部刺激下，大脑皮层中的神经元每次产生的脉冲序列都不同，且单次脉冲序列表现出极不规律的统计行为[45]（在恒定输入电流下，中间神经元呈现不规律发放，如图6-1所示），其 fano 因子甚至大于随机泊松过程，这为我们理解神经编码带来了很大困扰。同时，有实验发现，如果切断神经元之间的连接，单独对皮层切片施加恒定刺激，神经元会产生规律发放[46]，这说明完整大脑中神经元的不规律发放源于神经网络的内部性质，而不是单神经元特性。

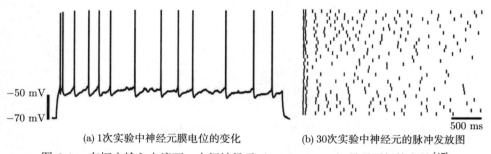

−50 mV

−70 mV

500 ms

(a) 1次实验中神经元膜电位的变化　　　　(b) 30次实验中神经元的脉冲发放图

图 6-1　在恒定输入电流下，中间神经元（Interneurons）呈现不规律发放[47]

基于实验，Vreeswijk、Sompolinsky 等尝试解释上述现象的生物学机制。他们意识到了一个问题：一个神经元会接收成千上万个神经元的输入，假设这些突触前神经元相互独立地无规律发放，则根据中心极限定理，它们的总效果不会有很大波动（标准差和均值之比会变得很小），这将使突触后神经元产生有规律发放，该推论与实验结果矛盾。为了克服这个矛盾，他们提出网络中应同时存在兴奋性神经元和抑制性神经元，且两种神经元的输入必须是大致平衡、相互抵消的，这样单神经元接收的输入的均值维持为一个很小的值，方差（波动）才足够显著，从而使神经元产生无规律发放。由此，他们提出了一个重要概念——**兴奋—抑制平衡网络**（E-I Balanced Network）。此后，这个概念被大量实验证明，包括单神经元和脑区的连接模式等。兴奋—抑制平衡网络已经被广泛接受，成为大脑连接的基本法则。

兴奋—抑制平衡网络的结构如图 6-2 所示。该网络由两个神经元群（兴奋性神经元群和抑制性神经元群）组成，神经元群内部和两个神经元群之间都存在突触连接（用箭头表示），分别为兴奋—兴奋（E2E）连接、兴奋—抑制（E2I）连接、抑制—兴奋（I2E 连接）和抑制—抑制（I2I）连接。网络还会接收外部输入电流。

兴奋—抑制平衡网络的结构看起来很简单，只有两组神经元群相互作用，那么它为何能够解释实验中观察到的不规律发放现象？Vreeswijk 和 Sompolinsky 认为，还需要对网络有以下要求。

（1）神经元之间的连接是随机且稀疏的，这使得不同神经元接收的内部输入的统计相关性很弱，在宏观上表现为较强的不规律性。

（2）从统计上讲，一个神经元接收的兴奋性输入和抑制性输入应能大致抵消，即网络中传递的兴奋电流和抑制电流是动态平衡的。

（3）网络内部神经元之间的连接强度相对较高，这使得整个网络的活动不被外部输入电流主导，而被网络内部突触连接产生的电流主导，突触电流的随机变化决定了神经元的无规律发放现象。

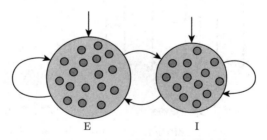

图 6-2　兴奋—抑制平衡网络的结构

6.2　兴奋—抑制平衡网络的编程实现

下面利用 BrainPy 实现一个兴奋—抑制平衡网络。在 BrainPy 中，网络动力学系统需继承 `brainpy.Network`。一个脉冲神经网络由多个神经元群和它们之间的突触连接构成，我们需要在模型中定义这些神经元群和突触连接。这

里借鉴文献 [48] 中的工作，用 LIF 模型和电导模式的指数衰减模型搭建兴奋
—抑制平衡网络。前面已经实现了这些神经元模型，因此可以直接调用。同时，
BrainPy 为用户提供了丰富的预置模型，我们可以通过 `brainpy.neurons.LIF`
和 `brainpy.synapses.Exponential` 调用需要用到的两个模型。根据实验结果，
我们将兴奋性神经元和抑制性神经元的数量比设为 4:1。

```python
import brainpy as bp
import brainpy.math as bm

class EINet(bp.Network):
  def __init__(self, num_exc, num_inh, method='exp_auto', **kwargs):
    super(EINet, self).__init__(**kwargs)

    # 搭建神经元
    # 神经元模型需要的参数
    pars = dict(V_rest=-60., V_th=-50., V_reset=-60., tau=20., tau_ref=5.)
    self.E = bp.neurons.LIF(num_exc, **pars, method=method)
    self.I = bp.neurons.LIF(num_inh, **pars, method=method)
    self.E.V.value = bm.random.randn(num_exc) * 4. - 60.  # 随机初始化膜电位
    self.I.V.value = bm.random.randn(num_inh) * 4. - 60.  # 随机初始化膜电位

    # 搭建神经元连接
    E_pars = dict(g_max=0.3, tau=5., method=method)  # 兴奋性突触需要的参数
    I_pars = dict(g_max=3.7, tau=10., method=method)  # 抑制性突触需要的参数
    self.E2E = bp.synapses.Exponential(self.E, self.E,
                                       bp.conn.FixedProb(prob=0.02),output=bp.
                                       synouts.COBA(0.), **E_pars)
    self.E2I = bp.synapses.Exponential(self.E, self.I,
                                       bp.conn.FixedProb(prob=0.02),output=bp.
                                       synouts.COBA(0.), **E_pars)
    self.I2E = bp.synapses.Exponential(self.I, self.E,
                                       bp.conn.FixedProb(prob=0.02),output=bp.
                                       synouts.COBA(-80.), **I_pars)
    self.I2I = bp.synapses.Exponential(self.I, self.I,
                                       bp.conn.FixedProb(prob=0.02),output=bp.
                                       synouts.COBA(-80.), **I_pars)
```

在定义突触时，因为需要实现稀疏的随机连接，所以我们调用了 `brainpy.conn.`
`FixedProb` 类来生成随机连接，它表示每个突触后神经元按照指定概率与突触前
神经元连接，我们将连接概率设为 0.02（不知道读者是否记得，在突触建模的测
试中我们使用了 `brainpy.connect.All2All` 来完成全连接，它们都是 BrainPy
中用于生成连接的工具类）。因为每个神经元模型和突触模型都有各自的更新函

数 update()，这些更新函数将在网络模型中被自动整合在一起，在每个时间步长中依次更新，因此我们不需要为这个网络模型实现新的更新函数。

平均发放频率为

$$\bar{r}(t) = \frac{1}{N} \sum_{i=1}^{N} \frac{n_i(t, t + \delta t)}{\delta t} \tag{6-1}$$

式中，$n_i(t, t + \delta t)$ 表示神经元 i 在时间 t 到 $t + \delta t$ 产生的脉冲数。

```
1   import numpy as np
2   import matplotlib.pyplot as plt
3
4   # 数值模拟
5   net = EINet(3200, 800)
6   runner = bp.DSRunner(net,
7                        monitors=['E.spike', 'I.spike', 'E.input', 'I.input'],
8                        inputs=[('E.input', 12.), ('I.input', 12.)])
9   runner(200.)
10
11  # 可视化
12  # 定义可视化脉冲发放的函数
13  def raster_plot(spikes, title):
14    t, neu_index = np.where(spikes)
15    t = t * bp.math.get_dt()
16    plt.scatter(t, neu_index, s=0.5, c='k')
17    plt.title(title)
18    plt.ylabel('neuron index')
19
20  # 定义可视化平均发放速率的函数
21  def fr_plot(t, spikes):
22    rate = bp.measure.firing_rate(spikes, 5.)
23    plt.plot(t, rate)
24    plt.ylabel('firing rate')
25    plt.xlabel('t (ms)')
26
27  # 可视化脉冲发放
28  fig, gs = plt.subplots(2, 2, gridspec_kw={'height_ratios': [3, 1]},
29                         figsize=(12, 8), sharex='all')
30  plt.sca(gs[0, 0])
31  raster_plot(runner.mon['E.spike'], 'Spikes of Excitatory Neurons')
32  plt.sca(gs[0, 1])
33  raster_plot(runner.mon['I.spike'], 'Spikes of Inhibitory Neurons')
34
35  # 可视化平均发放速率
36  plt.sca(gs[1, 0])
37  fr_plot(runner.mon.ts, runner.mon['E.spike'])
```

```
38  plt.sca(gs[1, 1])
39  fr_plot(runner.mon.ts, runner.mon['I.spike'])
40
41  plt.subplots_adjust(hspace=0.1)
42  plt.show()
```

　　兴奋—抑制平衡网络的数值模拟结果如图 6-3 所示。从脉冲发放图中可以看出，在开始模拟时，由于网络内部的输入电流为 0mA，所有神经元受外部输入电流的影响同时发放，对应着发放频率的陡然升高和降低。在此之后，由于内部电流占主导且神经元之间随机连接，神经元接收的兴奋性输入与抑制性输入大致平衡，逐渐呈现不规律发放，发放频率也在一个恒定值附近波动。

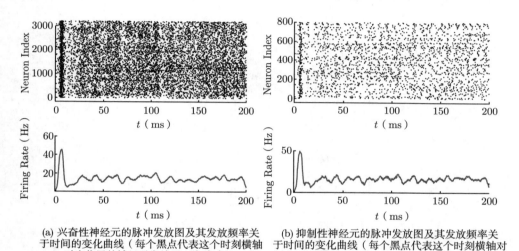

(a) 兴奋性神经元的脉冲发放图及其发放频率关于时间的变化曲线（每个黑点代表这个时刻横轴对应位置的神经元发放了一个脉冲）　(b) 抑制性神经元的脉冲发放图及其发放频率关于时间的变化曲线（每个黑点代表这个时刻横轴对应位置的神经元发放了一个脉冲）

图 6-3　兴奋—抑制平衡网络的数值模拟结果

　　除此之外，我们还可以观察单神经元接收的输入电流和自身膜电位的变化情况。

```
1  fig, gs = plt.subplots(2, 1, figsize=(6, 4), sharex='all')
2
3  i = 299  # 随机指定一个神经元序号
4  print(runner.mon['E.spike'][:, i].sum())
5  # input中不包括外部输入，这里需要加上12
6  gs[0].plot(runner.mon.ts, runner.mon['E.input'][:, i] + 12.)
7  gs[0].set_ylabel('Input Current(mA)')
8  gs[1].plot(runner.mon.ts, runner.mon['E.V'][:, i])
9  gs[1].plot([0., 200.], [net.E.V_th, net.E.V_th], '--')
```

```
10  gs[1].set_ylabel('Potential(mV)')
11
12  plt.xlabel('t (ms)')
13  plt.show()
```

网络中某个神经元接收的输入电流和自身膜电位关于时间的变化曲线如图 6-4 所示。图 6-4(a) 表明，神经元接收的兴奋性输入和抑制性输入是大致平衡的，总的输入电流围绕 0mA 上下波动。只有在输入电流达到基强度电流以上且维持一段时间的情况下，才能将膜电位提升至阈值以上，从而使神经元发放脉冲。因此，单神经元膜电位跨过阈值的时间由突触输入电流决定，而突触输入电流的波动是随机的，这就导致了神经元的不规则发放。

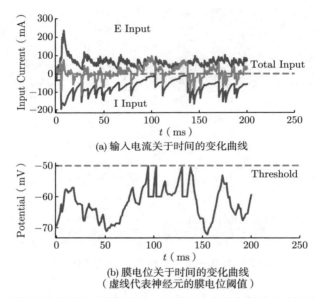

(a) 输入电流关于时间的变化曲线

(b) 膜电位关于时间的变化曲线
（虚线代表神经元的膜电位阈值）

图 6-4　网络中某个神经元接收的输入电流和自身膜电位关于时间的变化曲线

6.3　兴奋—抑制平衡网络的计算功能

通过学习前面的内容，我们了解了兴奋—抑制平衡网络的结构和产生不规律发放的原因。这样一个能产生不规律发放的网络有什么生物学意义呢？Vreeswijk 和 Sompolinsky 研究了兴奋—抑制平衡网络的动力学性质，他们认为该网络可能存在以下计算功能。

（1）网络对外部刺激呈现线性反应。通过数值模拟，Vreeswijk 和 Sompolinsky

发现整个网络的发放频率随外部输入电流线性变化，我们可以认为，外部刺激的强度被线性编码在网络的发放频率中。下面利用 scikit-learn 中的线性分析工具，通过一个简单的模拟实验来考察网络的发放频率与外部刺激的关系。

```python
from sklearn import linear_model

# 构建分段电流
dur_per_I = 500.
Is = np.array([10., 15., 20., 30., 40., 50., 60., 70.])
inputs, total_dur = bp.inputs.constant_input([(Is[0], dur_per_I),
                    (Is[1], dur_per_I),(Is[2], dur_per_I), (Is[3], dur_per_I),
                    (Is[4], dur_per_I), (Is[5], dur_per_I),(Is[6], dur_per_I),
                    (Is[7], dur_per_I),])

# 数值模拟
net = EINet(3200, 800)
runner = bp.DSRunner(net,
                     monitors=['E.spike', 'I.spike'],
                     inputs=[('E.input', inputs, 'iter'),
                     ('I.input', inputs, 'iter')])
runner(total_dur)

def fit_fr(neuron_type, color):
  # 计算各电流下网络稳定后的发放频率
  firing_rates = []
  for i in range(8):
    # 从每个阶段的第100ms开始计算
    start = int((i * dur_per_I + 100) / bm.get_dt())
    end = start + int(400 / bm.get_dt())   # 从开始到结束选取400ms
    # 计算平均发放频率
    firing_rates.append(np.mean(runner.mon[neuron_type+'.spike'][start: end]))
  firing_rates = np.asarray(firing_rates)

  plt.scatter(Is, firing_rates, color=color, alpha=0.7)

  # 使用线性分析工具进行线性拟合
  model = linear_model.LinearRegression()
  model.fit(Is.reshape(-1, 1), firing_rates.reshape(-1, 1))
  # 画出拟合结果
  x = np.array([5., 75.])
  y = model.coef_[0] * x + model.intercept_[0]
  plt.plot(x, y, color=color, label=neuron_type + ' neurons')

# 可视化
fit_fr('E', u'#d62728')
```

```
42  fit_fr('I', u'#1f77b4')
43
44  plt.xlabel('External Input Current(mA)')
45  plt.ylabel('Mean Firing Rate(Hz)')
46  plt.legend()
47  plt.show()
```

    在兴奋—抑制平衡网络中，神经元的平均发放频率与外部输入电流成正比，如图6-5所示。在图 6-5 中，我们可以清晰地看到网络中兴奋性神经元和抑制性神经元的发放频率都随外部输入电流的增大而线性提高。有趣的是，3.1 节我们通过分析得知，LIF 神经元的发放频率与外部输入电流不具有线性关系，但这种由动力学性质非线性的神经元组合而成的网络却表现出了良好的线性。

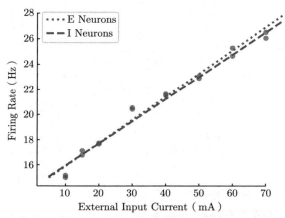

图 6-5   在兴奋—抑制平衡网络中，神经元的平均发放频率与外部输入电流成正比

    （2）网络可以快速跟踪外部刺激的变化。 兴奋—抑制平衡网络中兴奋性神经元的膜电位分布如图 6-6 所示。对于单神经元而言，外部刺激增强，其发放频率会升高，但受神经元时间常数的限制，膜电位的上升需要时间，神经元表现出的对外部刺激的变化的跟踪速度较慢。然而，在兴奋—抑制平衡网络中，每个时刻总有一些神经元的膜电位处于阈值边缘（见图6-6中的白色神经元），外部刺激的微小增大就能让它们产生发放，从而将这样的变化反映到整个网络中。这种快速跟踪外部刺激的变化的特点很可能被大脑利用，以完成对外部刺激的快速识别和反应[49]。

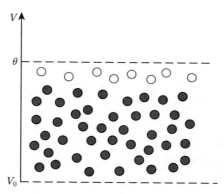

图 6-6　兴奋—抑制平衡网络中兴奋性神经元的膜电位分布（θ 代表动作电位发放的阈值）[50]

　　此外，一些研究发现，这样的网络也可以支持信号传递，在合理的参数下，信号可以在这样的噪声中完成多级传递[48]。总的来说，兴奋—抑制平衡是大脑内部网络的一般特性，它的诸多计算优点还有待研究。

6.4　本章小结

　　本章介绍了兴奋—抑制平衡网络，在该网络中，兴奋性神经元和抑制性神经元随机稀疏连接，且兴奋性输入和抑制性输入的强度大致平衡，基本抵消，使得网络被外部输入激发时表现出足够的不规律性。尽管网络在内部结构上存在大量的随机因素，但在整体上却具有规律的表现，如网络对外部刺激呈现线性反应（这种线性不依赖神经元模型本身对外部输入的反应），且可以快速跟踪外部刺激的变化等。通过该模型，我们可以获得大脑编码外部信息的一个法则：有时单神经元对外部刺激的编码呈现不规律性，但由成千上万个神经元构成的神经元群却能够产生有规律的响应。因此，我们在学习计算神经科学时不仅要关注单神经元模型的构建，还要研究由它们构成的神经网络的结构及计算性质，从神经元群的角度理解大脑编码和处理信息的方式。与之对应，在编程上我们也要学会利用神经元和突触连接快速构建网络，以实现高效的模拟和运算。

第 7 章 决 策 网 络

7.1 决策行为的研究背景

　　决策是重要的认知行为，它意味着大脑不仅能感知外部信息，还能根据这些信息做出选择。这种处理在外部信息所对应的选择倾向一致时会比较直观，但如果相互矛盾的信息同时出现，决策过程就会十分复杂，需要花费很长时间。就像我们同时面对游戏屏幕和自己 60 分的试卷时，可能陷入长时间的纠结，考虑到底应该休闲还是学习。

　　决策行为在心理学和神经科学中都得到了广泛研究。一个经典的心理物理学实验是运动辨别任务。在该实验中，参与实验的猕猴会观看一段随机点的运动视频。视频中，随机点以一定比例朝特定方向运动，其他点则随机朝其他方向运动。猕猴被要求判断这些点一致运动的方向，在刺激结束一段时间后再通过眼动给出答案。其中，朝特定方向运动的点的比例被称为**一致度**（Coherence），一致度为 1 表示所有点都朝一个方向运动，一致度为 0 表示所有点的运动方向都随机。一致度衡量了任务的难易程度。实验中随机点的运动如图 7-1 所示[19]。

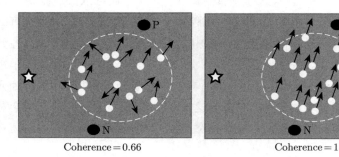

Coherence＝0.66　　　　　　　　　　　Coherence＝1

图 7-1　实验中随机点的运动

　　该实验范式被应用于许多研究。例如，Shadlen 和 Newsome 在实验过程中记录了猕猴顶叶皮层 LIP 区域的神经元活动，发现能预测猕猴的眼动方向，即猕猴的决策结果[51]。在此基础上，Wang 等提出了决策网络模型，并先后实现了脉冲形式和发放频率形式。这个模型的模拟结果不仅与 LIP 区域神经元的活动一致，还能很好地解释任务中猕猴的一些行为特点。

7.2　脉冲决策网络

7.2.1　脉冲决策网络的结构

脉冲决策网络的结构如图 7-2 所示[52]。该网络模拟了 LIP 区域的神经元连接，脉冲决策网络的结构与兴奋—抑制平衡网络相似，也由兴奋性神经元群和抑制性神经元群组成，两者内部和两者之间都存在突触连接，同时兴奋性神经元还接收来自外部（其他脑区）的输入，如颞中区（MT 区）的神经元，它们对视觉运动刺激有响应，且研究表明运动辨别实验中某个方向的一致度越高，该方向对应的神经元响应就越强烈。为了简单和直观地表示，假设任务只要求在两个方向上做出决策，我们用 I_A、I_B 表示 MT 区神经元对这两个方向的选择性响应。它们与 LIP 区域的兴奋性神经元相连，设与 I_A 相连的神经元群为 A，与 I_B 相连的神经元群为 B，其他神经元为 N。抑制性神经元群被标记为 I。所有兴奋性神经元和抑制性神经元都会接收来自其他脑区的无关信号，这里可以看作随机噪声。

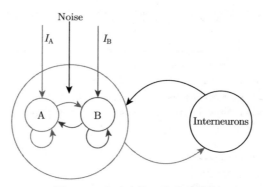

图 7-2　脉冲决策网络的结构

当视觉运动刺激传到 MT 区时，对运动方向敏感的神经元产生 I_A 和 I_B 的响应，然后将刺激信息传给 LIP 区域的神经元，前面提到可以根据 LIP 区域神经元的响应预测猕猴的决策行为，因此我们可以把它们的响应看作决策结果。那么，这个网络是如何工作的？我们可以先在 BrainPy 中实现该网络，再根据其模拟结果进行分析。

7.2.2 脉冲决策网络模型的编程实现

为了模拟运动辨别实验，我们将模型的运行过程分为 3 个阶段。

（1）刺激前阶段：MT 区神经元没有收到特定的运动刺激，对神经元群 A、B 没有输入。

（2）刺激阶段：MT 区神经元对视觉刺激产生响应 I_A、I_B，并把信号传给神经元群 A 和 B。

（3）延迟阶段：视觉刺激消失，I_A、I_B 不再产生，但决策网络仍在工作，这表明决策行为在刺激消失后仍然可以进行。

我们先定义各阶段的时长。

```
1   import brainpy as bp
2   import brainpy.math as bm
3
4   # 定义各阶段的时长
5   pre_stimulus_period = 100.
6   stimulus_period = 1000.
7   delay_period = 500.
8   total_period = pre_stimulus_period + stimulus_period + delay_period
```

下面定义能产生随机泊松刺激的神经元群，其用于生成 MT 区神经元群的响应 I_A 和 I_B。

```
1   # 能产生随机泊松刺激的神经元群（用于生成I_A和I_B）
2   class PoissonStim(bp.NeuGroup):
3     def __init__(self, size, freq_mean, freq_var, t_interval, **kwargs):
4       super(PoissonStim, self).__init__(size=size, **kwargs)
5
6       # 初始化参数
7       self.freq_mean = freq_mean
8       self.freq_var = freq_var
9       self.t_interval = t_interval
10
11      # 初始化变量
12      self.freq = bm.Variable(bm.zeros(1))
13      self.freq_t_last_change = bm.Variable(bm.ones(1) * -1e7)
14      self.spike = bm.Variable(bm.zeros(self.num, dtype=bool))
15      self.rng = bm.random.RandomState()  # 随机数生成器
16
17    def update(self, tdi):
18      # 下面的两行代码相当于：
19      # if pre_stimulus_period < tdi.t < pre_stimulus_period + stimulus_period:
20      #   freq = self.freq[0]
```

```
21    # else:
22    #    freq = 0
23    in_interval = bm.logical_and(pre_stimulus_period < tdi.t,
24                                 tdi.t < pre_stimulus_period + stimulus_period)
25    freq = bm.where(in_interval, self.freq[0], 0.)
26
27    # 判断是否需要改变freq的值
28    change = bm.logical_and(in_interval, (tdi.t - self.freq_t_last_change[0])
29                            >= self.t_interval)
30    # 更新freq和freq_t_last_change
31    self.freq[:] = bm.where(change, self.rng.normal(self.freq_mean,
32                            self.freq_var), freq)
33    self.freq_t_last_change[:] = bm.where(change, tdi.t,
34                                          self.freq_t_last_change[0])
35    # 按照概率p=freq*dt生成脉冲
36    self.spike.value = self.rng.random(self.num)<self.freq[0] * tdi.dt/1000.
```

下面就可以定义脉冲决策网络模型了。

```
1   from bp.synapses import Exponential, NMDA
2
3   class DecisionMaking(bp.Network):
4     def __init__(self, scale=1., mu0=40., coherence=25.6, f=0.15, dt=bm.get_dt()):
5       super(DecisionMaking, self).__init__()
6
7       # 初始化神经元参数
8       num_exc = int(1600 * scale)
9       num_inh = int(400 * scale)
10      num_A = int(f * num_exc)
11      num_B = int(f * num_exc)
12      num_N = num_exc - num_A - num_B
13      poisson_freq = 2400.  # Hz
14
15      # 初始化突触参数
16      w_pos = 1.7
17      w_neg = 1. - f * (w_pos - 1.) / (1. - f)
18      g_ext2E_AMPA = 2.1  # nS
19      g_ext2I_AMPA = 1.62  # nS
20      g_E2E_AMPA = 0.05 / scale  # nS
21      g_E2I_AMPA = 0.04 / scale  # nS
22      g_E2E_NMDA = 0.165 / scale  # nS
23      g_E2I_NMDA = 0.13 / scale  # nS
24      g_I2E_GABAa = 1.3 / scale  # nS
25      g_I2I_GABAa = 1.0 / scale  # nS
26
27      # AMPA受体的参数
```

```
28      ampa_par = dict(delay_step=int(0.5 / dt), tau=2.0,
29                      output=bp.synouts.COBA(E=0.))
30      # GABA受体的参数
31      gaba_par = dict(delay_step=int(0.5 / dt), tau=5.0,
32                      output=bp.synouts.COBA(E=-70.))
33      # NMDA受体的参数
34      nmda_par = dict(delay_step=int(0.5 / dt), tau_decay=100, tau_rise=2.,
35                      cc_Mg=1., a=0.5, output=bp.synouts.MgBlock(E=0., cc_Mg=1.))
36
37      # 兴奋性神经元群（锥体神经元）
38      A = bp.neurons.LIF(num_A, V_rest=-70., V_reset=-55., V_th=-50., tau=20.,
39                      R=0.04, tau_ref=2., V_initializer=bp.init.OneInit(-70.))
40      B = bp.neurons.LIF(num_B, V_rest=-70., V_reset=-55., V_th=-50., tau=20.,
41                      R=0.04, tau_ref=2., V_initializer=bp.init.OneInit(-70.))
42      N = bp.neurons.LIF(num_N, V_rest=-70., V_reset=-55., V_th=-50., tau=20.,
43                      R=0.04, tau_ref=2., V_initializer=bp.init.OneInit(-70.))
44
45      # 抑制性神经元群（中间神经元）
46      I = bp.neurons.LIF(num_inh, V_rest=-70., V_reset=-55., V_th=-50., tau=10.,
47                      R=0.05,tau_ref=1.,V_initializer=bp.init.OneInit(-70.))
48
49      # 产生输入信号的神经元群（给神经元群A和B施加泊松刺激）
50      IA = PoissonStim(num_A, freq_var=10., t_interval=50.,
51                      freq_mean=mu0 + mu0 / 100. * coherence)
52      IB = PoissonStim(num_B, freq_var=10., t_interval=50.,
53                      freq_mean=mu0 - mu0 / 100. * coherence)
54
55      # 产生噪声的神经元群（模拟其他脑区传来的噪声）
56      self.noise_A = bp.neurons.PoissonGroup(num_A, freqs=poisson_freq)
57      self.noise_B = bp.neurons.PoissonGroup(num_B, freqs=poisson_freq)
58      self.noise_N = bp.neurons.PoissonGroup(num_N, freqs=poisson_freq)
59      self.noise_I = bp.neurons.PoissonGroup(num_inh, freqs=poisson_freq)
60
61      # IA和A连接，IB和B连接
62      self.IA2A = Exponential(IA, A, bp.conn.One2One(), g_max=g_ext2E_AMPA,
63                      **ampa_par)
64      self.IB2B = Exponential(IB, B, bp.conn.One2One(), g_max=g_ext2E_AMPA,
65                      **ampa_par)
66
67      # 兴奋性神经元群A、B、N到A、B、N、I的连接（每个突触都有AMPA和NMDA受体）
68      self.N2B_AMPA = Exponential(N, B, bp.connect.All2All(),
69                      g_max=g_E2E_AMPA * w_neg, **ampa_par)
70      self.N2A_AMPA = Exponential(N, A, bp.connect.All2All(),
71                      g_max=g_E2E_AMPA * w_neg, **ampa_par)
72      self.N2N_AMPA = Exponential(N, N, bp.connect.All2All(),
73                      g_max=g_E2E_AMPA, **ampa_par)
```

```
74      self.N2I_AMPA = Exponential(N, I, bp.connect.All2All(), g_max=g_E2I_AMPA,
75                                  **ampa_par)
76      self.N2B_NMDA = NMDA(N, B, bp.connect.All2All(), g_max=g_E2E_NMDA * w_neg,
77                          **nmda_par)
78      self.N2A_NMDA = NMDA(N, A, bp.connect.All2All(), g_max=g_E2E_NMDA * w_neg,
79                          **nmda_par)
80      self.N2N_NMDA = NMDA(N, N, bp.connect.All2All(), g_max=g_E2E_NMDA,
81                          **nmda_par)
82      self.N2I_NMDA = NMDA(N, I, bp.connect.All2All(), g_max=g_E2I_NMDA,
83                          **nmda_par)
84
85      self.B2B_AMPA = Exponential(B, B, bp.connect.All2All(),
86                                  g_max=g_E2E_AMPA * w_pos, **ampa_par)
87      self.B2A_AMPA = Exponential(B, A, bp.connect.All2All(),
88                                  g_max=g_E2E_AMPA * w_neg, **ampa_par)
89      self.B2N_AMPA = Exponential(B, N, bp.connect.All2All(), g_max=g_E2E_AMPA,
90                                  **ampa_par)
91      self.B2I_AMPA = Exponential(B, I, bp.connect.All2All(), g_max=g_E2I_AMPA,
92                                  **ampa_par)
93      self.B2B_NMDA = NMDA(B, B, bp.connect.All2All(), g_max=g_E2E_NMDA * w_pos,
94                          **nmda_par)
95      self.B2A_NMDA = NMDA(B, A, bp.connect.All2All(), g_max=g_E2E_NMDA * w_neg,
96                          **nmda_par)
97      self.B2N_NMDA = NMDA(B, N, bp.connect.All2All(), g_max=g_E2E_NMDA,
98                          **nmda_par)
99      self.B2I_NMDA = NMDA(B, I, bp.connect.All2All(), g_max=g_E2I_NMDA,
100                         **nmda_par)
101
102     self.A2B_AMPA = Exponential(A, B, bp.connect.All2All(),
103                                 g_max=g_E2E_AMPA * w_neg, **ampa_par)
104     self.A2A_AMPA = Exponential(A, A, bp.connect.All2All(),
105                                 g_max=g_E2E_AMPA * w_pos, **ampa_par)
106     self.A2N_AMPA = Exponential(A, N, bp.connect.All2All(), g_max=g_E2E_AMPA,
107                                 **ampa_par)
108     self.A2I_AMPA = Exponential(A, I, bp.connect.All2All(), g_max=g_E2I_AMPA,
109                                 **ampa_par)
110     self.A2B_NMDA = NMDA(A, B, bp.connect.All2All(), g_max=g_E2E_NMDA * w_neg,
111                         **nmda_par)
112     self.A2A_NMDA = NMDA(A, A, bp.connect.All2All(), g_max=g_E2E_NMDA * w_pos,
113                         **nmda_par)
114     self.A2N_NMDA = NMDA(A, N, bp.connect.All2All(), g_max=g_E2E_NMDA,
115                         **nmda_par)
116     self.A2I_NMDA = NMDA(A, I, bp.connect.All2All(), g_max=g_E2I_NMDA,
117                         **nmda_par)
118
119     # 抑制性神经元群I到A、B、N、I的连接
```

```
120    self.I2B = Exponential(I, B, bp.connect.All2All(), g_max=g_I2E_GABAa,
121                           **gaba_par)
122    self.I2A = Exponential(I, A, bp.connect.All2All(), g_max=g_I2E_GABAa,
123                           **gaba_par)
124    self.I2N = Exponential(I, N, bp.connect.All2All(), g_max=g_I2E_GABAa,
125                           **gaba_par)
126    self.I2I = Exponential(I, I, bp.connect.All2All(), g_max=g_I2I_GABAa,
127                           **gaba_par)
128
129    # 产生噪声的神经元群到神经元群A、B、N、I的连接
130    self.noise2B = Exponential(self.noise_B, B, bp.conn.One2One(),
131                               g_max=g_ext2E_AMPA, **ampa_par)
132    self.noise2A = Exponential(self.noise_A, A, bp.conn.One2One(),
133                               g_max=g_ext2E_AMPA, **ampa_par)
134    self.noise2N = Exponential(self.noise_N, N, bp.conn.One2One(),
135                               g_max=g_ext2E_AMPA, **ampa_par)
136    self.noise2I = Exponential(self.noise_I, I, bp.conn.One2One(),
137                               g_max=g_ext2I_AMPA, **ampa_par)
138
139    # 将各神经元群的变量保存到类中
140    self.A = A
141    self.B = B
142    self.N = N
143    self.I = I
144    self.IA = IA
145    self.IB = IB
```

　　脉冲决策网络模型的实现代码看起来很长，但其中有很大一部分是用于生成不同神经元群之间的突触连接的，因此其含义并不复杂。与兴奋—抑制平衡网络不同，在脉冲决策网络中，神经元群之间的连接都是全连接而非稀疏的。此外，兴奋性神经元之间的突触既包含 AMPA 受体，又包含 NMDA 受体。NMDA 受体缓慢的动力学性质在网络中发挥了重要作用。

　　考虑到网络需要在 A、B 对应的刺激之间做出选择，这两个神经元群之间需要形成一种竞争关系：当一个神经元群兴奋时，它应激活自身，同时抑制另一个神经元群的活动。由于 A 和 B 都是兴奋性神经元群，它们之间的突触类型并不是抑制性的，那么上述竞争关系应如何实现？因为这两个神经元群都连接了一个抑制性神经元群，当其中一个兴奋性神经元群高强度活动时，其会激活连接的抑制性神经元群，而抑制性神经元群又会反过来抑制另一个兴奋性神经元群，从而介导了两个兴奋性神经元群之间的竞争。

　　为了模拟大脑中神经元的发放，我们让 MT 区神经元产生随机泊松发放，其

对应的发放频率服从正态分布 $N(\mu_A, \delta^2)$ 和 $N(\mu_B, \delta^2)$。研究表明，MT 区神经元发放频率的均值随该运动方向的一致度线性变化，即

$$\begin{cases} \mu_A = \mu_0 + \rho_A c_A \\ \mu_B = \mu_0 + \rho_B c_B \end{cases} \tag{7-1}$$

式中，c_A 表示 I_A 对应运动方向的一致度，c_B 表示 I_B 对应运动方向的一致度。如果 I_A、I_B 偏好的方向正好为反方向，则它们对应运动方向的一致度可以表示为

$$\begin{cases} c_A = c \\ c_B = -c \end{cases} \tag{7-2}$$

下面进行数值模拟，并将结果可视化。

```
import matplotlib.pyplot as plt

# 数值模拟
coherence = 25.6
net = DecisionMaking(scale=1., coherence=coherence, mu0=40.)
runner = bp.DSRunner(net, monitors=['A.spike', 'B.spike', 'IA.freq',
                     'IB.freq'])
t = runner(total_period)

# 可视化
fig, gs = plt.subplots(4, 1, figsize=(10, 12), sharex='all')
t_start = 0.

# 神经元群A的脉冲发放图
fig.add_subplot(gs[0])
bp.visualize.raster_plot(runner.mon.ts, runner.mon['A.spike'], markersize=1)
plt.title("Spiking Activity of Group A")
plt.ylabel("Neuron Index")

# 神经元群B的脉冲发放图
fig.add_subplot(gs[1])
bp.visualize.raster_plot(runner.mon.ts, runner.mon['B.spike'], markersize=1)
plt.title("Spiking Activity of Group B")
plt.ylabel("Neuron Index")

# 神经元群A、B的发放频率
fig.add_subplot(gs[2])
rateA = bp.measure.firing_rate(runner.mon['A.spike'], width=10.)
rateB = bp.measure.firing_rate(runner.mon['B.spike'], width=10.)
plt.plot(runner.mon.ts, rateA, label="Group A")
plt.plot(runner.mon.ts, rateB, label="Group B")
```

```
32  plt.ylabel('Firing Rate (Hz)')
33  plt.title("Population Activity")
34  plt.legend()
35
36  # 神经元群A、B接收的刺激
37  fig.add_subplot(gs[3])
38  plt.plot(runner.mon.ts, runner.mon['IA.freq'], label="Group A")
39  plt.plot(runner.mon.ts, runner.mon['IB.freq'], label="Group B")
40  plt.title("Input Activity")
41  plt.ylabel("Firing Rate (Hz)")
42  plt.legend()
43
44  for i in range(4):
45    gs[i].axvline(pre_stimulus_period, linestyle='dashed', color=u'#444444')
46    gs[i].axvline(pre_stimulus_period + stimulus_period, linestyle='dashed',
47                  color=u'#444444')
48
49  plt.xlim(t_start, total_period + 1)
50  plt.xlabel("t(ms)")
51  plt.tight_layout()
52  plt.show()
```

脉冲决策网络模型的模拟结果如图 7-3 所示。在 0～100ms，MT 区神经元对神经元群 A、B 无输入；在 100～1100ms，MT 区神经元产生随机泊松发放，均值由一致度决定；在 1100～1600ms，MT 区神经元停止发放。3 个阶段由竖直虚线分隔。在一致度 $c = 0.256$ 时，见图7-3(a)，在刺激阶段，神经元群 A 收到的平均刺激强度高于神经元群 B。随着时间的推移，A 的发放频率不断升高，在正反馈的影响下显著提升，同时将 B 的活动抑制在一个较低的水平；撤去外部刺激后，A 仍然能够通过自激活维持自身活动，最终表现为网络做出了选择，认为 A 对应的方向为外部刺激的运动方向。在一致度 $c = -0.064$ 时，见图 7-3(b)，开始时 A、B 收到的刺激强度相近，网络不会做出决策，而是积累更多"证据"，最终选择了统计上强度更高的 B。有趣的是，在一致度较低的时候，网络需要花费较长的时间来完成决策（对比图 7-3(a) 和图 7-3(b) 中发放频率升高的快慢），这与猕猴在运动辨别任务中的行为表现是一致的[53]。

Wang 发现，该脉冲决策网络模型与猕猴在运动辨别任务中具有相同的表现，具体如下。

（1）即使随机点运动的一致度再低，甚至为 0，两个神经元群的发放频率也会表现出显著差异，即网络最终都会做出概率为 50% 的随机选择。

（2）撤去外部刺激，仍然可以维持神经元的活动，可以认为决策结果被保存在短时记忆中，以指导后续行为。

（3）随机点运动的一致度越高，网络犯错的概率越小。

（4）随机点运动的一致度越低，网络做出选择所需时间的平均值越大，方差也越大。

脉冲决策网络模型结构清晰、对实验结果的复现程度很高，在计算神经科学领域得到了广泛认可。

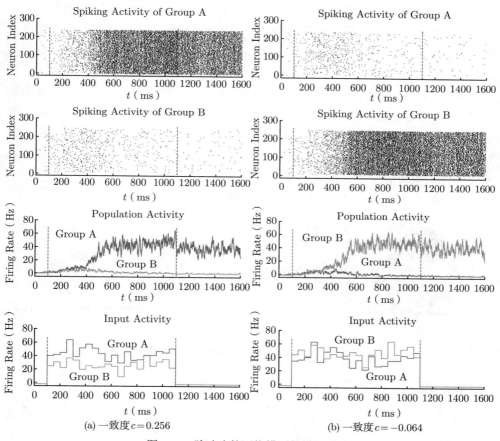

图 7-3 脉冲决策网络模型的模拟结果

7.3 发放频率决策网络

7.3.1 发放频率决策网络的结构

7.2 节构建了脉冲决策网络模型并验证了它的功能。除了脉冲决策网络模型，我们还可以构建发放频率决策网络模型，此时不再模拟每个神经元的脉冲发放，而是将同一组神经元看成一个整体并模拟它们的发放频率随时间的变化。Wong 和 Wang 在脉冲决策网络模型提出 4 年后，又给出了发放频率决策网络模型的形式[54]，其同样可以复现实验中观察到的各种结果。

Wong 等将原始的脉冲决策网络模型简化为二变量模型，以便对整个系统进行动力学分析，简化思路如下。

（1）每个神经元群内部的神经元性质一致，可以用一个发放频率单元表示；模拟结果表明非选择性神经元群（N）的活性变化不大，因此可以去掉神经元群 N。

（2）抑制性神经元群 I 的发放频率随输入线性变化（近似），因此可以将 A 激活 I 进而对 B 产生抑制简化为 A 对 B 直接产生抑制性连接。同理，B 也直接抑制 A 的活性。

（3）在原始模型的所有变量中，NMDA 离子通道的门控变量 s_{NMDA} 的时间常数很大，可以超过 100ms，而其他变量的时间常数相对较小，因此我们可以认为其他变量能瞬间达到稳态，而 s_{NMDA} 则会缓慢变化。对于 AMPA 受体、GABA$_{\mathrm{A}}$ 受体而言，它们的作用可以看作对输入神经元发放频率的线性投射；而神经元的发放频率 r 可以看作输入电流的投射。

发放频率决策网络简化前后的结构如图7-4 所示。

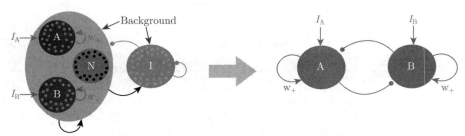

图 7-4　发放频率决策网络简化前后的结构

各变量的动力学方程为

$$\frac{\mathrm{d}S_i}{\mathrm{d}t} = -\frac{S_i}{\tau} + (1 - S_i)\gamma r_i \tag{7-3}$$

$$r_i = f(x_i) = \frac{ax_i - b}{1 - \exp\left[-d\left(ax_i - b\right)\right]} \tag{7-4}$$

$$x_1 = J_{\mathrm{E}}S_1 - J_{\mathrm{I}}S_2 + I_0 + I_1 + I_{\mathrm{noise},1} \tag{7-5}$$

$$x_2 = J_{\mathrm{E}}S_2 - J_{\mathrm{I}}S_1 + I_0 + I_2 + I_{\mathrm{noise},2} \tag{7-6}$$

$$I_i = J_{\text{ext}}\mu_0 \left(1 \pm \frac{c}{100\%}\right) \tag{7-7}$$

$$\tau_{\text{AMPA}}\frac{\mathrm{d}I_{\text{noise},i}}{\mathrm{d}t} = -I_{\text{noise},i} + \eta_i(t)\sqrt{\tau_{\text{AMPA}}\sigma_{\text{noise}}^2} \tag{7-8}$$

式中，$i = 1, 2$，1 和 2 分别表示发放频率单元 A 和 B（神经元群 A 和 B）；$\gamma, a, b, d, J_E, J_I, J_{\text{ext}}, I_0, \mu_0, \tau_{\text{AMPA}}, \sigma_{\text{noise}}$ 均为参数。下面介绍各变量。

S_i 表示 NMDA 受体的门控变量，我们用一阶动力学方程刻画它的变化（读者可类比 4.3 节中突触的动力学方程）。r_i 表示发放频率，可以看作输入电流的投射 $f(x_i)$，$f(x_i)$ 的表达式根据实验结果拟合而成。x_i 表示该单元接收的总电流输入，包括来自自身的兴奋性输入 $J_E S_i$、来自其他单元的抑制性输入 $J_E S_j$、来自外部的恒定输入 I_0、来自 MT 区神经元的选择性输入 I_i、来自外部的噪声输入 $I_{\text{noise},i}$。式 (7-7) 表明 I_i 与随机点运动的一致度 c 线性相关，I_1 随 c 的增大而增大，I_2 随 c 的增大而减小。式 (7-8) 刻画了噪声电流的产生，即外部神经元的随机泊松发放 $\eta_i(t)$ 通过一个时间常数为 τ_{AMPA} 的 AMPA 突触产生突触后电流。

7.3.2 发放频率决策网络模型的编程实现

下面根据上述动力学方程在 BrainPy 中实现一个发放频率决策网络模型。在这个模型中，未定义单独的神经元和突触连接，所以不需要利用 `bp.Network` 组装各部件。这里直接继承定义神经元群的父类 `bp.NeuGroup` 即可。

```
class DecisionMakingRateModel(bp.NeuGroup):
  def __init__(self, size, coherence, JE=0.2609, JI=0.0497, Jext=5.2e-4,
               I0=0.3255, gamma=6.41e-4, tau=100., tau_n=2., sigma_n=0.02,
               a=270., b=108., d=0.154, noise_freq=2400., method='exp_auto',
               **kwargs):
    super(DecisionMakingRateModel, self).__init__(size, **kwargs)

    # 初始化参数
    self.coherence = coherence
    self.JE = JE
    self.JI = JI
    self.Jext = Jext
    self.I0 = I0
    self.gamma = gamma
    self.tau = tau
    self.tau_n = tau_n
    self.sigma_n = sigma_n
    self.a = a
    self.b = b
```

```
20      self.d = d
21
22      # 初始化变量
23      self.s1 = bm.Variable(bm.zeros(self.num) + 0.15)
24      self.s2 = bm.Variable(bm.zeros(self.num) + 0.15)
25      self.r1 = bm.Variable(bm.zeros(self.num))
26      self.r2 = bm.Variable(bm.zeros(self.num))
27      self.mu0 = bm.Variable(bm.zeros(self.num))
28      self.I1_noise = bm.Variable(bm.zeros(self.num))
29      self.I2_noise = bm.Variable(bm.zeros(self.num))
30
31      # 噪声输入的神经元
32      self.noise1 = bp.neurons.PoissonGroup(self.num, freqs=noise_freq)
33      self.noise2 = bp.neurons.PoissonGroup(self.num, freqs=noise_freq)
34
35      # 定义积分函数
36      self.integral = bp.odeint(self.derivative, method=method)
37
38  @property
39  def derivative(self):
40      return bp.JointEq([self.ds1, self.ds2, self.dI1noise, self.dI2noise])
41
42  def ds1(self, s1, t, s2, mu0):
43      I1 = self.Jext * mu0 * (1. + self.coherence / 100.)
44      x1 = self.JE * s1 - self.JI * s2 + self.I0 + I1 + self.I1_noise
45      r1 = (self.a * x1 - self.b) / (1.-bm.exp(-self.d * (self.a * x1 - self.b)))
46      return - s1 / self.tau + (1. - s1) * self.gamma * r1
47
48  def ds2(self, s2, t, s1, mu0):
49      I2 = self.Jext * mu0 * (1. - self.coherence / 100.)
50      x2 = self.JE * s2 - self.JI * s1 + self.I0 + I2 + self.I2_noise
51      r2 = (self.a * x2 - self.b) / (1.-bm.exp(-self.d * (self.a * x2 - self.b)))
52      return - s2 / self.tau + (1. - s2) * self.gamma * r2
53
54  def dI1noise(self, I1_noise, t, noise1):
55      return (- I1_noise + noise1.spike * bm.sqrt(self.tau_n *
56              self.sigma_n * self.sigma_n)) / self.tau_n
57
58  def dI2noise(self, I2_noise, t, noise2):
59      return (- I2_noise + noise2.spike * bm.sqrt(self.tau_n *
60              self.sigma_n * self.sigma_n)) / self.tau_n
61
62  def update(self, tdi):
63      # 更新噪声神经元以产生新的随机发放
64      self.noise1.update(tdi)
65      self.noise2.update(tdi)
```

```
66    # 更新s1、s2、I1_noise、I2_noise
67    integral = self.integral(self.s1, self.s2, self.I1_noise, self.I2_noise,
68                              tdi.t, mu0=self.mu0, noise1=self.noise1, noise2=
69                              self.noise2, dt=tdi.dt)
70    self.s1.value, self.s2.value, self.I1_noise.value, self.I2_noise.value =
71        integral
72
73    # 用更新后的s1、s2计算r1、r2
74    I1 = self.Jext * self.mu0 * (1. + self.coherence / 100.)
75    x1 = self.JE * self.s1 + self.JI * self.s2 + self.I0 + I1 + self.I1_noise
76    self.r1.value = (self.a * x1 - self.b) / (1. - bm.exp(-self.d * (self.a *
77                    x1 - self.b)))
78
79    I2 = self.Jext * self.mu0 * (1. - self.coherence / 100.)
80    x2 = self.JE * self.s2 + self.JI * self.s1 + self.I0 + I2 + self.I2_noise
81    self.r2.value = (self.a * x2 - self.b) / (1. - bm.exp(-self.d * (self.a *
82                    x2 - self.b)))
83
84    # 重置外部输入
85    self.mu0[:] = 0.
```

与脉冲决策网络模型类似，我们可以运行该模型并观察两组神经元群发放频率的变化。

```
1     # 定义各阶段的时长
2     pre_stimulus_period, stimulus_period, delay_period = 100., 2000., 500.
3
4     # 生成模型
5     dmnet = DecisionMakingRateModel(1, coherence=25.6, noise_freq=2400.)
6
7     # 定义电流随时间的变化
8     inputs, total_period = bp.inputs.constant_input([(0., pre_stimulus_period),
9                                                       (20., stimulus_period),
10                                                      (0., delay_period)])
11    # 运行模拟
12    runner = bp.DSRunner(dmnet,
13                          monitors=['s1', 's2', 'r1', 'r2'],
14                          inputs=('mu0', inputs, 'iter'))
15    runner.run(total_period)
16
17    # 可视化
18    fig, gs = plt.subplots(2, 1, figsize=(6, 6), sharex='all')
19
20    gs[0].plot(runner.mon.ts, runner.mon.s1, label='s1')
21    gs[0].plot(runner.mon.ts, runner.mon.s2, label='s2')
```

```
22  gs[0].axvline(pre_stimulus_period, 0., 1., linestyle='dashed',
23          color=u'#444444')
24  gs[0].axvline(pre_stimulus_period + stimulus_period, 0., 1.,
25          linestyle='dashed', color=u'#444444')
26  gs[0].set_ylabel('gating variable $s$')
27  gs[0].legend()
28
29  gs[1].plot(runner.mon.ts, runner.mon.r1, label='r1')
30  gs[1].plot(runner.mon.ts, runner.mon.r2, label='r2')
31  gs[1].axvline(pre_stimulus_period, 0., 1., linestyle='dashed',
32          color=u'#444444')
33  gs[1].axvline(pre_stimulus_period + stimulus_period, 0., 1.,
34          linestyle='dashed', color=u'#444444')
35  gs[1].set_xlabel('t (ms)')
36  gs[1].set_ylabel('firing rate(Hz) $r$')
37  gs[1].legend()
38
39  plt.subplots_adjust(hspace=0.1)
40  plt.show()
```

发放频率决策网络模型的模拟结果如图 7-5 所示。在 0～100ms，发放频率单元 A、B 接收的选择性输入为 0；在 100～2100ms，A、B 接收选择性输入 I_i，其大小由一致度决定；在 2100～2500ms，输入又变为 0。3 个阶段由竖直虚线分隔。可以看出，虽然模型被简化，但模拟效果与原始的脉冲决策网络模型十分相似。

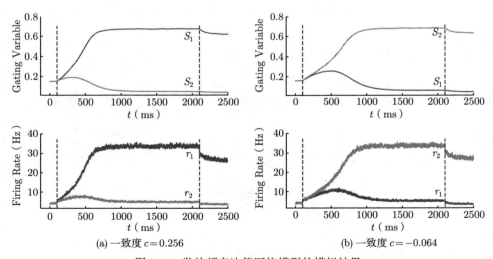

图 7-5　发放频率决策网络模型的模拟结果

7.3.3 发放频率决策网络模型的动力学分析

简化发放频率决策网络模型不仅可以得到与原始模型相似的模拟结果, 当它被简化为二变量模型后, 还可以方便我们利用现有的动力学分析工具对模型进行分析。为何在外部刺激下模型中总有一个神经元群的发放频率显著高于另一个神经元群, 且一致度越高, 做出决策所用的时间越短? 我们可以使用二维相平面分析法来考察变量 S_1、S_2 的变化。在分析过程中, 暂不考虑外部噪声。

```python
# 使用高精度float模式
bp.math.enable_x64()

def dmnet_ppa(coherence, mu0=20.):
  model = DecisionMakingRateModel(1, coherence=coherence)

  # 构建相平面分析器
  analyzer = bp.analysis.PhasePlane2D(
    model=model,
    target_vars={'s1': [0, 1], 's2': [0, 1]},
    fixed_vars={'I1_noise': 0., 'I2_noise': 0.},
    pars_update={'mu0': mu0},
    resolutions={'s1': 0.002, 's2': 0.002},
  )

  plt.figure(figsize=(4.5, 4.5))
  # 画出向量场
  analyzer.plot_vector_field(plot_style=dict(color='lightgrey'))
  # 画出零增长等值线
  analyzer.plot_nullcline(coords=dict(s2='s2-s1'), x_style={'fmt': '-'},
                          y_style={'fmt': '-'})
  # 画出奇点
  analyzer.plot_fixed_point(tol_aux=2e-10)
  # 画出s1, s2的运动轨迹
  analyzer.plot_trajectory(
    {'s1': [0.1], 's2': [0.1]},
    duration=2000., color='darkslateblue', linewidth=2, alpha=0.9,
  )

  plt.title('$c={}, \mu_0={}$'.format(coherence, mu0))
  plt.show()
```

下面考察外部输入 μ_0 和一致度 c 的变化对相平面的影响。

```python
dmnet_ppa(coherence=100., mu0=0.)
dmnet_ppa(coherence=6.4, mu0=20.)
```

```
3  dmnet_ppa(coherence=25.6, mu0=20.)
4  dmnet_ppa(coherence=100., mu0=20.)
```

发放频率决策网络模型的相平面分析图如图7-6 所示。S_i 的零增长等值线表示此处 $dS_i/dt = 0$，两条零增长等值线的交点被称为奇点，它们可以被分为不同种类。

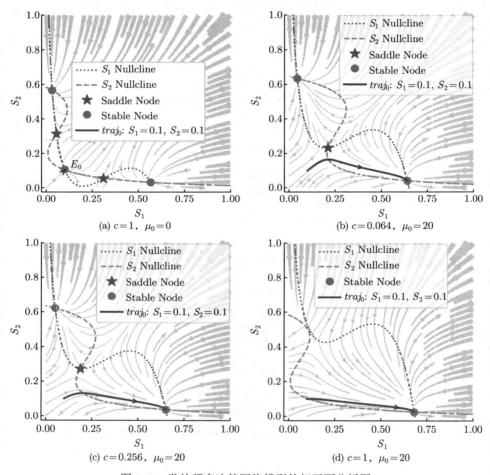

图 7-6　发放频率决策网络模型的相平面分析图

当外部刺激未出现时，系统中存在 3 个稳定结点和 2 个鞍点，其中，稳定结点 E_0 在 $S_1 = S_2$ 的直线上，见图 7-6(a)。当 S_1、S_2 的初始值相近时，(S_1, S_2)会被点 E_0 吸引且趋于稳定，在宏观上表现为发放频率单元 A、B 的发放频率相同且维持在较低水平（参考图7-5 中的 0～100ms）。

当外部刺激出现后，根据动力学方程，即式 (7-5) 和式 (7-6)，S_1 的零增长等值线上移，S_2 的零增长等值线右移，奇点变为 3 个，两侧的 2 个奇点仍为稳定结点，但中间的奇点变为鞍点，见图 7-6(b)。稳定结点的分布决定了这个系统存在两个稳定状态，它们分别对应 $S_1 \gg S_2$ 和 $S_1 \ll S_2$ 的情况，而 r_i 和 S_i 的变化情况基本一致，这就解释了系统稳定后一定会有一个神经元群的发放频率显著高于另一个神经元群，即网络一定会做出决策。此外，当外部刺激出现后，如果一致度 $c \neq 0$，则相平面分析图不再对称；当 $c > 0$ 时，右下方稳定点的吸引域较大，$S_1 = S_2$ 的初始点较容易落入右下方稳定点的吸引域，从而表现为 S_1 对应的方向被选择。c 越大，右下方稳定点的吸引域越大，见图7-6(c)，(S_1, S_2) 趋于稳定所用的时间更短，在宏观上表现为做出决策的正确率更高、所需时间更短。当 c 足够大时，一个稳定结点和鞍点消失，见图7-6(d)，此时无论外部噪声有多大，系统做出决策的正确率都能达到 100%。

7.4　本章小结

本章探究了决策网络的结构、实现方式和计算性质。为模拟大脑利用给定信息做出决策的方式，我们用两种模型实现了决策网络。脉冲决策网络模型以脉冲神经元模型为单位构建网络，其具有较强的生物可解释性，很好地复现了猕猴在运动辨别任务中的决策表现。该网络的特点之一是神经元群不是根据某个时刻的刺激做出决策，而是在时间尺度上积累了一定的输入后，在获得了充足"证据"的情况下做出决策。这样的决策模式对噪声的抵抗性更好、鲁棒性更强。为了在理论层面更好地解释决策网络的行为表现，我们简化了模型，分别用发放频率单元代替两个神经元群，从而构建了发放频率决策网络模型。因为有了两个发放频率单元的数学表示，我们可以利用二维相平面分析法考察网络对外部输入的响应，由此发现了网络的双稳态性质，而网络最终达到哪个稳态则依赖外部输入的变化。在决策网络的研究中，我们不仅再次看到了神经元群作为一个整体共同编码和处理信息的普遍形式，还体会了数学工具在生物模型中的应用，使我们在理论层面对模型有了更深的理解。

第 8 章　连续吸引子网络

8.1　吸引子网络

本章介绍一类重要的神经网络模型——**吸引子网络**（Attractor Network）。吸引子网络是由多个结点（神经元）相互连接组成的动力学网络，在不接收外部输入的情况下，网络的状态会逐渐达到一个稳定的状态。这个稳定状态被称为**吸引子**（Attractor）。一般来说，一个吸引子网络往往存在多个稳定状态，其数量由网络结构和结点数量决定。吸引子网络被用于解释许多认知现象，特别是与信息表达相关的认知功能。

20 世纪 70 年代，计算神经科学家就开始研究吸引子网络了。Amari 和 Hopfield 先后提出了相似的吸引子网络模型[40][55]，被称为 Amari-Hopfield 模型（或 Hopfield 模型）。此后，人们逐渐意识到了吸引子网络的重要性，对它的关注度也越来越高。如今，吸引子网络已被认为是大脑编码信息的重要方式之一。

Amari-Hopfield 网络的能量地图如图 8-1 所示。

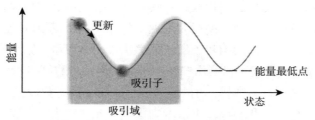

图 8-1　Amari-Hopfield 网络的能量地图（网络中的吸引子离散分布，每个吸引子存在对应的吸引域，当网络的初始状态落入吸引域时，网络就会演化到其对应的吸引子上）

根据稳定状态是否变动，可以将吸引子网络分为静态和动态两类。静态吸引子网络的稳定状态恒定不变，从同一起点出发，网络总会演化到相同的稳定状态。根据稳定状态的分布，可以将静态吸引子网络分为离散吸引子网络（Discrete Attractor Network）和连续吸引子网络（Continuous Attractor Network）。Amari-Hopfield 网络属于离散吸引子网络。一般来说，由 N 个结点构成的 Amari-Hopfield

网络存在 D 个吸引子，$D \ll N$，此时我们可以说网络能够编码并记忆 D 个状态。与离散吸引子网络不同，连续吸引子网络能够编码连续变量，这是因为在连续吸引子网络中，网络的稳定状态形成了一个连续的表征空间，在该空间中网络处于随遇平衡状态。例如，对于一个线吸引子网络而言，它的能量地图中存在一条"山谷"，在最低谷的这条线上，系统都处于稳定状态。离散吸引子（点吸引子）网络与线吸引子网络的能量地图对比如图 8-2 所示[56]。连续吸引子网络是本章介绍的重点。

动态吸引子网络的状态会随时间变化。这类网络又可以被细分为循环吸引子网络（Cyclic Attractor Network）和混沌吸引子网络（Chaotic Attractor Network），循环吸引子网络的状态呈周期性变化，被认为是控制行走、呼吸等周期性运动的方式之一；混沌吸引子网络的状态呈不规律变化，以劳伦兹系统为代表。

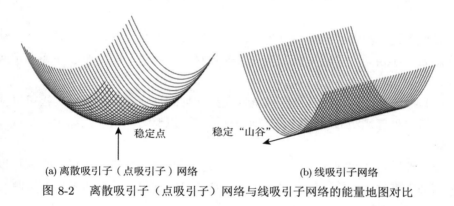

　　　　　　　　　稳定点　　　　　　　　　　　稳定"山谷"

(a) 离散吸引子（点吸引子）网络　　　　　　　(b) 线吸引子网络

图 8-2　离散吸引子（点吸引子）网络与线吸引子网络的能量地图对比

8.2　连续吸引子网络的结构

　　与大部分模型不同，**连续吸引子网络**模型是一个理论超前于实验的模型。20 世纪 70 年代，Wilson、Cowan 和 Amari 等就提出了连续吸引子网络的理论模型[57]；此后，利用连续吸引子网络对信息进行连续编码的思路被越来越多的人接受，连续吸引子网络在神经科学上的应用越来越多，如视觉朝向编码[58]、头朝向编码[59]、空间位置编码[60] 等。2010 年以后，神经生物学家逐渐找到大脑中神经元按照连续吸引子网络的方式进行编码的实验证据[61][62]。例如，2017 年，Sung Soo Kim 等用成像方法在果蝇大脑中观察到了头朝向神经元在空间沿一个环分布，并且在果蝇头转动的情况下，神经元群跟着一起平滑转动[62]。

连续吸引子网络的数学表达形式多样，这里以 Wu 提出的 CANN 模型[63] 为例进行介绍。这个模型的优点在于可以进行理论求解，从而方便我们对其动力学性质和计算功能进行数学分析。

一维连续吸引子网络的结构如图 8-3 所示。

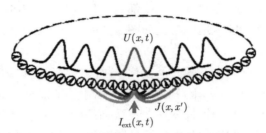

图 8-3　一维连续吸引子网络的结构[64]

我们假设一群神经元线性排列，长度足够长且首尾相连，它们对一个一维的连续刺激（如朝向）进行编码。要形成连续吸引子网络，模型至少需要满足两个条件。

（1）神经元之间应同时存在兴奋性连接和抑制性连接，兴奋性连接可以使神经元在撤去外部刺激后保持发放，抑制性连接可以避免网络的活动因兴奋过度而产生爆炸。

（2）神经元之间的连接在参数空间上应具有平移不变性，这样网络就可以在参数空间中维持一簇连续的吸引子状态（这也是连续吸引子网络名称的来源）。

式 (8-1) 和式 (8-2) 可以使模型同时满足上述条件。

$$\tau \frac{\partial U(x,t)}{\partial t} = -U(x,t) + \rho \int \mathrm{d}x' J(x,x') r(x',t) + I_{\mathrm{ext}}(x,t) \tag{8-1}$$

$$r(x,t) = \frac{U(x,t)^2}{1 + k\rho \int \mathrm{d}x' U(x',t)^2} \tag{8-2}$$

式中，$U(x,t)$ 表示在参数空间中点 x 处最兴奋的神经元（以下简称 x 处神经元）在 t 时刻收到的突触总输入；$r(x,t)$ 表示 x 处神经元在 t 时刻的发放频率；$I_{\mathrm{ext}}(x,t)$ 表示外部输入；$J(x,x')$ 是 x 处神经元和 x' 处神经元之间的兴奋性连接强度；τ 为神经元对应突触的时间常数；ρ 表示神经元在参数空间中的排列密度；k 可以调节抑制强度。

式 (8-1) 描述了各神经元接收的突触输入随时间的变化：每个神经元接收的突触输入包括来自其他所有神经元的输入和外部输入，输入随时间衰减。式 (8-2)

描述了各神经元的发放频率与收到的突触总输入的关系，分母中暗含了神经元之间的抑制性连接——该模型没有单独建模抑制性神经元，而是将其作用效果包含在除法归一化中（这种简化在生物上是合理的，实验中也发现了抑制性神经元能够通过 Shunting Inhibition 对兴奋性神经元产生类似的影响）。

为了形成有意义的空间活动，我们希望神经元之间的连接是局部的。同时，为了满足平移不变性，神经元之间的连接 $J(x, x')$ 应该是 $|x - x'|$ 的函数。这里我们使用式 (8-3) 表示 $J(x, x')$，即连接强度是距离的高斯函数。

$$J(x, x') = \frac{J_0}{\sqrt{2\pi}a} \exp\left[-\frac{(x - x')^2}{2a^2}\right] \tag{8-3}$$

当外部输入为 0 且神经元之间的作用距离 a 远小于参数区间长度时，方程的解可以近似为

$$\overline{U}(x, z) = U_0 \exp\left[-\frac{(x - z)^2}{4a^2}\right] \tag{8-4}$$

$$\overline{r}(x, z) = r_0 \exp\left[-\frac{(x - z)^2}{2a^2}\right] \tag{8-5}$$

式中，U_0、r_0 由各参数计算得到；z 为自由变量，它表明网络具有一簇连续的稳定解。可以发现，每固定一个 z 的取值 z_0，就得到一个以 $x = z_0$ 为中心的具有高斯函数形式的稳定解，又称波包（Bump）。z 可以取任意值，每个波包（每个 z 的值）对应一个吸引子，连续吸引子网络的能量地图与波包如图 8-4 所示。

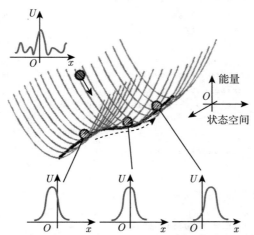

图 8-4　连续吸引子网络的能量地图与波包（网络状态在能量空间的最低点即吸引子，连续的吸引子连在一起形成吸引子空间，每个吸引子对应的网络状态都是一个波包）[64]

8.3 连续吸引子网络模型的编程实现

下面尝试在 BrainPy 中搭建一个一维连续吸引子网络模型，模型响应的参数空间呈环状。由于我们并非利用现有的神经元模型和突触模型搭建连续吸引子网络模型，而是需要从头实现它的微分方程和更新函数，因此我们继承 bp. NeuGroup 来创建一个 CANN1D 类。

```python
import brainpy as bp
import brainpy.math as bm

class CANN1D(bp.NeuGroup):
  def __init__(self, num, tau=1., k=8.1, a=0.5, A=10., J0=4.,
               z_min=-bm.pi, z_max=bm.pi, **kwargs):
    super(CANN1D, self).__init__(size=num, **kwargs)

    # 初始化参数
    self.tau = tau
    self.k = k
    self.a = a
    self.A = A
    self.J0 = J0

    # 初始化特征空间相关参数
    self.z_min = z_min
    self.z_max = z_max
    self.z_range = z_max - z_min
    self.x = bm.linspace(z_min, z_max, num)
    self.rho = num / self.z_range
    self.dx = self.z_range / num

    # 初始化变量
    self.u = bm.Variable(bm.zeros(num))
    self.input = bm.Variable(bm.zeros(num))
    self.conn_mat = self.make_conn(self.x)   # 连接矩阵

    # 定义积分函数
    self.integral = bp.odeint(self.derivative)

  # 微分方程
  def derivative(self, u, t, Iext):
    u2 = bm.square(u)
    r = u2 / (1.0 + self.k * bm.sum(u2))
    Irec = bm.dot(self.conn_mat, r)
    du = (-u + Irec + Iext) / self.tau
    return du
```

```
39    # 将距离转换到[-z_range/2, z_range/2)
40    def dist(self, d):
41        d = bm.remainder(d, self.z_range)
42        d = bm.where(d > 0.5 * self.z_range, d - self.z_range, d)
43        return d
44
45    # 生成连接矩阵
46    def make_conn(self, x):
47        assert bm.ndim(x) == 1
48        x_left = bm.reshape(x, (-1, 1))
49        x_right = bm.repeat(x.reshape((1, -1)), len(x), axis=0)
50        d = self.dist(x_left - x_right)  # 距离矩阵
51        Jxx = self.J0 * bm.exp(-0.5 * bm.square(d / self.a)) / (bm.sqrt(2 * bm.pi)
52            * self.a)
53        return Jxx
54
55    # 获取各神经元到pos处神经元的输入
56    def get_stimulus_by_pos(self, pos):
57        return self.A * bm.exp(-0.25 * bm.square(self.dist(self.x - pos) / self.a))
58
59    def update(self, tdi):
60        self.u[:] = self.integral(self.u, tdi.t, self.input, tdi.dt)
61        self.input[:] = 0.  # 重置外部输入
```

在 CANN1D 类中，除了初始化函数、微分函数和更新函数，我们还定义了一些辅助函数：dist() 用于将现有距离 d 转换到 $[-\mathrm{z\_range}/2, \mathrm{z\_range}/2)$；make_conn() 用于生成连接矩阵，在初始化时被调用；get_stimulus_by_pos() 的作用是根据外部信号的位置 p 生成神经元的外部输入 I_ext，其表达式为

$$I_\mathrm{ext} = A \exp\left[-\frac{(x-p)^2}{4a^2}\right] \tag{8-6}$$

式中，A 为参数。对于下面的仿真结果来说，外部输入的具体形式不重要，只要是单峰形状就可以。

下面我们在 $x = 0$ 处施加一个持续时间为 10ms 的外部输入，并观察连续吸引子网络中神经元的变化。

```
1    import matplotlib.pyplot as plt
2
3    # 生成连续吸引子网络
4    cann = CANN1D(num=512, k=0.1)
5    # 生成外部输入，从第2ms到第12ms，持续10ms
```

```
 6  dur1, dur2, dur3 = 2., 10., 10.
 7  I1 = cann.get_stimulus_by_pos(0.)
 8  Iext, duration = bp.inputs.section_input(values=[0., I1, 0.],
 9                                            durations=[dur1, dur2, dur3],
10                                            return_length=True)
11  # 运行模拟
12  runner = bp.DSRunner(cann,
13                       inputs=['input', Iext, 'iter'],
14                       monitors=['u'],
15                       dyn_vars=cann.vars())
16  runner.run(duration)
17
18  # 可视化
19  def plot_response(ax, t):
20    ts = int(t / bm.get_dt())
21    I, u = Iext[ts], runner.mon.u[ts]
22    ax.plot(cann.x, I, label='Iext')
23    ax.plot(cann.x, u, label='U')
24    ax.set_title('t = {}ms'.format(t))
25    ax.set_xlabel('x')
26    ax.legend()
27
28  fig, gs = plt.subplots(1, 2, figsize=(12, 4.5), sharey='all')
29
30  plot_response(gs[0], t=10.)
31  plot_response(gs[1], t=20.)
32
33  plt.tight_layout()
34  plt.show()
```

连续吸引子网络对外部输入的响应如图8-5所示。外部输入的位点为 0，从第 2ms 开始，持续时间为 10ms。当外部输入位于 $x=0$ 处时，连续吸引子网络中神经元的响应是以 $x=0$ 为中心的高斯函数，见图 8-5(a)；当外部输入被撤去后，网络自身能维持神经元的活性，原因是神经元之间存在兴奋性连接 $J(x, x')$，见图 8-5(b)。

虽然我们只展示了外部输入在 $x=0$ 处的情况，但由连续吸引子网络的平移不变性可知，上述情况在网络稳定状态对应的参数空间内处处成立。

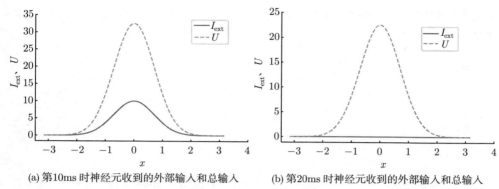

(a) 第10ms 时神经元收到的外部输入和总输入　　(b) 第20ms 时神经元收到的外部输入和总输入

图 8-5　连续吸引子网络对外部输入的响应

8.4　连续吸引子网络模型的计算功能

连续吸引子网络的结构决定了它的动力学性质，即网络在一个连续的参数空间内处于随遇平衡状态。这种特殊的动力学性质使连续吸引子网络具有丰富的计算功能。

8.4.1　神经元群编码

神经元群编码是大脑编码信息的常见方式。对于一类刺激而言，不同神经元对不同参数下的刺激有不同响应，且表现为高斯形状的调谐函数。当外部刺激出现时，会有多个神经元对该刺激产生响应，从而平均掉刺激中的噪声。连续吸引子网络正好为这种群编码策略提供了一种非常自然的网络实现机制：参与编码的神经元群相连，形成一个连续吸引子网络，当有外部输入时，网络中进入一个吸引子，即产生一个高斯形状的波包活动。由于是吸引子，所以噪声被去除了，根据波包的顶点位置，可以给出神经网络解码结果。

为了测试神经元群编码的功能，我们在原始输入中加入随机噪声。

```
1  noise = bm.random.normal(0., 1., (int(duration / bm.get_dt()), len(I1)))
2  Iext += noise
```

此后的数值模拟及可视化代码与 8.3 节相同。连续吸引子网络对带有噪声的外部输入的响应如图8-6所示。外部输入的位点为 0，从第 2ms 开始，持续时间为 10ms。由图 8-6 可知，神经元的响应维持住了原始的高斯波包形状，且波动幅度相对外部噪声减小了很多。理论分析表明，连续吸引子网络实现的解码算法是模板匹配（Template Matching）[65]，即保持波包形状，通过平移波包的位置使神经元响应和外部输入的重合度达到最大；也可以看作在忽略外部输入关联信息情况下的不可靠解码（Unfaithful Decoding）[66] [67]。在高斯独立噪声下，这种解码方法是统计优化的。

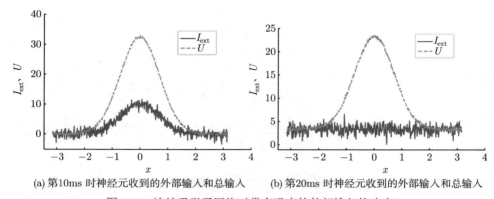

(a) 第10ms 时神经元收到的外部输入和总输入　　(b) 第20ms 时神经元收到的外部输入和总输入

图 8-6　　连续吸引子网络对带有噪声的外部输入的响应

8.4.2　平滑跟踪

因为连续吸引子网络在由吸引子构成的平滑子空间内处于随遇平衡状态，其稳定状态可以轻易地从一个吸引子转移到另一个吸引子，所以连续吸引子网络可以平滑跟踪外部输入的运动，从而实现多项计算功能，如平滑跟踪头朝向和空间位置。

下面我们构建一个单向运动的外部输入，使外部输入先在 $x = 0$ 处维持 10ms，再让它沿 x 正方向匀速运动 10ms，停止后维持 20ms，观察连续吸引子网络的响应。

```
1   cann = CANN1D(num=512, k=8.1)
2
3   # 定义随时间变化的外部输入
4   dur1, dur2, dur3 = 10., 10., 20
5   num1 = int(dur1 / bm.get_dt())
6   num2 = int(dur2 / bm.get_dt())
7   num3 = int(dur3 / bm.get_dt())
8   position = bm.zeros(num1 + num2 + num3)
9   position[num1: num1 + num2] = bm.linspace(0., 1.5 * bm.pi, num2)
10  position[num1 + num2:] = 1.5 * bm.pi
11  position = position.reshape((-1, 1))
12  Iext = cann.get_stimulus_by_pos(position)
13
14  # 运行模拟
15  runner = bp.DSRunner(cann,
16                       inputs=['input', Iext, 'iter'],
```

```
17                        monitors=['u'],
18                        dyn_vars=cann.vars())
19  runner.run(dur1 + dur2 + dur3)
20
21  # 可视化
22  fig, gs = plt.subplots(2, 2, figsize=(12, 9), sharey='all')
23
24  plot_response(gs[0, 0], t=10.)
25  plot_response(gs[0, 1], t=15.)
26  plot_response(gs[1, 0], t=20.)
27  plot_response(gs[1, 1], t=30.)
28
29  plt.tight_layout()
30  plt.show()
```

连续吸引子网络对运动的外部输入的响应如图8-7所示。为了更加直观，我们在子图中标出了外部输入的运动方向。

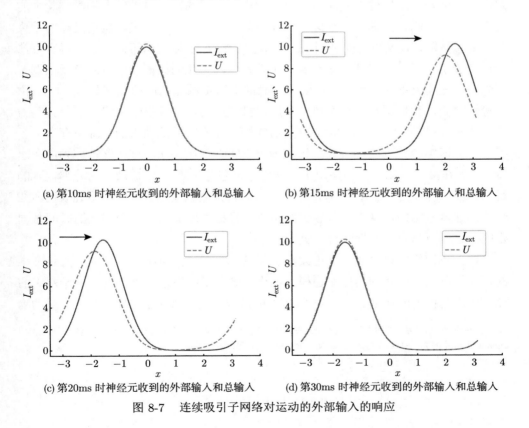

图 8-7 连续吸引子网络对运动的外部输入的响应

当外部输入静止时，连续吸引子网络中由神经元响应构成的波包的位置与外部输入重合；当外部输入运动时，波包随之运动，只不过波峰的位置略微落后于刺激的位点；当外部输入停止运动时，波包的位置再次与外部输入重合。这个模拟过程展示了连续吸引子网络平滑跟踪外部输入的能力。

连续吸引子网络平滑跟踪外部输入的性质可以用于解释生物学现象。例如，Zhang 使用一维连续吸引子网络模型实现了动物的头朝向编码[59]。在这样的网络中，神经元群活动实时形成一个高斯波包，波包的顶点位置编码了头的朝向；当动物头转动时，网络的波包（由于随遇平衡）可以跟着转动，从而在大脑内实时保留了头的朝向信息，维持了空间方位感。同理，二维连续吸引子网络也可以用于编码个体的空间位置，实现空间导航[68]。

8.4.3 其他计算功能

连续吸引子网络的计算功能如图 8-8 所示。虽然连续吸引子网络能做到平滑跟踪，但波包的编码位置是滞后于目标的实时位置的，这与神经生物学实验中的观察结果并不吻合：在一些脑区（如丘脑前核）中，神经元编码位置是超前于头的当前位置的，且超前时间是固定的[69]，我们将其称为"预测跟踪"。有没有办法让连续吸引子网络实现预测跟踪呢？研究发现，当我们在模型中引入负反馈调节机制后，连续吸引子网络就可以实现在时间上恒定领先的运动预测跟踪了[70]。由于篇幅限制，我们不在此详述引入负反馈机制后的连续吸引子网络模型及其动力学性质和计算功能①。总的来说，修改后的模型在没有外部输入的情况下存在一个行波解，即神经元响应形成的波包在参数空间中匀速移动，该速度被称为内在速度 v_{int}。在接收运动输入的情况下，网络中波包移动速度 v 被锁定为外部输入的运动速度 v_{ext}，当内在速度 v_{int} 大于 v_{ext} 时，预测就发生了。理论研究表明，在较大的速度范围内，网络波包领先的距离与目标速度成正比，即预测的时间是固定的，这一点与实验数据吻合，见图8-8(a)。

以上我们集中讨论了一维连续吸引子网络。在一些情况下，参数空间是二维的，我们可以使用相同的思路建模二维连续吸引子网络。二维连续吸引子网络的经典应用是模拟网格细胞（Grid Cells）的发放。它们存在于内嗅皮层中，对动物

---

① 在连续吸引子网络中引入的负反馈机制有多种形式。例如，可以引入神经元的脉冲频率自适应（Spike Frequency Adaptation，SFA），则神经元的动力学方程需要进行以下修改

$$\tau \frac{\partial U(x,t)}{\partial t} = -U(x,t) + \rho \int \mathrm{d}x' J(x,x') r(x',t) - V(x,t) + I_{\text{ext}}(x,t)$$
$$\tau_{\text{v}} \frac{\mathrm{d}V(x,t)}{\mathrm{d}t} = -V(x,t) + mU(x,t)$$

式中，$V(x,t)$ 为负反馈强度，$U(x,t)$ 越大，抑制程度越高。参数 m 控制了 SFA 的大小。

在二维空间中的位置表现出非常规律的三角形发放模式，见图8-8(b)，被认为是动物进行空间定位的生物学基础之一。在二维连续吸引子网络模型中，给定合适的突触连接模式，神经元的发放模式与实验中观察到的结果十分相似，且在接收外部的速度输入后，网络的发放模式会随速度方向平移。正是连续吸引子网络在由吸引子构成的二维子空间中处于随遇平衡状态的特点为发放模式的连续移动提供了可能。

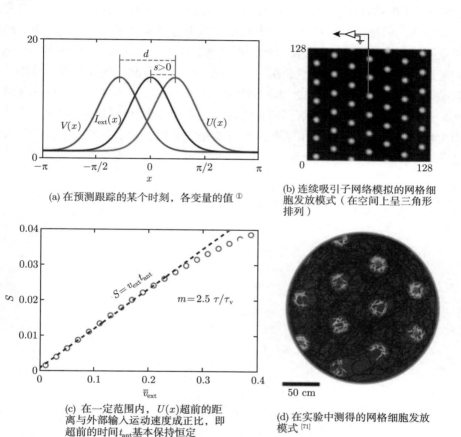

(a) 在预测跟踪的某个时刻，各变量的值 ①

(b) 连续吸引子网络模拟的网格细胞发放模式（在空间上呈三角形排列）

(c) 在一定范围内，$U(x)$ 超前的距离与外部输入运动速度成正比，即超前的时间 t_{ant} 基本保持恒定

(d) 在实验中测得的网格细胞发放模式 [71]

图 8-8　连续吸引子网络的计算功能

　　总的来说，不论用什么形式建模连续吸引子网络，各模型都把握住了其具有一簇连续吸引子的特点，并围绕这个特点探索连续吸引子网络的潜在计算功能。越

　　① 引入负反馈机制后的连续吸引子网络可以实现预测跟踪。图 8-8(a) 为在预测跟踪的某个时刻，各变量的值。在图 8-8(a) 中，外部刺激向右运动，$U(x)$ 为神经元收到的突触输入（代表神经元的响应强度），$I_{ext}(x)$ 为外部输入，$V(x)$ 为负反馈输入。在这个例子中，神经元响应编码的位置超前于外部输入的位置。

来越多的研究表明，连续吸引子网络是一个编码和计算连续变量的高效系统，且很可能广泛存在于大脑的信息加工过程中。

8.5 本章小结

本章我们认识了吸引子网络，重点研究了连续吸引子网络的结构和性质。连续吸引子网络的特点是网络中存在多个稳定点，且这些稳定点在网络状态空间中连续分布，网络能够轻松地从一个稳定状态平滑转移到相邻的稳定状态。连续吸引子网络存在多种数学表示，但无论哪种都抓住了"连续吸引子"的核心特点。我们通过对一种理论可解模型的探讨，发现连续吸引子网络的计算性质包括：为群体编码提供自然的实现形式，网络的抗噪声能力强，能够平滑跟踪外部刺激的运动。此外，连续吸引子网络还具有生物学意义和许多计算功能，越来越多的理论和生物研究表明，连续吸引子网络很可能是大脑加工和编码外部信息的基本形式之一。

第 9 章　库　网　络

9.1　库网络的定义及发展背景

库网络（Reservoir Network）是循环神经网络（Recurrent Neural Network，RNN）的一种，通常由一个（或多个）随机连接的神经元群和一个读取层（Readout Layer）构成，其中随机连接的神经元群被称为**库**（Reservoir）。与传统的循环神经网络不同，库网络中库内神经元的连接是随机的，其值不会在训练过程中发生变化，只有从库到读取层之间的神经连接是可以被训练的[72]。虽然库内神经元的连接是随机的，但它们满足一定的统计特性，这使得库网络具有一些较好的动力学性质，抓住了神经系统处理信息的一个核心法则，即将低维时序输入投影到高维的网络状态空间，从而达到简化后续计算的目的。库网络模型已成为计算神经科学中的一个常见模型。

2001 年和 2002 年，Jaeger 和 Maass 先后提出了具有库网络特征的模型，被称为**回声状态网络**（Echo State Network，ESN）模型[73] 和**液体状态机**（Liquid State Machine，LSM）模型[74]。这两个模型的结构十分相似，只不过 ESN 模型用人工神经网络的形式实现，LSM 模型用脉冲发放网络的形式实现。当时"库网络"的概念还没有形成，这些研究是在不同地点、不同时间独立完成的。后来，人们意识到了它们的共通之处，才将这类由随机连接的循环网络表征信息、由输出层承担训练任务的网络统称为库网络，一个全新的研究分支就此形成。

库网络领域中的经典模型就是 ESN 模型和 LSM 模型。因为这两个模型的建模思路和动力学性质相似，只是实现形式有区别，所以我们只对 ESN 模型进行详细讲解，对 LSM 模型感兴趣的读者可以阅读相关文献。

9.2　回声状态网络的定义和限定条件

9.2.1　回声状态网络的定义

如何让一个模型有效地处理时序信息？总的来说，这个网络应该能"记住"输入历史，而不仅对当前输出做出反应。Jaeger 认为，对于一个 RNN 而言，其内部神经元的状态反映了外部输入的历史信息。假设网络的更新是离散的，时刻 n 的外部输入为 $\boldsymbol{u}(n)$，神经元状态为 $\boldsymbol{x}(n)$，则 $\boldsymbol{x}(n)$ 应由 $\boldsymbol{u}(n), \boldsymbol{u}(n-1), \cdots$ 唯一确定[73]。此时的 $\boldsymbol{x}(n)$ 可以看作历史输入信号的"回声"，这就是"回声状态网络"名称的由来。

利用这个思想，我们可以先搭建一个 RNN，再讨论在什么条件下它能够成为 ESN。回声状态网络的结构如图 9-1 所示，该网络由输入层、循环连接层（库）和输出层构成。根据图 9-1 中的连接，我们可以给出库神经元状态更新及网络输出的表达式（此处考虑所有的连接，包括虚线）

$$\boldsymbol{x}(n+1) = f[\boldsymbol{W}^{\text{in}}\boldsymbol{u}(n+1) + \boldsymbol{W}\boldsymbol{x}(n) + \boldsymbol{W}^{\text{back}}\boldsymbol{y}(n)] \tag{9-1}$$

$$\boldsymbol{y}(n+1) = \boldsymbol{W}^{\text{out}}[\boldsymbol{u}(n+1), \boldsymbol{x}(n+1), \boldsymbol{y}(n)] \tag{9-2}$$

式中，$\boldsymbol{y}(n)$ 为 n 时刻的输出；$\boldsymbol{W}^{\text{in}}$ 反映输入信号到库的连接权重；$\boldsymbol{W}$ 反映库内循环连接的权重；$\boldsymbol{W}^{\text{out}}$ 反映库到输出信号的连接权重；$\boldsymbol{W}^{\text{back}}$ 反映输出信号到库的反馈连接权重。$f(\cdot)$ 是激活函数，在后面的实现中我们采用 tanh 函数。

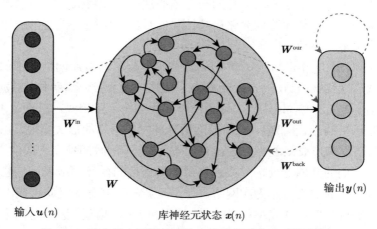

图 9-1　回声状态网络的结构（虚线表示非必要的连接）

在讨论这样的网络何时能成为 ESN 之前，我们先对 ESN 的网络性质，即**回声性质**进行精确定义。我们先不考虑网络中的反馈连接；将网络状态的更新表示为函数 T，即 $\boldsymbol{x}(n+1) = T[\boldsymbol{x}(n), \boldsymbol{u}(n+1)]$。如果一个网络具有回声性质，则任意给定一个输入序列 $\cdots, \boldsymbol{u}(n-1), \boldsymbol{u}(n)$，对于任意的状态序列 $\cdots, \boldsymbol{x}(n-1), \boldsymbol{x}(n)$ 和 $\cdots, \boldsymbol{x}'(n-1), \boldsymbol{x}'(n)$，只要它们满足 $\forall i, \boldsymbol{x}(i) = T[\boldsymbol{x}(i-1), \boldsymbol{u}(i)]$，$\boldsymbol{x}'(i) = T[\boldsymbol{x}'(i-1), \boldsymbol{u}(i)]$，就一定有 $\boldsymbol{x}(n) = \boldsymbol{x}'(n)$。换言之，无论 $\boldsymbol{x}$ 和 $\boldsymbol{x}'$ 的初始值相差多大，最终

网络的状态只与输入历史有关。

9.2.2 网络具有回声性质的条件

那么，上述 RNN 需要满足什么条件才能具有回声性质呢？在忽略反馈连接的条件下，Jaeger 给出了一个网络具有回声性质的充分条件和一个网络不具有回声性质的充分条件。

定理 1. 对于上述回声状态网络，只要循环连接矩阵 $\boldsymbol{W}$ 的最大奇异值（Singular Value）$\sigma_{\max} < 1$，网络就具有回声性质。

定理 2. 对于上述回声状态网络，只要循环连接矩阵 $\boldsymbol{W}$ 的谱半径（Spectral Radius）$|\lambda_{\max}| > 1$，网络就一定不具有回声性质，其中矩阵的谱半径 $|\lambda_{\max}|$ 为矩阵特征值绝对值的最大值。

这两个定理都是比较容易验证的，在此我们给出简单的证明过程（读者可以只记住结论，跳过证明过程）。我们将 tanh 函数作为激活函数。

对于**定理 1**，当 $\sigma_{\max} < 1$ 时，对于任意向量 $\boldsymbol{v} \in \mathbf{R}^k$（$k$ 为 $\boldsymbol{W}$ 的维度），有 $||\boldsymbol{W}\boldsymbol{v}|| \leqslant \sigma_{\max}||\boldsymbol{v}||$。于是可以证明，任意给定一个输入序列 $\boldsymbol{u}$ 及该输入下的任意两个状态序列 $\boldsymbol{x}$ 和 $\boldsymbol{x}'$，它们之间的距离存在以下关系

$$
\begin{aligned}
d[\boldsymbol{x}(n+1), \boldsymbol{x}'(n+1)] &= d\{T[\boldsymbol{x}(n), \boldsymbol{u}(n+1)], T[\boldsymbol{x}'(n), \boldsymbol{u}(n+1)]\} \\
&= d\{f[\boldsymbol{W}^{\text{in}}\boldsymbol{u}(n+1) + \boldsymbol{W}\boldsymbol{x}(n)], f[\boldsymbol{W}^{\text{in}}\boldsymbol{u}(n+1) + \boldsymbol{W}\boldsymbol{x}'(n)]\} \\
&\leqslant d[\boldsymbol{W}^{\text{in}}\boldsymbol{u}(n+1) + \boldsymbol{W}\boldsymbol{x}(n), \boldsymbol{W}^{\text{in}}\boldsymbol{u}(n+1) + \boldsymbol{W}\boldsymbol{x}'(n)] \\
&= d[\boldsymbol{W}\boldsymbol{x}(n), \boldsymbol{W}\boldsymbol{x}'(n)] \\
&= ||\boldsymbol{W}[\boldsymbol{x}(n) - \boldsymbol{x}'(n)]|| \\
&\leqslant \sigma_{\max} d[\boldsymbol{x}(n), \boldsymbol{x}'(n)]
\end{aligned}
\tag{9-3}
$$

因此，两个状态序列之间的距离以一个小于 1 的因子缩短，一定会趋于 0，与回声性质的定义相符。

对于**定理 2**，当 $|\lambda_{\max}| > 1$ 时，令每个时刻的外部输入为 0，即 $\boldsymbol{u}(n) = 0$，我们可以找到两个始终不同的状态序列，它们都是该输入下网络的状态序列。①易得 $\boldsymbol{x} = 0, 0, \cdots$ 成立；②假设另一个状态序列为 $\boldsymbol{x}'$，且 $\boldsymbol{x}'(0)$ 为 $\lambda_{\max}$ 对应的特征向量，由数学归纳法可证 $\boldsymbol{x}'(n)$ 也是 $\lambda_{\max}$ 对应的特征向量；当 $|\lambda_{\max}| > 1$ 时，$\tanh|\lambda_{\max}\boldsymbol{x}| = |\boldsymbol{x}|$ 一定存在非 0 解，因此一定能找到一个状态序列 $\boldsymbol{x}'$ 的解，使得

$$|\boldsymbol{x}'(n)| = f|\boldsymbol{W}\boldsymbol{x}'(n-1)| = f|\lambda_{\max}\boldsymbol{x}'(n-1)|$$

$$= |\boldsymbol{x}'(n-1)| = \cdots = |\boldsymbol{x}'(0)| \neq 0 \tag{9-4}$$

因此，这两个状态序列永远不会相同，这与回声性质的定义矛盾。

利用这两个定理，如何初始化 $\boldsymbol{W}$ 才能使网络具有回声性质呢？如果我们对 $\boldsymbol{W}$ 进行缩放，即使其乘以缩放因子 α，则 $\sigma_{\max}$ 和 $|\lambda_{\max}|$ 也会缩放 α，这提示我们可以随机初始化 $\boldsymbol{W}$ 后再对其缩放，最终使得网络具有回声性质。对于任意方阵，都有 $|\lambda_{\max}| \leqslant \sigma_{\max}$，因此令 $\alpha_{\min} = 1/\sigma_{\max}$ 和 $\alpha_{\max} = 1/|\lambda_{\max}|$，那么对于缩放后的网络而言：当 $\alpha < \alpha_{\min}$ 时，网络一定具有回声性质；当 $\alpha > \alpha_{\max}$ 时，网络一定不具有回声性质；当 $\alpha_{\min} \leqslant \alpha \leqslant \alpha_{\max}$ 时，网络可能具有也可能不具有回声性质。不过，根据经验，只要使 α 略小于 $\alpha_{\max}$，网络就具有回声性质，这说明定理 1 是一个很强的约束条件，即使不满足定理 1，网络也可能具有回声性质。

下面我们利用这些定理和经验，在 BrainPy 中实现一个回声状态网络模型。

9.3　回声状态网络模型的编程实现

与之前的网络不同，ESN 是一个可以被训练的网络，但我们也可以通过继承 `brainpy.DynamicalSystem` 来创建 ESN 类。

```python
import brainpy as bp
import brainpy.math as bm

class ESN(bp.DynamicalSystem):
  def __init__(self, num_in, num_rec, num_out, lambda_max=0.9,
               W_in_initializer=bp.init.Uniform(-0.1, 0.1),
               W_rec_initializer=bp.init.Normal(scale=0.1),
               in_connectivity=0.05, rec_connectivity=0.05):
    super(ESN, self).__init__()

    self.num_in = num_in
    self.num_rec = num_rec
    self.num_out = num_out
    self.rng = bm.random.RandomState(seed=1)  # 随机数生成器

    # 初始化连接矩阵
    self.W_in = W_in_initializer((num_in, num_rec))
    conn_mat = self.rng.random(self.W_in.shape) > in_connectivity
    self.W_in[conn_mat] = 0.  # 按连接概率削弱连接度
    self.W = W_rec_initializer((num_rec, num_rec))
```

```
21    conn_mat = self.rng.random(self.W.shape) > rec_connectivity
22    self.W[conn_mat] = 0.  # 按连接概率削弱连接度
23
24    # 将 BrainPy 库中的 Dense 作为库到输出的全连接层
25    self.readout = bp.layers.Dense(num_rec, num_out,
26                                    W_initializer=bp.init.Normal())
27
28    # 缩放 W, 使 ESN 具有回声性质
29    spectral_radius = max(abs(bm.linalg.eig(self.W)[0]))
30    self.W *= lambda_max / spectral_radius
31
32    # 初始化变量
33    self.state = bm.Variable(bm.zeros((1, num_rec)), batch_axis=0)
34    self.y = bm.Variable(bm.zeros((1, num_out)), batch_axis=0)
35
36  # 重置函数: 重置模型中各变量的值
37  def reset_state(self, batch_size=1):
38      self.state.value = bm.zeros(self.state.shape)
39      self.y.value = bm.zeros(self.y.shape)
40
41  def update(self, sha, u):
42      self.state.value = bm.tanh(bm.dot(u, self.W_in) +
43                                  bm.dot(self.state, self.W))
44      out = self.readout(sha, self.state.value)
45      self.y.value = out
46      return out
```

在 ESN 类中,网络状态的更新是离散的,因此我们不使用微分方程,而是直接根据式 (9-1) 和式 (9-2) 完成更新操作,这个部分在 **update()** 函数中实现。在初始化函数中,我们定义了必要的参数,初始化了连接矩阵和系统变量。在初始化连接矩阵时,我们还控制了神经元之间的连接度,使其变为稀疏矩阵。在初始化变量时,考虑到训练会分批次(batch)进行,我们将变量的第 1 个维度留给 batch。在初始化时,我们可以将 batch 的维度设置为任意值(代码中设置为 1),之后模型会根据训练时 batch 的大小随时调整。此外,为了方便进行后续训练,我们用 BrainPy 库中的 **brainpy.layers.Dense** 类生成全连接层,读者在后面会看到其带来的便利。为了简化模型,全连接层的输入仅包含库神经元状态,不包含输入信号和输出信号。

在搭建 ESN 模型后,可以初步验证其回声性质。我们初始化几个具有不同 $|\lambda_{max}|$ 的网络,对于每个网络,进行两次模拟,两次模拟的输入序列相同,但网络的初始状态不同,从而观察模拟过程中网络状态的变化。

```
1   import numpy as np
2   import matplotlib.pyplot as plt
3
4   num_in = 10
5   num_res = 500
6   num_out = 30
7   num_step = 500   # 模拟总步长
8   num_batch = 1
9
10  # 生成网络，进行两次模拟，两次模拟的输入序列相同，但网络的初始状态不同
11  def get_esn_states(lambda_max):
12      model = ESN(num_in, num_res, num_out, lambda_max=lambda_max)
13      model.reset(batch_size=num_batch)
14
15      # 第0个维度为batch的大小
16      inputs = bm.random.randn(num_batch, int(num_step/num_batch), num_in)
17
18      # 第1次运行
19      # 随机初始化网络状态
20      model.state.value = bp.init.Uniform(-1., 1.)((num_batch, num_res))
21      runner = bp.train.DSTrainer(model, monitors=['state'])
22      runner.predict(inputs)
23      state1 = np.concatenate(runner.mon['state'], axis=0)
24
25      # 第2次运行
26      # 再次随机初始化网络状态
27      model.state.value = bp.init.Uniform(-1., 1.)((num_batch, num_res))
28      runner = bp.train.DSTrainer(model, monitors=['state'])
29      runner.predict(inputs)
30      state2 = np.concatenate(runner.mon['state'], axis=0)
31
32      return state1, state2
33
34  # 画出两次模拟中某个时刻的网络状态
35  def plot_states(state1, state2, title):
36      assert len(state1) == len(state2)
37      x = np.arange(len(state1))
38      plt.scatter(x, state1, s=1., label='First State')
39      plt.scatter(x, state2, s=1., label='Last State')
40      plt.legend(loc='upper right')
41      plt.xlabel('Neuron Index')
42      plt.ylabel('State')
43      plt.title(title)
44
45  lambda1, lambda2, lambda3 = 0.9, 1.0, 1.1
```

```
46  plt.figure(figsize=(15., 4.5))
47  plt.subplot(131)
48
49  # 画出每个lambda_max下两次模拟的网络状态的距离
50  state1, state2 = get_esn_states(lambda_max=lambda1)
51  distance = np.sqrt(np.sum(np.square(state1 - state2), axis=1))
52  plt.plot(np.arange(num_step), distance,
53              label='$|\lambda_{}|={}$'.format('{max}', lambda1))
54
55  state3, state4 = get_esn_states(lambda_max=lambda2)
56  distance = np.sqrt(np.sum(np.square(state3 - state4), axis=1))
57  plt.plot(np.arange(num_step), distance,
58              label='$|\lambda_{}|={}$'.format('{max}', lambda2))
59
60  state5, state6 = get_esn_states(lambda_max=lambda3)
61  distance = np.sqrt(np.sum(np.square(state5 - state6), axis=1))
62  plt.plot(np.arange(num_step), distance,
63              label='$|\lambda_{}|={}$'.format('{max}', lambda3))
64
65  plt.xlabel('Running Step')
66  plt.ylabel('Distance')
67  plt.legend()
68
69  # 画出两次模拟时网络的初始状态和最终状态
70  plt.subplot(232)
71  plot_states(state1[0], state2[0], title='$|\lambda_{}|={}$,
72              n=0'.format('{max}', lambda1))
73  plt.subplot(233)
74  plot_states(state1[-1], state2[-1], title='$|\lambda_{}|={}$,
75              n={}'.format('{max}', lambda1, num_step))
76
77  plt.subplot(235)
78  plot_states(state5[0], state6[0], title='$|\lambda_{}|={}$,
79              n=0'.format('{max}', lambda3))
80  plt.subplot(236)
81  plot_states(state5[-1], state6[-1], title='$|\lambda_{}|={}$,
82              n={}'.format('{max}', lambda3, num_step))
83
84  plt.tight_layout()
85  plt.show()
```

不同参数下 ESN 的回声性质如图9-2 所示。当 $|\lambda_{max}| = 0.9$ 时，在两次模拟中，给定输入相同，尽管网络的初始状态相差很大，但随着迭代的进行，网络状态的距离不断缩短，最终趋于 0，这与回声性质的定义相符，表明此时网络具有

回声性质；当 $|\lambda_{\max}| = 1.0$ 时，与前者情况相似，只不过趋于 0 的速度稍慢；当 $|\lambda_{\max}| = 1.1$ 时，根据定理 2，网络不具有回声性质，模拟结果也表明网络状态的距离不会趋于 0。请读者注意，当 $|\lambda_{\max}| = 0.9$ 或 $|\lambda_{\max}| = 1.0$ 时，$\sigma_{\max}$ 仍然大于 1，即不满足定理 1 中的充分条件，但网络仍然具有回声性质，这说明定理 1 给出的是一个非常强的约束条件。

图9-2(b) 和图 9-2(c) 给出了 $|\lambda_{\max}| = 0.9$ 和 $|\lambda_{\max}| = 1.1$ 时两次模拟下网络的初始状态和最终状态，直观展示了当网络具有回声性质时，只要输入相同，网络的最终状态就会趋于相同。

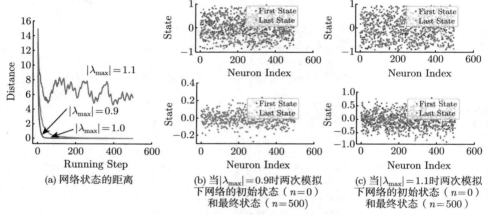

(a) 网络状态的距离　(b) 当$|\lambda_{\max}|=0.9$时两次模拟　(c) 当$|\lambda_{\max}|=1.1$时两次模拟
　　　　　　　　下网络的初始状态（$n=0$）　　下网络的初始状态（$n=0$）
　　　　　　　　和最终状态（$n=500$）　　　　和最终状态（$n=500$）

图 9-2　不同参数下 ESN 的回声性质

9.4　回声状态网络的训练

与传统的 RNN 相比，回声状态网络的优势在于它不是训练库内的循环连接，而是训练从库到输出层的全连接，这就将训练问题转化为线性回归问题——将网络中库神经元的状态 $\boldsymbol{x}$ 视为自变量，将网络的输出 $\boldsymbol{y}$ 视为因变量，我们对其进行线性拟合即可得到 $\boldsymbol{W}^{\text{out}}$。

具体而言，令 n 时刻网络的输出和目标之间的差为 $\epsilon_{\text{train}}(n)$，则

$$\epsilon_{\text{train}}(n) = \boldsymbol{y}(n) - \hat{\boldsymbol{y}}(n) = \boldsymbol{y}(n) - \boldsymbol{W}^{\text{out}}\boldsymbol{x}(n) \tag{9-5}$$

式中，$\hat{\boldsymbol{y}}(n)$ 为 n 时刻网络给出的预测结果。这里我们考虑的是简化后的模型，即全连接层的输入仅包含库神经元状态，不包含输入信号和输出信号。

在考虑所有时刻的情况下，我们可以直接把均方损失作为模型训练的损失函数，即

$$L_{\mathrm{mse}} = \frac{1}{N} \sum_{i=1}^{N} \epsilon_{\mathrm{train}}^2(i) \tag{9-6}$$

这就转化为了线性回归问题。虽然线性回归具有无偏性，但有时它对噪声十分敏感，回归矩阵中某个参数的微小变动可能会造成极大的误差。为了增强训练的鲁棒性、抑制过拟合，我们往往用**岭回归**（Ridge Regression）代替原始的线性回归，即

$$L_{\mathrm{ridge}} = \frac{1}{N} \sum_{i=1}^{N} \epsilon_{\mathrm{train}}^2(i) + \alpha ||\boldsymbol{W}^{\mathrm{out}}||^2 \tag{9-7}$$

我们在原始损失函数中加入了 $\boldsymbol{W}^{\mathrm{out}}$ 的 L2 范数，将其作为正则化项。训练过拟合时参数中往往会出现非常大的值，而正则化项的加入可以有效避免这种情况，从而达到抑制过拟合、增强鲁棒性的目的。

此处提到的线性回归和岭回归都属于**线下学习**（Offline Learning），即模型一次性获取了所有时刻的数据，然后再将其用于训练。与之相对的学习方法为**在线学习**（Online Learning），即训练数据按照一定序列（如时间序列）传给训练器，训练器会根据新传入的数据不断学习。在线学习也可以用于 ESN 的训练，我们将在后面的例子中看到。

9.4.1 周期（正弦）函数的拟合

我们先来考察一个简单的例子，将正弦函数作为模型的输入，即

$$u(n) = \sin(10n) \tag{9-8}$$

每个时刻的输入都是一个单通道的数据。我们将输入转换，以作为模型的标准输出

$$y(n) = \frac{1}{2} \sin^7(10n) \tag{9-9}$$

在这个例子中，每个时刻的输出仅为当前时刻输入的映射：$y(n) = u^7(n)/2$。虽然这个任务看起来很简单，但我们并没有在模型中定义任何计算公式，模型需要学习如何从库网络神经元的活动中提取有效信息，以组成任务要求的非线性映射。在真实的训练过程中，我们还给输出增加了一些随机噪声，以增强模型预测结果的稳定性。下面我们尝试构建并训练一个 ESN。

在 BrainPy 编程实现中，我们可以直接调用 `brainpy.train.RidgeTrainer` 来生成一个岭回归训练器，它会找到模型中能够进行岭回归的参数并自动完成回归。前面我们提到将 `brainpy.layers.Dense` 作为全连接层就是为了此处训练的自动化。

在训练和画图时，我们丢弃了前 200 个数据，这是因为开始时的数据受网络初始状态的影响波动较大，利用价值不高。

```python
bm.enable_x64()    # 使用更高精度的float以提高训练精度

num_in, num_res, num_out = 1, 600, 1
num_step = 1000    # 模拟总步长
num_discard = 200   # 训练时，丢弃前200个数据

def plot_result(output, Y, title):
    assert output.shape == Y.shape
    x = np.arange(output.shape[0])
    plt.plot(x, Y, label='$y$')
    plt.plot(x, output, label='$\hat{y}$')
    plt.legend()
    plt.xlabel('Running Step')
    plt.ylabel('State')
    plt.title(title)

# 生成训练数据
n = bm.linspace(0., bm.pi, num_step)
U = bm.sin(10 * n) + bm.random.normal(scale=0.1, size=num_step)  # 输入
U = U.reshape((1, -1, num_in))  # 维度：(num_batch, num_step, num_dim)
Y = bm.power(bm.sin(10 * n), 7)  # 输出
Y = Y.reshape((1, -1, num_out))  # 维度：(num_batch, num_step, num_dim)

model = ESN(num_in, num_res, num_out, lambda_max=0.95)

# 训练前，运行模型得到结果
runner = bp.train.DSTrainer(model, monitors=['state'])
untrained_out = runner.predict(U)
print(bp.losses.mean_absolute_error(untrained_out[:, num_discard:],
    Y[:, num_discard:]))

# 用岭回归法进行训练
trainer = bp.train.RidgeTrainer(model, alpha=1e-12)
trainer.fit([U[:, num_discard:], Y[:, num_discard:]])

# 训练后，运行模型得到结果
runner = bp.train.DSTrainer(model, monitors=['state'])
```

```
38  out = runner.predict(U)
39  print(bp.losses.mean_absolute_error(out[:, num_discard:], Y[:, num_discard:]))
40
41  # 可视化
42  plt.figure(figsize=(12, 4.5))
43  ax1 = plt.subplot(121)
44  plot_result(untrained_out.flatten()[num_discard:], Y.flatten()[num_discard:],
45              'before training')
46  ax2 = plt.subplot(122, sharey=ax1)
47  plot_result(out.flatten()[num_discard:], Y.flatten()[num_discard:],
48              'after training')
49
50  plt.show()
```

岭回归法训练 ESN 拟合正弦曲线如图9-3所示。训练后，网络预测的结果与标准输出基本一致，目标损失也从 1 以上降到 0.05 以下。其实，如果我们用线性回归法训练网络，得到的预测结果和标准输出几乎完全一致，表明模型可以训练得非常完美，但这毕竟只是一个简单的任务，考虑到训练的普适意义，我们仍然选择使用岭回归法。

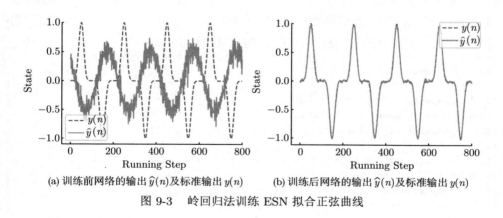

(a) 训练前网络的输出 $\hat{y}(n)$ 及标准输出 $y(n)$　　(b) 训练后网络的输出 $\hat{y}(n)$ 及标准输出 $y(n)$

图 9-3　岭回归法训练 ESN 拟合正弦曲线

训练完成后，在网络中随机选取的 3 个神经元的状态如图 9-4 所示。由于输入信号呈周期性变化，这些神经元的活性也具有相同的周期，但它们的形状、相位和幅度不尽相同，经线性组合后可以拟合得到标准输出的形状。

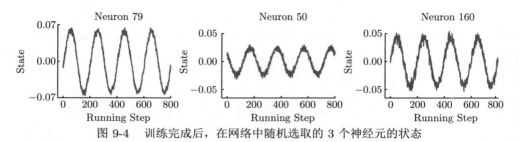

图 9-4　训练完成后，在网络中随机选取的 3 个神经元的状态

9.4.2　劳伦兹系统的预测

下面再给出一个 ESN 训练的例子，即劳伦兹系统的预测。**劳伦兹混沌系统**（Lorenz Chaotic System），又称劳伦兹系统、劳伦兹吸引子，是由美国数学家、气象学家 Lorenz 于 20 世纪 60 年代发现的三维混沌系统，以其"双纽线"形状著称[①]。该系统表现出典型的混沌行为，即整个运动过程看似无规律、非周期、不收敛，对初始值十分敏感。系统的混沌性使预测更具有挑战性，因为预测上的微小误差会被系统逐渐放大，变得异常显著。下面我们尝试训练 ESN 预测劳伦兹系统的变化。

我们可以直接在 BrainPy 库中调用劳伦兹系统的数据。因为我们期望能够预测系统的变化，所以在生成输入和输出数据时，有意让标准输出的序列比输入序列提前 200 个时间步长，即模型需要根据劳伦兹系统当前的状态预测 200 个时间步长后的状态。

```
1  bm.enable_x64()
2
3  # 从brainpy中获取劳伦兹系统的数据
4  lorenz = bp.datasets.lorenz_series(100)
5  data = bm.hstack([lorenz['x'], lorenz['y'], lorenz['z']])
6
7  X, Y = data[:-200], data[200:]  # Y比X提前200个步长，即需要预测系统未来的Y
8  # 将第0维扩展为batch的维度
9  X = bm.expand_dims(X, axis=0)
10 Y = bm.expand_dims(Y, axis=0)
```

下面生成并训练 ESN 模型。此处采用两种不同的训练方法，其中，岭回归法是离线训练，FORCE 学习法是在线训练。在此我们不详细介绍两种训练方法，

---

① 劳伦兹系统的动力学表达式为

$$\frac{\mathrm{d}x}{\mathrm{d}t} = \sigma(y - x)$$
$$\frac{\mathrm{d}y}{\mathrm{d}t} = \rho x - y - xz$$
$$\frac{\mathrm{d}z}{\mathrm{d}t} = xy - \beta z$$

式中，σ 是普朗特（Prandtl）常数；ρ 是瑞利（Rayleigh）常数；β 是一个参数。

感兴趣的读者可以自行了解。在具体实现中，我们只需要调用 BrainPy 库中对应的类来生成不同的训练器，其他的步骤都是相同的。训练时，我们只给出前 3 万个时间步长的数据；测试时，模型需要预测近 10 万个步长的输出。

```
num_in, num_res, num_out = 3, 200, 3
num_step = 500
num_batch = 1

model = ESN(num_in, num_res, num_out, lambda_max=0.9)

def training_lorenze(trainer, title):
  # 用前3万个时间步长的数据训练
  trainer.fit([X[:, :30000, :], Y[:, :30000, :]])
  predict = trainer.predict(X, reset_state=True)
  predict = bm.as_numpy(predict)

  fig = plt.figure(figsize=(10, 4))
  fig.add_subplot(121, projection='3d')
  plt.plot(Y[0, :, 0], Y[0, :, 1], Y[0, :, 2], label='Standard Output')
  plt.plot(predict[0, :, 0], predict[0, :, 1], predict[0, :, 2],
           label='Prediction')
  plt.title(title)
  plt.legend()

  fig.add_subplot(222)
  t = np.arange(Y.shape[1])
  # 劳伦兹系统中的x变量
  plt.plot(t, Y[0, :, 0], linewidth=1, label='standard $x$')
  plt.plot(t, predict[0, :, 0], linewidth=1, label='predicted $x$')
  plt.ylabel('x')

  fig.add_subplot(224)
  # 劳伦兹系统中的z变量
  plt.plot(t, Y[0, :, 2], linewidth=1,label='standard $z$')
  plt.plot(t, predict[0, :, 2], linewidth=1, label='predicted $z$')
  plt.ylabel('z')
  plt.xlabel('Time Step')

  plt.tight_layout()
  plt.show()

# 用岭回归法训练
ridge_trainer = bp.train.OfflineTrainer(model,
                fit_method=bp.algorithms.RidgeRegression(alpha=1e-6))
training_lorenze(ridge_trainer, 'Training with Ridge Regression')
```

```
42    # 用FORCE学习法训练
43    force_trainer = bp.train.OnlineTrainer(model,
44                  fit_method=bp.algorithms.ForceLearning(alpha=0.1))
45    training_lorenze(force_trainer, 'Training with Force Learning')
```

　　用岭回归法和 FORCE 学习法训练 ESN 预测劳伦兹系统分别如图9-5和图9-6所示。由图 9-5 和图 9-6 可知，训练后的模型能够生成经典的双纽线轨迹，说明模型已经抓住了劳伦兹系统的动力学特性，我们可以说模型大致"估计"出了劳伦兹系统的动力学方程。与 FORCE 学习法相比，岭回归法的训练效果更佳，预测结果与标准输出更匹配。

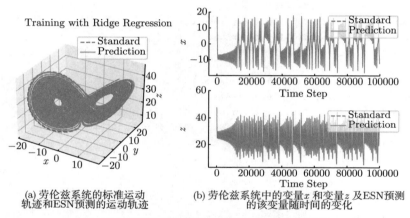

(a) 劳伦兹系统的标准运动　　　(b) 劳伦兹系统中的变量 x 和变量 z 及ESN预测
轨迹和ESN预测的运动轨迹　　　　　的该变量随时间的变化

图 9-5　用岭回归法训练 ESN 预测劳伦兹系统

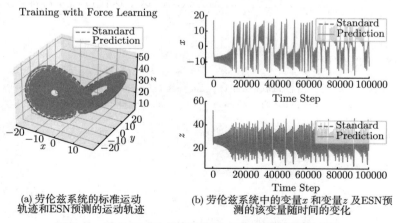

(a) 劳伦兹系统的标准运动　　　(b) 劳伦兹系统中的变量 x 和变量 z 及ESN预
轨迹和ESN预测的运动轨迹　　　　　测的该变量随时间的变化

图 9-6　用 FORCE 学习法训练 ESN 预测劳伦兹系统

值得一提的是，前面我们手动实现了 ESN 模型中循环连接层（库）的搭建，其实 BrainPy 中自带的 `Reservoir` 类是搭建网络的模块之一，我们可以直接利用它定义一个 ESN。

```
class ESN2(bp.DynamicalSystem):
  def __init__(self, num_in, num_hidden, num_out, lambda_max=0.9):
    super(ESN2, self).__init__()
    self.r = bp.layers.Reservoir(num_in, num_hidden,
            spectral_radius=lambda_max)
    self.o = bp.layers.Dense(num_hidden, num_out,
            W_initializer=bp.init.Normal())

  def update(self, shared_args, x):
    return self.o(shared_args, self.r(shared_args, x))
```

其功能与我们编写的 ESN 完全一致。

9.5　本章小结

本章以 ESN 为例介绍库网络的结构和计算性质。从结构上看，库网络是一个简单的循环神经网络，其内部的循环连接是随机的，甚至不被训练，那么库网络的计算性质究竟从何而来？其实，库网络对输入信息的复杂处理正是来自其随机循环连接。由于循环连接的存在，网络能够整合输入的序列信息，并将其保存在神经元的状态中：每个神经元既能通过正向连接接收当前时刻的外部输入，又能通过循环连接接收各神经元上一时刻的状态，这个迭代过程使得神经元能够保留较多的历史输入信息，从而达到了整合历史信息的目的。随机的连接使不同神经元的状态有不同的意义，而回声性质保证了所有神经元的状态仅依赖外部的序列输入，从而保证了系统的稳定（值得一提的是，这里所指的"序列输入"不一定是时间序列，可以是任何具有序列特性的信息）。其实，库网络暗含了一种类似核函数的思想：核函数将外部输入先映射到一个（往往是高维的）特征空间，这样对特征空间的数据处理就会更容易，而库网络中的库正是通过循环连接和激活函数对序列信息进行了整合和非线性化操作，以获取潜在有用的高维特征。在将库网络应用于三角函数拟合和劳伦兹系统的预测时，我们也看到了训练后的库网络很好地抓住了系统的非线性特征，获得了良好的拟合和预测结果。

第 10 章　网络模型总结

　　本篇介绍了计算神经科学领域的 4 个经典网络：兴奋—抑制平衡网络、决策网络、连续吸引子网络和库网络。这些网络能够作为经典长期流行的原因，除了在于其提出时基于有意义的科学问题，还在于它们背后的思想具有超前的普适性。例如，兴奋—抑制平衡网络是为了解释电生理实验中观察到的神经元不规律发放现象而提出的，但其提出的兴奋性输入和抑制性输入的平衡性正是网络能够在外部输入下快速响应的关键，后续研究也表明这样的网络结构可能普遍存在于各脑区；决策网络能够优雅地模拟决策过程中证据积累的过程，原因在于网络本身具有两个吸引子，分别对应两个决策结果，这体现了模型的外在行为和内在动力学性质密不可分的联系；连续吸引子网络在提出时就具有较为宏大的思想，即成为大脑信息表征的正则化模型，后来的研究也证明该网络模型能够广泛应用于连续变量的编码，从而解释许多认知和计算问题；库网络暗含一种类似"核函数"的思想，通过循环连接整合历史序列信息并将其表征到高维空间，使得之后的数据处理能够通过线性操作轻松完成，也能节省计算资源。因此，我们在学习这些模型的时候，不仅需要知道它们的结构和具体实现，还应该了解它们的发展历史和背后蕴含的科学思想，以做到举一反三、融会贯通。

参 考 文 献

[1] WANG C, JIANG Y, LIU X, et al. A Just-in-Time Compilation Approach for Neural Dynamics Simulation[C]// International Conference on Neural Information Processing. 2021: 15-26.

[2] JOHNSTON D, WU S M S. Foundations of Cellular Neurophysiology[M]. Cambridge: MIT Press, 1994.

[3] ALVAREZO,LATORRER. The Enduring Legacy of the "Constant-Field Equation" in Membrane Ion Transport[J/OL]. Journal of General Physiology, 2017, 149(10): 911-920.

[4] KATZ B. Nerve, Muscle and Synapse[C]// Mc Graw-Hill, 1966.

[5] 骆利群. 神经生物学原理 [M]. 北京：高等教育出版社, 2018.

[6] NOWOTNY, THOMAS, LEVI. Encyclopedia of Computational Neuroscience[M]. New York: Springer New York, 2013.

[7] HODGKIN A L, HUXLEY A F. The Dual Effect of Membrane Potential on Sodium Conductance in the Giant Axon of Loligo[J]. The Journal of Physiology, 1952, 116(4): 497.

[8] HODGKIN A L, HUXLEY A F. The Components of Membrane Conductance in the Giant Axon of Loligo[J]. The Journal of Physiology, 1952, 116(4):473.

[9] HODGKIN A L, HUXLEY A F. A Quantitative Description of Membrane Current and Its Application to Conduction and Excitation in Nerve[J]. The Journal of Physiology, 1952, 117(4):500.

[10] ABBOTT L F. Lapicque's Introduction of the Integrate-and-Fire Model Neuron (1907)[J]. Brain Research Bulletin, 1999, 50(5-6):303-304.

[11] LATHAM P E, RICHMOND B J, NELSON P G, et al. Intrinsic Dynamics in Neuronal Networks. I. Theory[J]. Journal of Neurophysiology, 2000, 83(2):808-827.

[12] HANSEL D, MATO G. Existence and Stability of Persistent States in Large Neuronal Networks[J]. Phys. Rev. Lett., 2001, 86:4175-4178.

[13] FOURCAUD-TROCMÉ N, HANSEL D, VREESWIJK C V, et al. How Spike Generation Mechanisms Determine the Neuronal Response to Fluctuating Inputs[J]. The Journal of Neuroscience: The Official Journal of the Society for Neuroscience, 2004, 23(37):11628-11640.

[14] BRETTE R, GERSTNER W. Adaptive Exponential Integrate-and-Fire Model as an Effective Description of Neuronal Activity[J]. Journal of Neurophysiology, 2005, 94(5): 3637-3642.

[15] IZHIKEVICH E. Simple Model of Spiking Neurons[J]. IEEE Transactions on Neural Networks, 2003, 14(6):1569-1572.

[16] FitzHugh, Richard. Impulses and Physiological States in Theoretical Models of Nerve Membrane[J]. Biophysical Journal, 1961.

[17] HINDMARSHJ L, ROSERM. A Model of Neuronal Bursting Using Three Coupled First Order Differential Equations[J]. Proceedings of the Royal Society of London. Series B. Biological Sciences, 1984, 221:102-87.

[18] MIHALAS S, NIEBUR E. A Generalized Linear Integrate-and-Fire Neural Model Produces Diverse Spiking Behaviors[J]. Neural Computation, 2009, 21(3):704-718.

[19] GERSTNER W, KISTLER W M, NAUD R, et al. Neuronal Dynamics: From Single Neurons to Networks and Models of Cognition[M]. Cambridge: Cambridge University Press, 2014.

[20] GERSTNER W, KISTLER W M. Spiking Neuron Models: Single Neurons, Populations, Plasticity[M]. Cambridge: Cambridge University Press, 2002.

[21] ERMENTROUT B. Type I Membranes, Phase Resetting Curves, and Synchrony [J/OL]. Neural Computation, 1996, 8(5):979-1001.

[22] BADEL L, LEFORT S, BERGER T K, et al. Extracting Non-Linear Integrate-and-Fire Models From Experimental Data Using Dynamic I-V Curves[J]. Biological Cybernetics, 2008, 99(4):361-370.

[23] MARKRAM H, TOLEDO-RODRIGUEZ M, WANG Y, et al. Interneurons of the Neocortical Inhibitory System[J]. Nature Reviews Neuroscience, 2004, 5(10):793-807.

[24] RINZEL J. Bursting Oscillations in an Excitable Membrane Model[J]. Ordinary and Partial Differential Equations, 1985:304-316.

[25] RINZEL J, LEE Y S. On Different Mechanisms for Membrane Potential Bursting[J]. Nonlinear Oscillations in Biology and Chemistry, 1986:19-33.

[26] RINZEL J. A Formal Classification of Bursting Mechanisms in Excitable Systems[J]. Mathematical Topics in Population Biology, Morphogenesis and Neurosciences, 1987:267-281.

[27] Van SCHAIK A, JIN C, MCEWAN A, et al. A Log-Domain Implementation of the Mihalas-Niebur Neuron Model[C]//Proceedings of 2010 IEEE International Symposium on Circuits and Systems. 2010:4249-4252.

[28] ERMENTROUT G B, TERMAN D H. Mathematical Foundations of Neuroscience[M]. Berlin: Springer Science & Business Media, 2010.

[29] JAHR C, STEVENS C. Voltage Dependence of NMDA-Activated Macroscopic Conductances Predicted by Singlechannel Kinetics[J]. The Journal of Neuroscience, 1990, 10(9): 3178-3182.

[30] ERMENTROUT B, TERMAN D H. Mathematical Foundations of Neuroscience[M]. Berlin: Springer, 2010.

[31] MARKRAM H, WANG Y, TSODYKS M. Differential Signaling Via the Same Axon of Neocortical Pyramidal Neurons[J]. Proceedings of the National Academy of Sciences, 1998, 95(9):5323-5328.

[32] TSODYKS T, UZIEL A, MARKRAM H. T Synchrony Generation in Recurrent Networks with Frequency- Dependent Synapses[J]. The Journal of Neuroscience, 2000, 20(1): RC50-RC50.

[33] BI G Q, POO M M. Synaptic Modifications in Cultured Hippocampal Neurons: Dependence on Spike Timing, Synaptic Strength, and Postsynaptic Cell Type[J]. The Journal of Neuroscience, 1998, 18(24):10464-10472.

[34] BI G Q, POO M M. Synaptic Modification by Correlated Activity: Hebb's Postulate Revisited[J]. Annual Review of Neuroscience, 2001, 24(1):139-166.

[35] WANG H X, GERKIN R C, NAUEN D W, et al. Coactivation and Timing-Dependent Integration of Synaptic Potentiation and Depression[J]. Nature Neuroscience, 2005, 8(2):187-193.

[36] MORRISON A, DIESMANN M, GERSTNER W. Phenomenological Models of Synaptic Plasticity Based on Spike Timing[J/OL]. Biological Cybernetics, 2008, 98(6): 459-478.

[37] ZHANG L I, TAO H W, HOLT C E, et al. A Critical Window for Cooperation and Competition Among Developing Retinotectal Synapses[J]. Nature, 1998, 395(6697): 37-44.

[38] SONG S, MILLER K D, ABBOTT L F. Competitive Hebbian Learning Through Spike-Timing-Dependent Synaptic Plasticity[J]. Nature Neuroscience, 2000, 3(9): 919-926.

[39] HEBB D O. The Organization of Behavior: A Neuropsychological Theory[M]. New York: Wiley, 1949.

[40] HOPFIELD J J. Neural Networks and Physical Systems with Emergent Collective Computational Abilities[J/OL]. Proceedings of the National Academy of Sciences, 1982, 79(8):2554-2558.

[41] PRINCIPE J C, EULIANO N R, LEFEBVRE W C. Neural and Adaptive Systems: Fundamentals Through Simulations with CD-ROM[M]. USA: John Wiley & Sons, Inc., 1999.

[42] OJA E. Simplified Neuron Model as a Principal Component Analyzer[J]. Journal of Mathematical Biology, 1982, 15(3):267-273.

[43] OJA E, KARHUNEN J. On Stochastic Approximation of the Eigenvectors and Eigen-values of the Expectation of a Random Matrix[J]. Journal of Mathematical Analysis and Applications, 1985, 106(1):69-84.

[44] BIENENSTOCK E L, COOPER L N, MUNRO P W. Theory for the Development of Neuron Selectivity: Orientation Specificity and Binocular Interaction in Visual Cortex[J]. The Journal of Neuroscience, 1982, 2(1):32-48.

[45] SOFTKY W, KOCH C. The Highly Irregular Firing of Cortical Cells is Inconsistent with Temporal Integration of Random EPSPs[J]. The Journal of Neuroscience, 1993, 13(1):334-350.

[46] HOLT G R, SOFTKY W R, KOCH C, et al. Comparison of Discharge Variability in Vitro and in Vivo in Cat Visual Cortex Neurons[J]. J Neurophysiol, 1996, 75(5):1806-14.

[47] MENDONÇA P R, VARGAS-CABALLERO M, ERDÉLYI F, et al. Stochastic and Deterministic Dynamics of Intrinsically Irregular Firing in Cortical Inhibitory Interneurons[J]. ELife, 2016.

[48] VOGELS T P. Signal Propagation and Logic Gating in Networks of Integrate-and-Fire Neurons[J]. Journal of Neuroscience, 2005, 25(46):10786-10795.

[49] HUANG L, CUI Y, ZHANG D, et al. Impact of Noise Structure and Network Topology on Tracking Speed of Neural Networks[J/OL]. Neural Networks, 2011, 24(10):1110-1119.

[50] TIAN G, LI S, HUANG T, et al. Excitation-Inhibition Balanced Neural Networks for Fast Signal Detection[J]. Frontiers in Computational Neuroscience, 2020, 14.

[51] SHADLEN M N, NEWSOME W T. Neural Basis of a Perceptual Decision in the Parietal Cortex (Area LIP) of the Rhesus Monkey[J/OL]. Journal of Neurophysiology, 2001, 86(4):1916-1936.

[52] WANG X J. Probabilistic Decision Making by Slow Reverberation in Cortical Circuits[J]. Neuron, 2002, 36(5):955-968.

[53] ROITMAN J D, SHADLEN M N. Response of Neurons in the Lateral Intraparietal Area During a Combined Visual Discrimination Reaction Time Task[J/OL]. Journal of Neuroscience, 2002, 22(21):9475-9489.

[54] WONG K F. A Recurrent Network Mechanism of Time Integration in Perceptual Decisions[J]. The Journal of Neuroscience, 2006, 26(4):1314-1328.

[55] AMARI S. Learning Patterns and Pattern Sequences by Self-Organizing Nets of Threshold Elements[J]. IEEE Transactions on Computers, 1972.

[56] WU S, HAMAGUCHI K, AMARI S I. Dynamics and Computation of Continuous Attractors[J/OL]. Neural Comput., 2008, 20(4):994-1025.

[57] AMARI S I. Dynamics of Pattern Formation in Lateral-Inhibition Type Neural Fields[J]. Biological Cybernetics, 1977, 27(2):77-87.

[58] BEN-YISHAI R, BAR-OR R L, SOMPOLINSKY H. Theory of Orientation Tuning in Visual Cortex[J]. Proceedings of the National Academy of Sciences, 1995, 92(9): 3844-3848.

[59] ZHANG K. Representation of Spatial Orientation by the Intrinsic Dynamics of the Head-Direction Cell Ensemble: A Theory[J]. Journal of Neuroscience, 1996, 16(6): 2112-2126.

[60] BURAK Y, FIETE I R. Accurate Path Integration in Continuous Attractor Network Models of Grid Cells[J]. PLoS Computational Biology, 2009, 5(2):e1000291.

[61] WIMMER K, NYKAMP D Q, CONSTANTINIDIS C, et al. Bump Attractor Dynamics in Prefrontal Cortex Explains Behavioral Precision in Spatial Working Memory[J]. Nature Neuroscience, 2014, 17(3):431-439.

[62] KIM SUNG S, ROUAULT H, DRUCKMANN S, et al. Ring Attractor Dynamics in the Drosophila Central Brain[J/OL]. Science, 2017, 356(6340):849-853.

[63] WU S, HAMAGUCHI K, AMARI S I. Dynamics and Computation of Continuous Attractors[J]. Neural Computation, 2008, 20(4):994-1025.

[64] WU S, WONG K Y M, FUNG C C A, et al. Continuous Attractor Neural Networks: Candidate of a Canonical Model for Neural Information Representation[J/OL]. F1000Research, 2016, 5:156.

[65] WU S, AMARI S I, NAKAHARA H. Population Coding and Decoding in a Neural Field: A Computational Study[J/OL]. Neural Comput., 2002, 14(5):999-1026.

[66] WU S, NAKAHARA H, MURATA N, et al. Population Decoding Based on an Unfaithful Model[C]//NIPS'99: Proceedings of the 12th International Conference on Neural Information Processing Systems. Denver, CO: MIT Press, 1999:192-198.

[67] WU S, NAKAHARA H, AMARI S I. Population Coding with Correlation and an Unfaithful Model[J/OL]. Neural Computation, 2001, 13(4):75-797.

[68] SAMSONOVICH A, MCNAUGHTON B L. Path Integration and Cognitive Mapping in a Continuous Attractor Neural Network Model[J/OL]. The Journal of Neuroscience, 1997, 17(15):5900.

[69] BLAIR H T, SHARP P E. Anticipatory Head Direction Signals in Anterior Thalamus: Evidence for a Thalamocortical Circuit That Integrates Angular Head Motion to Compute Head Direction[J]. Journal of Neuroscience, 1995, 15(9): 6260-6270.

[70] MI Y, FUNG C C A, WONG K Y M, et al. Spike Frequency Adaptation Implements Anticipative Tracking in Continuous Attractor Neural Networks[C/OL]//GHAHRAMANI Z, WELLING M, CORTES C, et al. Advances in Neural Information Processing Systems: vol. 27. [S.l.]: Curran Associates, Inc., 2014.

[71] BURAK Y, FIETE I R. Accurate Path Integration in Continuous Attractor Network Models of Grid Cells[J/OL]. PLoS Computational Biology, 2009, 5(2):e1000291.

[72] SCHRAUWEN B, VERSTRAETEN D, VAN CAMPENHOUT J. An Overview of Reservoir Computing: Theory, Applications and Implementations[C]//European Symposium on Esann. DBLP, 2007.

[73] JAEGER H. The "Echo State" Approach to Analysing and Training Recurrent Neural Networks-with an Erratum Note[J]. Bonn, Germany: German National Research Center for Information Technology GMD Technical Report, 2001, 148(34):13.

[74] MAASS W, NATSCHLÄGER T, MARKRAM H. Real-Time Computing Without Stable States: A New Framework for Neural Computation Based on Perturbations[J]. Neural Computation, 2002, 14(11):2531-2560.